机械设备故障诊断实用技术

旋转机械故障诊断实用技术

杨国安　编著

中国石化出版社

内 容 提 要

本书是《机械设备故障诊断实用技术丛书》之第3分册。本分册共分四部分：第一部分为第一章和第二章，简要介绍常用旋转机械及其故障诊断的基础知识、旋转机械的振动基础；第二部分为第三章至第十一章，详尽说明旋转机械的转子不平衡故障、转子不对中故障、转子弯曲故障、动静件摩擦故障、转子热套配合过盈不足故障等，重点，讲述了它们的故障类型、机理、特征、诊断方法、故障原因及治理措施等；第三部分为第十二章，重点介绍常用旋转机械及联轴器的点检方法和点检标准；第四部分为第十三章，详细列举旋转机械综合故障实例。同时，本书精选了大量典型实例用以说明故障诊断的思路。

本书内容详尽，通俗易懂，以解决实际问题为根本，主要供现场从事机械设备管理与维护的工程技术人员使用，同时本书也为高等工科院校相关专业研究生或本科生在深入理解机械设备故障诊断理论体系方面提供了详尽的参考资料。

图书在版编目（CIP）数据

旋转机械故障诊断实用技术／杨国安编著．—北京：中国石化出版社，2012.1（2021.5重印）
（机械设备故障诊断实用技术丛书；3）
ISBN 978-7-5114-1332-1

Ⅰ．①旋… Ⅱ．①杨… Ⅲ．①旋转机构-故障诊断
Ⅳ．①TH210.6

中国版本图书馆CIP数据核字（2011）第276702号

中国石化出版社出版发行

地址：北京市东城区安定门外大街58号
邮编：100011 电话：(010)57512500
发行部电话：(010)57512575
http://www.sinopec-press.com
E-mail:press@sinopec.com
北京艾普海德印刷有限公司印刷
全国各地新华书店经销
*
787×1092毫米 16开本 13.25印张 276千字
2021年5月第1版第5次印刷
定价：40.00元

序

现代化工业生产越来越大型化、高速化、自动化，特别是石化、冶金、电力等过程工业，设备投资大，连续生产流程长，机械装备故障停机可以造成重大经济损失，甚至导致机毁人亡的重大事故。现代生产和某些特种装备对人的依赖程度越来越低，对设备的依赖程度越来越高，对故障的预示和诊治越来越重要。设备状态监测和故障诊断作为一门工程技术，是20世纪60年代以后才发展起来的。

近二三十年来国内设备诊断技术的研究开发异常活跃，发展迅速，在工厂应用经常取得出人意料的实效，设备诊断技术在工厂企业得到了普及和应用。为此，迫切需要提供一批适合不同层次科技人员特别是企业一线技术人员实用的书，同时也需要一些适合本科生和研究生学习用的参考书。杨国安教授编著的《机械设备故障诊断实用技术丛书》就是应这一需求编写的。

对设备的状态监测和故障诊断，实际上从机器诞生之日就已产生。当时人们通过听、摸、看、闻机器的振动、温度、噪声等异常情况，凭借工匠的经验，可以判断机器某些故障并采取对策或者修复。设备状态监测和故障诊断作为一门工程技术正在成为信息、监控、通信、计算机和人工智能等集成技术，并逐步发展成为一个多学科交叉的新学科。我曾在工厂工作32年，1979年开始研究应用设备故障诊断技术。我很赞赏本丛书的出版，因为它既有基础理论知识，又有工程应用技术，对企业工程技术人员是一套难得的实用技术丛书；对缺少工程实践经验的院校研究生也是很好的参考书。

设备状态监测及诊断技术，是将运行中的机器看成“活”的，它时时刻刻在“说话”——发出信息，对其中的故障征兆信息进行采集、处理、分析，对故障进行早期诊断、预测，在机器没损坏之前查明故障原因并适时采取修复、预防和改进对策。故障诊断工作的决定作用在人，好的仪器有了真正掌握了故障诊断技术的人才能够发挥作用。本丛书较全面地介绍了机械设备故障诊断技术的基础知识，包括设备故障诊断中的机械振动基础及信号处理，将理论与实践紧密结合，由浅入深，是一套很好的基础理论培训教材，也可供自学之用。本丛书还介绍了机电设备故障诊断实用技术、转子动平衡实用技术、轴承和齿轮故障诊断实用技术，并总结汇集了编者的若干科研成果，其内容实践性强，直观，便于掌握，可指导设备诊断工程实践。我对编者近几年不遗余力地编写这部内容丰富的丛书所付出的辛苦和做出的贡献表示钦佩。

机械装备故障诊断终极目标是有效防治故障，确保机器健康。其一是除故障：探测原因，有的放矢，消除故障；其二是防发展：早期预警，防微杜渐，预防故障；其三是防发生：查明根源，根治维修，防止故障。机械故障诊断是一门新兴的工程科学技术，它源于工程实践又应用于工程实践。企业技术人员作为机械故障诊断的“临床医生”会发现许多故障的征兆、积累丰富的诊断经验。希望读者对本书提出宝贵意见，使其不断修改完善。本人和作者同在一个科研团队，我们团队愿与读者一道，务实，求真，协力，创新，为提高我国设备诊断理论和技术水平作出应有的贡献。

深信丛书的出版能够在推广和普及机械故障诊断技术，培养更多的从事故障诊断的工程技术人才和后备力量方面发挥重要作用。是为序。

中国工程院院士 高金吉

编者的话

设备诊断技术是在设备管理和维修的基础上发展起来的。设备诊断技术就是掌握设备的现在状态与异常或故障之间的关系，以预测未来的技术。它包含两方面的内容：一是对设备的运行进行监测；二是在发现异常情况后对设备的故障进行分析和诊断。

设备诊断技术首先出现在欧洲，主要是以英国倡导的设备综合诊断学为指导，在上世纪60~70年代，英国机械保健和状态监测协会最先开始故障诊断技术，美国的发展则是以后勤学为指导的设备服务维修，美国在1961年开始执行阿波罗计划后，出现了一系列因故障造成的事故。1967年在美国航天局的倡导下，由美国海军研究室主持成立了美国机械故障预防小组，积极从事技术诊断的开发，他们在航空、航天、军事及核能等尖端领域处于领先地位。

日本则吸收了英美两国的优点，提出了全员维修(TPM)的观点。日本的新日铁自1971年开始开发诊断技术，1976年达到实用化。日本的钢铁、化工、电力等行业处于世界领先。

我国自1979年才初步接触开发诊断技术，1984年开始真正在企业推广故障诊断技术，并逐步形成了一支较有实力的故障诊断研究队伍，做出了许多卓有成效的研究成果，特别是自上世纪末，随着计算机技术的发展，彻底改变了故障诊断系统的软、硬件面貌，各种数据采集，分析，诊断功能的仪器被相继开发出来，各种专家系统也不断涌现，给工程技术人员提供了更有效的手段来分析解决问题。但问题也相继出现，现场工程技术人员由于受到专业知识的限制，面对琳琅满目的分析功能、界面、曲线，知其然不知其所以然；专家系统由于受到样本数量的影响，其可靠性、准确性也受到质疑。这使得故障诊断技术浮于研究层面，未有效地深入到基层，深入到生产第一线。应该讲故障诊断技术是一门实践性极强的应用科学，研究内容应本着“从实践中来，到实践中去”的原则，切实解决好生产一线存在的问题。

编者从上世纪90年代初开始接触大型装备预知维修技术，先后为几十家国有大型企业开展讲座和项目合作。通过这些项目的开展和与现场工作人员的广泛交流，使编者深深地认识到设备维护工作不仅直接关系到企业的生产效益和安全，而且与节能降耗和低碳环保也密切相关，甚至成为关键制约因素。当前故障诊断工作的推广应用最大的障碍是从事故障诊断技术的现场人员知识结构不合理和缺乏。他们懂得设备的结构、运行机制，却对时频变换不清楚，应该讲，故障诊断技术背后有严谨的数学知识作支撑。众多学科相互渗透构成了故障诊断技术的知识体系。有人说故障诊断就是传感器，有人说是信号处理，有人说是数据挖掘、专家系统等等。这就充分说明了故障诊断技术知识结构的交叉性和多样性，编者近年来为很多企业培训故障诊断技术人员，和他们的亲密接触丰富了编者，也使编者感到编写一套适合于从事设备管理和维护工作的工程技术人员的实用技术丛书的必要性和迫切性。编者曾在2007年出版了《机械设备故障诊断实用技术》，该书的出版受到了企业设备管理维护人员的广泛欢迎，曾连续多次印刷。近几年通过与企业技术人员交流感到2007年出版的单行本内容上过于简捷，生产一线人员希望在内容体系、原理方法方面更细化些。鉴于此，编者决定出版一套系列丛书，以满足广大生产一线的设备管理和维修人员的需要。近几年，以一己之力编写这套丛书，虽殚精竭虑，仍力所不及，在这套丛书的编写过程中，现场技术人员和我的研究生提供了巨大的帮助。如果这套从书对您有微薄之用，望不忘感念他们的辛勤付出。

本套丛书的目的是要较全面地对机械设备故障诊断技术的基础知识、机理、方法和应用技术进行较详尽地解释说明。尽量用一目了然的方式明确地说明关于故障诊断技术的一切。本书的宗旨是能用图形说明的尽量不去用文字解释，能用文字解释的不用数学去推演，即使用到的数学也尽量是初等的，从故障诊断基本概念出发，努力用最简单的数学来分析故障机理，而只有在确实需要时才使用复杂的方法。本书的内容参考了大量文献，包括网络上的一些优秀资源，综合汇编而成，这些内容为本书增添了许多新的知识。编者将在书后参考文献中尽量列出，争取不遗漏每一篇参考文献。但由于编者的疏忽可能存在遗漏现象，在此向遗漏参考文献的作者致以歉意，同时对这些优秀资源的作者和编者致以衷心的感谢！

这套丛书共分九分册，分别介绍了设备故障诊断中的机械振动基础、信号处理基础、旋转机械故障诊断实用技术、转子动平衡实用技术、往复机械故障诊断及管道减振实用技术、滚动轴承故障诊断实用技术、滑动轴承故障诊断实用技术、齿轮故障诊断实用技术和电动机故障诊断实用技术。在编写过程中，编者尽量照顾到整套丛书内容的系统性和完备性，尽力做到各分册间内容不重叠，但考虑到读者有选择地使用本套丛书的方便，有些内容各分册间是相通的，于是编者特意安排了适当的重叠，以加强每本分册的相对独立性，使每本分册也形成一个单独的知识体系，如第一分册和第二分册作为故障诊断技术的基础知识，各分册都会用到，但在每分册中也有相关知识的简介。

第一分册机械振动基础重点说明故障诊断中常用到的基本概念及基本原理的讲解和阐述，有针对性地介绍了与故障诊断技术相关的振动诊断标准。有些标准不同国家间可能略有差异，书中尽量同时列出，相同标准可能存在不同版本，考虑到目前现场的使用习惯，只要内容未变，也尽量照顾使用习惯列出，比如ISO2372，目前已有ISO10816，但考虑到使用习惯仍以ISO2372列出。

第二分册信号处理基础是本套丛书中的难点内容，重点说明信号处理的基础知识。本分册对数学基础有一定的要求，特别在傅里叶变换理论的阐述上，重点参考了国外的经典教材和一些优秀的网络资源，对傅里叶变换的说明有独到之处，读者细读之必有所收获。该分册还较详尽地阐述了常用的故障诊断方法，这些知识对加深理解3～9分册的内容大有裨益。

第三分册旋转机械故障诊断实用技术重点说明旋转机械常见的故障诊断方法，该部分内容较成熟，也是故障诊断技术的重点内容之一。该分册还介绍了常用旋转机械和联轴器的点检方法和点检标准，这部分内容是企业实现预知维修和安全生产的重要保障。

第四分册转子动平衡技术主要说明轴及轴系动平衡原理，重点说明轴系现场动平衡技术，现场动平衡作为一门实用技术，广泛应用于多转子连接的轴系系统，简便易行，行之有效。书中以实例介绍了现场动平衡过程中的一些经验和方法。

第五分册往复机械故障诊断及管道减振技术主要说明往复压缩机的失效形式、故障诊断方法和常用点检方法。重点说明管道减振技术，阐述管道减振必须和往复机械整体考虑，标本兼治，才能做到本质安全，书中还以编者亲历的实例作了简要说明。往复机械故障诊断一直是世界性的难题，因此可参考的资料很少，且不系统。本书部分内容是编者结合自己多年来在往复机械及管道减振方面解决现场实际问题过程中所取得的一手资料和经验整理编辑而成。

第六分册滚动轴承故障诊断实用技术、第七分册滑动轴承故障诊断实用技术和第八分册齿轮故障诊断实用技术三分册均主要说明三种常用零件的失效形式，重点说明常用的故障诊断方法，简要说明各自的点检方法和标准，三分册分别介绍了基于油样分析的故障诊断技术。其中第六分册还介绍了滚动轴承的基础知识，以便读者查阅更方便。第七分册介绍了滑动轴承常用材料和液体润滑的基本原理，以便读者在分析滑动轴承故障时，能够与润滑理论相结合考虑，因为滑动轴承任何形式的故障无不与润滑油膜有关，至于气体润滑轴承只为增广读者知识面而考虑。第八分册介绍了齿廓啮合基本定律，以便读者在分析齿轮故障时，能充分考虑到齿轮齿廓形状，因为齿轮的大多数故障都与齿廓曲线被破坏有关，最常用的渐开线齿廓满足五线合一，不同的故障形式归结起来都是不同程度地破坏了五线合一原则。滚动轴承和滑动轴承作为独立的零件很难制定其零件的点检标准，且这样做也不存在任何意义，因为这两种零件的使用离不开机器本身，因此，所列点检标准为其所安装的相关机械设备的点检标准。

第九分册电动机故障诊断实用技术简要说明常用电动机的基本原理，以便读者分析故障时，能够结合电动机运行机制加以考虑。重点说明电动机振动故障诊断和电气故障诊断方法，简要介绍了电动机温度和噪声故障诊断方法。考虑到电机日常维护，本书还介绍了电动机的点检方法和日常修理和保养方法。

总之，故障诊断技术的终极目标是保证设备长周期、安全稳定运行，投入大量资金购买最现代化的仪器设备是必要的，但首要任务是充实现场工程技术人员的知识储备，包括理论和实际的经验。现在从事故障诊断的人员，通过望、闻、问、切能对设备的运行状况作出评价的越来越少。当振动异常的时候，对于常见故障，能借助仪器得出诊断结论，能够对问题给出合理解释的人才越来越缺乏，故障诊断工作的决定作用在人，不在仪器。仪器仅仅是人的工具，如果人不行，再好的仪器也无用；好的仪器有了有准备的人才能够发挥作用。真正掌握了故障诊断技术，加上得力的仪器设备，才能使设备维护人员大有用武之地，而成为别人无法替代的人才！

近几年，编者有幸得到国家自然科学基金的支持，对科学基金的研究深化了编者对故障诊断技术的认识，如果说企业合作项目丰富了编者的实践知识，那么，国家自然科学基金项目则提升了编者的基础理论水平，使编者在更高的层面上更加理性地分析、判断每一种故障形式，所以，对近年来国家自然科学基金项目（50875016）的支持表示感谢。

本分册在资料查阅、收集、整理和编排上，我的研究生王星星、马屈扬做了卓有成效的工作，这本书的出版与他们的辛勤付出密不可分。在此对王星星、马屈扬同学表示谢意。

由于本套丛书的编写工作十分浩大，限于编者水平，恳切希望读者对本套丛书中出现的错误和不妥之处提出批评指正，编者将不胜感激。编者网址：www. ygazd. cn，E－mail：yangga@ mail. buct. edu. cn 或 ygapublic@ 163. com。

谨以此书献给辛勤工作在生产第一线的机械设备管理维护人员和有志于故障诊断技术研究的科学技术人员！

编　者

2011 年 10 月于北京化工大学

目　　录

第一章　概述 …………………………………………………………………… (1)

第二章　旋转机械振动基础 …………………………………………………… (5)

第一节　旋转机械振动分类 ………………………………………………… (5)

一、强迫振动 ……………………………………………………………… (5)

二、自激振动 ……………………………………………………………… (5)

三、非定常强迫振动 ……………………………………………………… (5)

第二节　转子振动的基本特性 ……………………………………………… (6)

第三节　临界转速及其影响因素 …………………………………………… (7)

一、转子的临界转速 ……………………………………………………… (7)

二、影响临界转速的因素 ………………………………………………… (10)

三、转子轴承系统的稳定性 ……………………………………………… (11)

四、多盘转子 ……………………………………………………………… (12)

五、扭转振动 ……………………………………………………………… (13)

六、非线性振动特征及识别方法 ………………………………………… (14)

第四节　旋转机械振动标准 ………………………………………………… (15)

一、轴承座振动 …………………………………………………………… (15)

二、转轴振动标准 ………………………………………………………… (18)

三、旋转机械振动通用标准 ……………………………………………… (20)

第三章　转子不平衡的故障机理与诊断 ……………………………………… (26)

第一节　转子不平衡的种类 ………………………………………………… (26)

第二节　转子不平衡的故障机理 …………………………………………… (26)

第三节　转子不平衡故障的特征 …………………………………………… (27)

第四节　转子不平衡诊断方法 ……………………………………………… (28)

第五节　转子不平衡故障原因分析及治理措施 …………………………… (29)

第六节　转子不平衡故障诊断实例 ………………………………………… (30)

第四章　转子不对中故障机理与诊断 ………………………………………… (35)

第一节　转子不对中的类型 ………………………………………………… (35)

第二节　转子不对中的故障机理 …………………………………………… (36)

第三节　转子不对中的故障特征 …………………………………………… (38)

第四节　转子不对中的故障诊断 …………………………………………… (39)

第五节　转子不对中故障原因与治理措施 …………………………………（40）
第六节　转子不对中故障诊断实例 ………………………………………（40）

第五章　转子弯曲的故障机理与诊断 …………………………………（49）
第一节　转子弯曲的种类 …………………………………………………（49）
第二节　转子弯曲振动蹬机理 ……………………………………………（49）
第三节　转子弯曲的故障特性 ……………………………………………（49）
第四节　转子弯曲的故障诊断 ……………………………………………（50）
第五节　转子弯曲的故障原因与治理措施 ………………………………（50）
第六节　直轴原理和方法 …………………………………………………（51）
第七节　转子弯曲故障诊断实例 …………………………………………（52）

第六章　动静件摩擦的故障机理与诊断 ………………………………（59）
第一节　转子与静止件摩擦的分类 ………………………………………（59）
第二节　转子与静止件径向摩擦的振动机理 ……………………………（59）
一、局部动静件碰磨的故障特征 ………………………………………（59）
二、动静件摩擦接触弧增大时的故障特征 ……………………………（60）
第三节　转子与静止件轴向摩擦的振动机理 ……………………………（61）
第四节　动静件摩擦的诊断方法 …………………………………………（61）
第五节　动静件摩擦的故障原因与治理措施 ……………………………（62）
第六节　动静件摩擦故障诊断实例 ………………………………………（62）

第七章　转子热套配合过盈不足的故障机理与诊断 …………………（65）
第一节　转子热套配合过盈不足的振动机理与故障特征 ………………（65）
一、振动机理 ……………………………………………………………（65）
二、故障特征 ……………………………………………………………（66）
第二节　转子热套配合过盈不足的诊断方法 ……………………………（67）
第三节　转子热套配合过盈不足的故障原因与治理措施 ………………（67）
第四节　转子热套配合过盈不足故障诊断实例 …………………………（68）

第八章　转子支承部件松动的故障机理与诊断 ………………………（71）
第一节　转子支承部件松动的故障机理与故障特征 ……………………（71）
一、故障机理 ……………………………………………………………（71）
二、故障特征 ……………………………………………………………（73）
第二节　转子支承部件松动的诊断方法 …………………………………（73）
第三节　转子支承部件松动的故障原因与治理措施 ……………………（74）
第四节　转子支承部件松动故障诊断实例 ………………………………（74）

第九章　旋转失速与喘振的故障机理与诊断 …………………………（78）

第一节　旋转失速的机理与故障特征 …………………………………… (78)
一、旋转失速 ………………………………………………………… (78)
二、旋转失速的振动机理 …………………………………………… (79)
三、旋转失速的故障特征 …………………………………………… (79)
第二节　喘振的机理与故障特征 ……………………………………… (80)
一、喘振 ……………………………………………………………… (80)
二、喘振的故障特征 ………………………………………………… (81)
第三节　旋转失速与喘振的诊断方法 ………………………………… (81)
第四节　旋转失速与喘振的故障原因与治理措施 …………………… (82)
第五节　旋转失速与喘振故障诊断实例 ……………………………… (83)

第十章　转轴裂纹的故障机理与诊断 ………………………………… (91)
第一节　转轴裂纹的故障机理 ………………………………………… (91)
一、闭裂纹 …………………………………………………………… (91)
二、开裂纹 …………………………………………………………… (91)
三、开闭裂纹 ………………………………………………………… (91)
第二节　转轴裂纹的故障特征 ………………………………………… (92)
第三节　转轴裂纹的诊断方法 ………………………………………… (92)
第四节　转轴裂纹的故障原因与治理措施 …………………………… (93)
第五节　转轴裂纹故障诊断实例 ……………………………………… (93)

第十一章　迷宫密封气流激振的故障机理与诊断 ……………………… (104)
第一节　迷宫密封气流激振的故障机理 ……………………………… (104)
第二节　迷宫密封气流激振的故障特征 ……………………………… (106)
第三节　迷宫密封气流激振的诊断方法 ……………………………… (106)
第四节　迷宫密封气流激振的故障原因与治理措施 ………………… (106)
第五节　迷宫密封气流激振故障诊断实例 …………………………… (107)

第十二章　常用旋转机械的点检方法 ………………………………… (110)
第一节　点检的基础知识 ……………………………………………… (110)
一、点检的含义 ……………………………………………………… (110)
二、点检的目的 ……………………………………………………… (110)
三、点检的分类 ……………………………………………………… (110)
四、点检的主要环节 ………………………………………………… (111)
五、点检员所需的技能 ……………………………………………… (112)
第二节　常用旋转机械的点检方法 …………………………………… (112)
第三节　常用联轴器的点检方法 ……………………………………… (135)

第四节　点检标准 …………………………………………………………… (155)
第五节　推广点检工作应注意的问题 ………………………………………… (166)

第十三章　旋转机械综合故障实例 ……………………………………………… (168)

附录 ……………………………………………………………………………… (178)

一、部分旋转机械常见故障处理 ……………………………………………… (178)
二、常见故障诊断图表 ………………………………………………………… (189)

参考文献 ………………………………………………………………………… (198)

第一章 概 述

绝大多数机械都有旋转件，所谓旋转机械是指主要功能由旋转运动来完成的机械，尤其是指主要部件作旋转运动的、转速较高的机械。旋转机械种类繁多，有汽轮机、燃气轮机、离心式压缩机、发电机、水泵、水轮机、通风机以及电动机等。这类设备的主要部件有转子、轴承系统、定子和机组壳体、联轴器等，转速从每分钟几十转到几万、几十万转。

大型旋转机械，如汽轮机、压缩机、发电机、风机、泵等是大型生产企业的关键设备。它们通常具有大型、高速、连续工作及处于核心地位的特点，其运行状况好坏直接影响企业的生产，一旦故障停机，将造成巨大的经济损失和严重的乃至灾难性的后果。国内外曾发生过的各种空难、爆炸和断裂等恶性事故，不但造成人员伤亡和巨大的经济损失，而且造成了严重的社会影响。例如，1972 年日本关西电力公司 Kaman 电厂一台 600MW 汽轮机发电机组，因为异常振动发生轴断为 18 段的严重事故，并引起氢气爆炸造成火灾，直接经济损失达 9 千万马克；1986 年 4 月前苏联的切尔诺贝利核电站四号机组发生严重振动而造成核泄漏，致使 2000 多人死亡，直接经济损失达 30 亿美元；1987 年山西大同发电 200MW 机组转子断裂，1988 年秦岭电厂 5 号机组主轴断裂，两次事故经济损失均达亿元以上；1998 年我国某钢厂一台大功率高炉鼓风机数级叶片折断，导致了该高炉停产，直接经济损失达数千万元。保证大型旋转机械设备连续正常满负荷运行是提高企业生产率的关键。为了掌握设备运行状态，避免事故的发生，需要研究并应用先进的状态监测与故障诊断技术。这种技术不仅可以早期发现故障，避免恶性事故的发生，还可以从根本上解决目前设备定期维修不足和维修过剩的问题。

几种典型的旋转机械如表 1－1 所示。

表 1－1 常用的旋转机械

名称	简 介	图 示
汽轮机	汽轮机(Steam Turbine)是将蒸汽的能量转换成为机械功的旋转式动力机械，又称蒸汽透平。主要用作发电用的原动机，也可直接驱动各种泵、风机、压缩机和船舶螺旋桨等。还可以利用汽轮机的排汽或中间抽汽满足生产和生活上的供热需要	

续表

名称	简　　介	图　　示
离心压缩机	离心式压缩机(Centrifugal Compressor)，通过叶轮对气体作功，将能量传递给气体，最终使其压力得到提升。可以为单级叶轮，也可为多级。离心式压缩机是一种叶片旋转式压缩机(即透平式压缩机)。在离心式压缩机中，高速旋转的叶轮给予气体的离心力作用，以及在扩压通道中给予气体的扩压作用，使气体压力得到提高	
发电机	发电机(Electric Generator)是将其他形式的能源转换成电能的机械设备。最早产生于第二次工业革命时期，由德国工程师西门子于1866年制成。它由水轮机、汽轮机、柴油机或其他动力机械驱动，将水流、气流、燃料燃烧或原子核裂变产生的能量转化为机械能传给发电机，再由发电机转换为电能。发电机在工农业生产、国防、科技及日常生活中有广泛的用途	
水泵	水泵(Water Pump)是输送液体或使液体增压的机械。它将原动机的机械能或其他外部能量传送给液体，使液体能量增加。主要用来输送液体，包括水、油、酸碱液、乳化液、悬乳液和液态金属等，也可输送液体、气体混合物以及含悬浮固体物的液体	

续表

名称	简　介	图　示
风机	风机(Fan)是依靠输入的机械能，提高气体压力并排送气体的机械，它是一种从动的流体机械。排气压力低于1.5×105Pa。风机广泛用于工厂、矿井、隧道、冷却塔、车辆、船舶和建筑物的通风、排尘和冷却，锅炉和工业炉窑的通风和引风，空气调节设备和家用电器设备中的冷却和通风，谷物的烘干和选送，风洞风源和气垫船的充气和推进等。	
电动机	电动机(Motor)是把电能转换成机械能的设备，它是利用通电线圈在磁场中受力转动的现象制成，电动机按使用电源不同分为直流电动机和交流电动机，电力系统中的电动机大部分是交流电机，可以是同步电机或者是异步电机。电动机主要由定子与转子组成。通电导线在磁场中受力运动的方向跟电流方向和磁感线(磁场方向)方向有关。电动机工作原理是磁场对电流受力的作用，使电动机转动	

近年来，随着现代工业的发展，大型旋转机械需求数量不断增加，而且这类机械本身还不断向大功率、大容量、高转速、高效率和复杂化等方面发展。如何管理好这些设备，确保工作过程的安全性和可靠性，避免事故发生，让设备发挥最大的经济效益，已成为现代企业管理的重要目标之一。为此，要求通过对机器的在线监测尽早识别较小的故障，并监视故障的发展，以便在整个系统受到较大破坏之前，及时实施补救措施或有准备地停机。

另一方面，对大型旋转机械进行状态监测，可以更有效地指导设备的维修管理，将早期的事后维修方式和计划维修方式发展为预知维修，可以让机器在有限的使用寿命期内创造最大的价值。

机械故障是指机器的功能失效，即其动态性能劣化，不符合技术要求。例如，机器运行失稳，产生异常振动和噪声，工作转速、输出功率发生变化，以及介质的温度、压力、流量异常等。机器发生故障的原因不同，所反映出的信息也不一样，根据这些特有的信息，可以对故障进行诊断。但是，机器发生故障的原因往往不是单一的因素，一般都是多种因素共同作用的结果，所以对设备进行故障诊断时，必须进行全面的综合分析研究。

由于旋转机械的结构及零部件设计加工、安装调试、维护检修等方面的原因和运行操作方面的失误，使得机器在运行过程中产生振动，其振动类型可分为径向振动、轴向振动和扭转振动，其中过大的径向振动往往是造成机器损坏的主要原因，也是状态监测的主要参数和进行故障诊断的主要依据。

从仿生学的角度来看，诊断设备的故障类似于确定人的病因：医生需要向患者询问病情、病史、切脉(听诊)以及量体温、验血相、测心电图等，根据获得的多种数据，进行综合分析才能得出诊断结果，提出治疗方案。同样，对旋转机械的故障诊断，也应在获取机器的稳态数据、瞬态数据以及过程参数和运行状态等信息的基础上，通过信号分析和数据处理提取机器特有的故障征兆及故障敏感参数等，经过综合分析判断，才能确定故障原因，做出符合实际的诊断结论，提出治理措施。

根据故障原因和造成故障原因的不同阶段，可以将旋转机械的故障原因分为几个方面，如表1－2所示。

表1－2　旋转机械故障原因分类

故障分类	主　要　原　因
设计原因	①设计不当，动态特性不良，运行时发生强迫振动或自激振动； ②结构不合理，应力集中； ③设计工作转速接近或落入临界转速区； ④热膨胀量计算不准，导致热态对中不良
制造原因	①零部件加工制造不良，精度不够； ②零件材质不良，强度不够，制造缺陷； ③转子动平衡不符合技术要求
安装、维修	①机械安装不当，零部件错位，预负荷大； ②轴系对中不良； ③机器几何参数(如配合间隙、过盈量及相对位置)调整不当； ④管道应力大，机器在工作状态下改变了动态特性和安装精度； ⑤转子长期放置不当，改变了动平衡精度； ⑥未按规程检修，破坏了机器原有的配合性质和精度
操作运行	①工艺参数(如介质的温度、压力、流量、负荷等)偏离设计值，机器运行工况不正常； ②机器在超转速、超负荷下运行，改变了机器的工作特性； ③运行点接近或落入临界转速区； ④润滑或冷却不良； ⑤转子局部损坏或结垢； ⑥启停机或升降速过程操作不当，暖机不够，热膨胀不均匀或在临界区停留时间过久
机器劣化	①长期运研，转子挠度增大或动平衡劣化； ②转子局部损坏、脱落或产生裂纹； ③零部件磨损、点蚀或腐蚀等； ④配合面受力劣化，产生过盈不足或松动等，破坏了配合性质和精度； ⑤机器基础沉降不均匀，机器壳体变形

第二章　旋转机械振动基础

旋转机械的主要功能是由旋转部件来完成的，转子是其最主要的部件。旋转机械发生故障的主要特征是机器伴有异常的振动和噪声，其振动信号从幅域、频域和时域反映了机器的故障信息。因此，了解旋转机械在故障状态下的振动机理，对于监测机器的运行状态和提高诊断故障的准确率都非常重要。

第一节　旋转机械振动分类

旋转机械振动按机械振动性质可以分为 3 类：

一、强迫振动

强迫振动又称同步振动，是由外界持续周期性激振力作用而引起的振动。强迫振动从外界不断地获得能量来补偿阻尼所消耗的能量，使系统始终保持持续的等幅振动。该振动反过来并不影响扰动力。产生强迫振动的主要原因有转子质量的不平衡、联轴器不对中、转子的静摩擦、机械部件松动、转子部件或轴承破损等。强迫振动的特征频率总是等于扰动力的频率。例如，由于转子质量不平衡引起的强迫振动，其振动频率恒等于转速频率。

二、自激振动

机器运行过程中由机械内部运动本身产生的交变力引起的振动叫自激振动，一旦振动停止，交变力也自然消失；自激振动频率即机械的固有频率(或临界频率)，与外来激励的频率无关。旋转机械中常见的自激振动有油膜涡动和油膜振荡。它主要由转子内阻、动静部件的干摩擦等引起。与强迫振动相比，自激振动出现比较突然，振动的强度比较严重，短时间内就会对机器造成严重破坏。

三、非定常强迫振动

非定常强迫振动是由外来扰动力引起的一种强迫振动。其特点是与扰动力具有相同的频率；振动本身反过来会影响扰动力的大小与相位；振动的幅值和相位都是变化的。比如转子轴上某一部位出现不均匀的热变形，就相当于给转子增加了不平衡质量，它将会使振动的幅值和相位都发生变化。反过来，振动幅值和相位的变化又影响不均匀热变形的大小与部位，从而使强迫振动连续不断地发生变化。

第二节　转子振动的基本特性

旋转机械的主要部件是转子，其结构型式虽然多种多样，但对一些简单的旋转机械来说，为分析和计算方便，一般都将转子的力学模型简化为一圆盘装在一无质量的弹性转轴上，转轴两端由刚性的轴承及轴承座支承。该模型称为刚性支承的转子，对它进行分析计算所得到的概念和结论对于简单的旋转机械是适用的。由于做了上述种种简化，若把得到的分析结果用于较为复杂的旋转机械时不够精确，但基本上能够说明转子振动的基本特性。

大多数情况下，旋转机械的转子轴心线是水平的，转子的两个支承点在同一水平线上。设转子上的圆盘位于转子两支点的中央，当转子静止时，由于圆盘的重量使转子弯曲变形产生静挠度，即静变形。此时，由于静变形较小，对转子运动的影响不显著，可以忽略不计，即认为圆盘的几何中心 O' 与轴线 AB 的中心 O 点相重合，如图 2－1 所示。转子开始转动后，由于离心力的作用，转子产生动挠度。此时，转子有两种运动：一种是转子的自身转动，即圆盘绕其轴线 $AO'B$ 的转动；另一种是弓形转动，即弯曲的轴心线 $AO'B$ 与轴承联线 AOB 组成的平面绕 AB 轴线的转动。

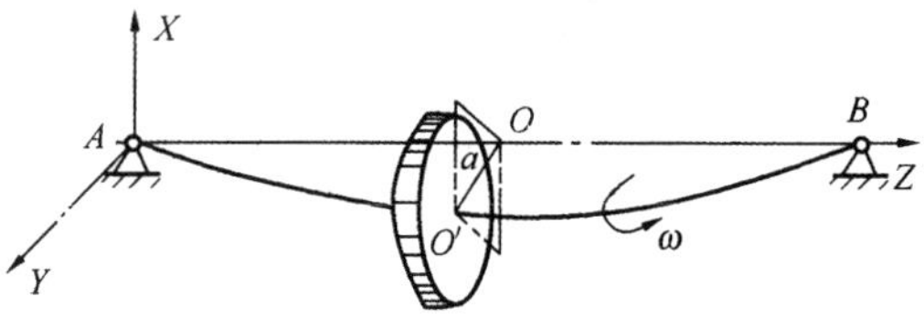

图 2－1　单圆盘转子

圆盘的质量以 m 表示，它所受的力是转子的弹性力 F

$$F = -ka \tag{2-1}$$

式中　k——转子的刚度系数；

$a = OO'$。

圆盘的运动微分方程为

$$\begin{cases} m\ddot{x} = F_x = -kx \\ m\ddot{y} = F_y = -ky \end{cases} \tag{2-2}$$

$$\begin{cases} \ddot{x} + \dfrac{k}{m}x = 0 \\ \ddot{y} + \dfrac{k}{m}y = 0 \end{cases} \tag{2-3}$$

令 $\omega_n = \sqrt{\dfrac{k}{m}}$，则

$$\begin{cases} x = X\cos(\omega_n t + \varphi_x) \\ y = Y\cos(\omega_n t + \varphi_y) \end{cases} \tag{2-4}$$

式中　X、Y——振动幅度；

φ_x、φ_y——相位。

由(2－4)式可知，圆盘或转子的中心 O'，在互相垂直的两个方向作频率为 ω_n 的简谐振动。在一般情况下，X、Y 振幅不相等，O' 点的轨迹为一椭圆。O' 的这种运动是一种"涡动"或称"进动"。转子的涡动方向与转子的转动角速度 ω 同向时，称为正进动；与 ω 反方向时，称为反进动。

第三节　临界转速及其影响因素

随着机器转动速度的逐步提高，在大量生产实践中人们觉察到，当转子转速达到某一数值后，振动就大得使机组无法继续工作，似乎有一道不可逾越的速度屏障，即所谓的临界转速。Jeffcott 用一个对称的单转子模型在理论上分析了这一现象，证明只要在振幅还未上升到危险程度时，迅速提高转速，越过临界转速点后，转子振幅会降下来。换句话说，转子在高速区存在着一个稳定的、振幅较小的、可以工作的区域。从此，旋转机械的设计、运行进入了一个新时期，效率高、质量轻的高速转子日益普遍。需要说明的是，从严格意义上讲，临界转速的值并不等于转子的固有频率，而且在临界转速时发生的剧烈振动与共振是不同的物理现象。

一、转子的临界转速

如果圆盘的质心 G 与转轴中心 O' 不重合，设 e 为圆盘的偏心距离，即 $O'G = e$，如图 2－2 所示。

当圆盘以角速度 ω 转动时，质心 G 的加速度在坐标上的位置为

$$\begin{cases}\ddot{x}_G = \ddot{x} - e\omega^2\cos\omega t \\ \ddot{y}_G = \ddot{y} - e\omega^2\sin\omega t\end{cases} \tag{2-5}$$

参考式(2－2)，则轴心 O' 的运动微分方程为

$$\begin{cases}m\ddot{x} + kx = me\omega^2\cos\omega t \\ m\ddot{y} + ky = me\omega^2\sin\omega t\end{cases} \tag{2-6}$$

令 $\omega_n = \sqrt{\dfrac{k}{m}}$，则

$$\begin{cases}\ddot{x} + \omega_n^2 = e\omega^2\cos\omega t \\ \ddot{y} + \omega_n^2 = e\omega^2\sin\omega t\end{cases} \tag{2-7}$$

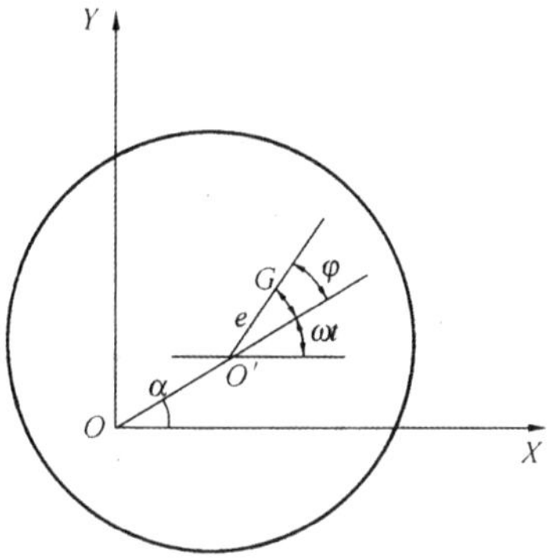

图 2－2　圆盘质心位置

式(2－7)中右边是不平衡质量所产生的激振力。令 $Z = x + iy$，则(2－7)的复变量形式为：

$$\ddot{Z} + \omega_n^2 = e\omega^2 e^{i\omega t} \tag{2-8}$$

其特解为

$$Z = Ae^{i\omega t} \tag{2-9}$$

代入式(2－8)后，可求得振幅

$$|A| = \left|\frac{e\omega^2}{\omega_n^2 - \omega^2}\right| = \left|\frac{e(\omega/\omega_n)^2}{1-(\omega/\omega_n)^2}\right| \tag{2-10}$$

由于不平衡质量造成圆盘或转轴振动响应的放大因子β为

$$\beta = \frac{|A|}{e} = \frac{(\omega/\omega_n)^2}{1-(\omega/\omega_n)^2} \tag{2-11}$$

由式(2－8)和式(2－11)可知，轴心O'的响应频率和偏心质量产生的激振力频率相同，而相位也相同($\omega < \omega_n$时)或相差180°($\omega > \omega_n$时)。这表明，圆盘转动时，图2－2的O、O'和G三点始终在同一直线上。这直线绕过O点而垂直于OXY平面的轴以角速度ω转动。O'点和G点作同步进动，两者的轨迹是半径不相等的同心圆，这是正常运转的情况。如果在某瞬时，转轴受一横向冲击，则圆盘中心O'同时有自然振动和强迫振动，其合成的运动是比较复杂的。O、O'和G三点不在同一直线上，而且涡动频率与转动角度不相等。实际上由于有外阻力作用，涡动是衰减的。经过一段时间，转子将恢复其正常的同步进动。

在正常运转的情况下，由式(2－10)可知：

(1) $\omega < \omega_n$时，$A > 0$，O'点和G点在O点的同一侧，如图2－3 (a)所示；

(2) $\omega > \omega_n$时，$A < 0$，但$A > e$，G在O和O'点之间，如图2－3 (c)所示；

当$\omega \geqslant \omega_n$时，$A \approx -e$，或$OO' = -O'G$，圆盘的质心$G$近似地落在固定点$O$，振动很小，转动反而比较平稳。这种情况称为“自动对心”。

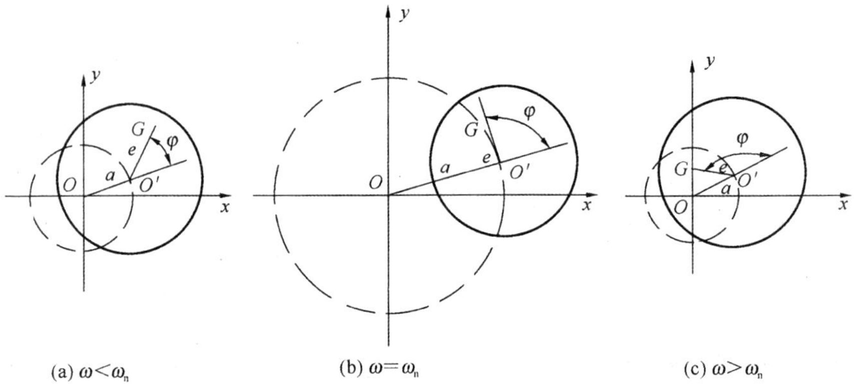

图2－3　转子质心的相位变化

(3) 当$\omega = \omega_n$时，$A \to \infty$，是共振情况。实际上由于存在阻尼，振幅A不是无穷大而是较大的有限值，转轴的振动非常剧烈，以致有可能断裂。ω_n称为转轴的“临界角转速”；与其对应的每分钟的转速则称为“临界转速”，以n_c表示，即$n_c = 60\omega_n/2\pi = 9.55\omega_n$。如果机器的工作转速小于临界转速，则称为刚性轴；如果工作转速高于临界转速，则称为柔性轴。由上面分析可知，具有柔性轴的旋转机器运转时较为平稳。但在启动过程中，要经过临界转速。如果缓慢启动，则经过临界转速会发生剧烈的振动。

研究不平衡响应时如果考虑外阻尼力的作用，则式(2－6)变为：

$$\begin{cases} m\ddot{x} + c\dot{x} + kx = me\omega^2\cos\omega t \\ m\ddot{y} + c\dot{y} + ky = me\omega^2\sin\omega t \end{cases} \tag{2－12}$$

令 $Z = x + iy$，则上式的复变量形式为：

$$\ddot{Z} + 2n\dot{Z} + \omega_n^2 Z = e\omega^2 e^{i\omega t} \tag{2－13}$$

其特解为：$Z = |A|e^{i(\omega t+\varphi)}$ 。

由此解得：

$$\begin{cases} |A| = \exp\dfrac{(\omega/\omega_n)^2}{\sqrt{[1-(\omega/\omega_n)^2]^2+(2\xi\omega/\omega_n)^2}} \\ \tan\varphi = \dfrac{2\xi(\omega/\omega_n)}{1-(\omega/\omega_n)^2} \end{cases} \tag{2－14}$$

式中　$\xi = \dfrac{c}{2m\omega_n}$。

若令 $\lambda = \omega/\omega_n, \omega_n = \sqrt{k/m}$，则式(2－14)可进一步写作：

$$\begin{cases} |A| = \exp\dfrac{\lambda^2}{\sqrt{(1-\lambda^2)^2+4\xi^2\lambda^2}} \\ \tan\varphi = \dfrac{2\xi\lambda}{1-\lambda^2} \end{cases} \tag{2－15}$$

这时的放大因子 β 为：

$$\beta = \frac{|A|}{e} = \frac{\lambda^2}{\sqrt{(1-\lambda^2)^2+4\xi^2\lambda^2}}$$

式(2－15)中振幅 $|A|$ 与相位差 φ 随转动角速度与固有频率的比值 $\lambda = \omega/\omega_n$ 改变的曲线，即幅频响应曲线和相频响应曲线，如图 2－4 所示。

从图 2－4 中可以看出，由于外阻尼的存在，转子中心 O' 对不平衡质量的响应在 $\omega = \omega_n$ 时不是无穷大而是有限值，而且不是最大值。最大值发生在 $\omega > \omega_n$ 的时候。对于实际的转子系统，把出现这最大值时的转速作为临界转速，在升速或降速过程中，用测量响应的办法来确定转子的临界转速，所得数据在升速时略大于前面所定义的临界转速 n_c，而在降速时则略小于 n_c。

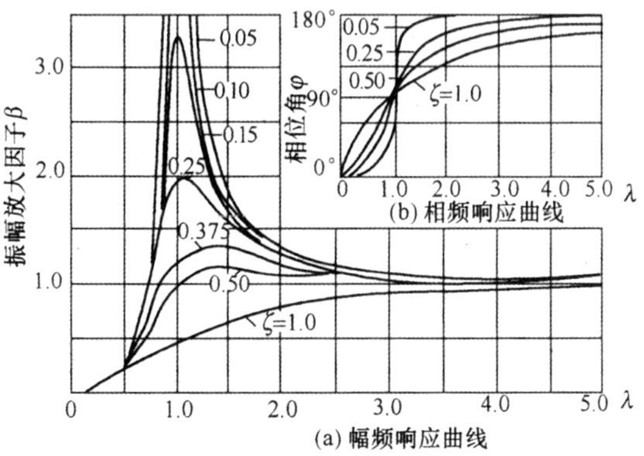

图 2－4　幅频响应与相频响应曲线

二、影响临界转速的因素

1. 回转力矩对转子临界转速的影响

如图 2－5 所示，当转子的圆盘不是安装在两支承的中点而是偏于一侧时，转轴变形后，圆盘的轴线与两支点 A 和 B 的连线有夹角 θ。设圆盘的自转角速度为 ω，转动惯量为 J_p，则圆盘对质心 O' 的动量矩为

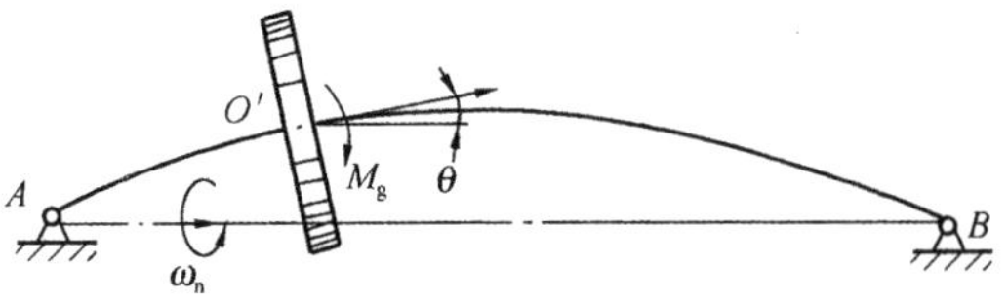

图 2－5　转子系统中的陀螺力矩

$$L = j_p\omega \qquad (2-16)$$

它与轴线 AB 的夹角也应该是 θ，当转轴有自然振动时，设其频率为 ω_n。由于进动，圆盘的动量矩 L 将不断改变方向，因此有惯性力矩

$$M_g = L \times \omega_n = j_p\omega \times \omega_n \qquad (2-17)$$

方向与平面 $O'AB$ 垂直，大小为

$$M_g = j_p\omega\omega_n\sin\theta \qquad (2-18)$$

因夹角 θ 较小，$\sin\theta \approx \theta$，故

$$M_g = j_p\omega\omega_n\theta \qquad (2-19)$$

这一惯性力矩称为回转力矩或陀螺力矩，它是圆盘加于转轴的力矩，与 θ 成正比，相当于弹性力矩。在正进动（$0 < \theta < \pi/2$）的情况下，它使转轴的变形减小，因而提高了转轴的弹性刚度，即提高了转子的临界角速度。在反进动（$\pi/2 < \theta < \pi$）的情况下，它使转轴的变形增大，从而降低了转轴的弹性刚度，即降低了转子的临界角速度。故陀螺力矩对转子临界转速的影响是：正进动时，它提高了临界转速；反进动时，它降低了临界转速。

2. 臂长附加力矩对转子刚度的影响

对较长的柔性转子，不平衡质量离心力作用点与转子和轴的连接点可能不重合而有一定臂长，与较短的转子相比，连接点处由同等离心力所产生的挠度将不一样，因为此时在计算连接点处的挠度时，要将力进行移位，而添加的等效力矩改变轴的变形。分析表明，这种影响会使轴的挠度和转角增大，从而降低轴的临界转速(对柔性转子有利)。

3. 弹性支承对转子临界转速的影响

只有在支承完全不变形的条件下，支点才会在转子运动时保持不动。实际上，支承不可能是绝对刚性不变形的，因而考虑支承的弹性变形时，支承就相当于弹簧与弹性转轴相串联，如图 2－6 所示。

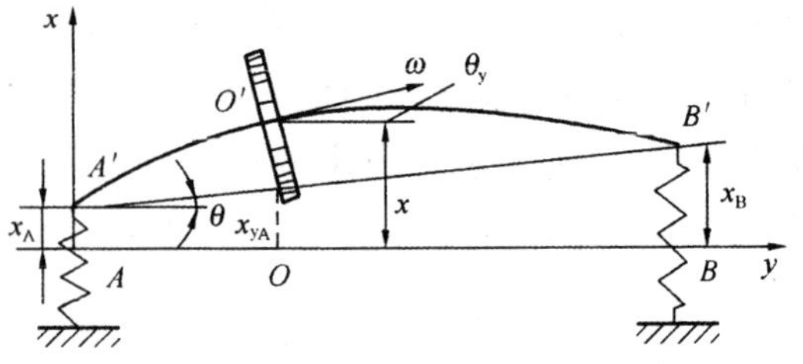

图 2－6　弹性支承转子系统

支承与弹性转轴串联后，其总的弹性刚度要低于转轴本身的弹性刚度。因此，弹性支承可使转子的进动角速度或临界转速降低。在实际工程中表现为，减小支承刚度可以使临界转速显著降低。

4. 组合转子对临界转速的影响

转子系统经常是由多个转子组合而成的，例如在汽轮发电机组中，有高、中、低压汽轮机转子、发电机和励磁机转子等。每个转子都有其自身的临界转速，组合成一个多跨转子系统后，整个组合转子系统也有其自身的临界转速。组合转子与单个转子的临界转速间既有区别又有联系，其间存在一定规律。如果各单子转子是由不同制造厂生产的，那么当制造厂给出各单子转子的临界转速后，利用这一规律，就可以估计组合后转子临界转速的分布情况。此外也可估算出在组合转子的每一阶主振型中，哪一个转子的振动特别显著。

图 2－7（a）为 A、B 两个系统，图（b）为将其刚性连接。

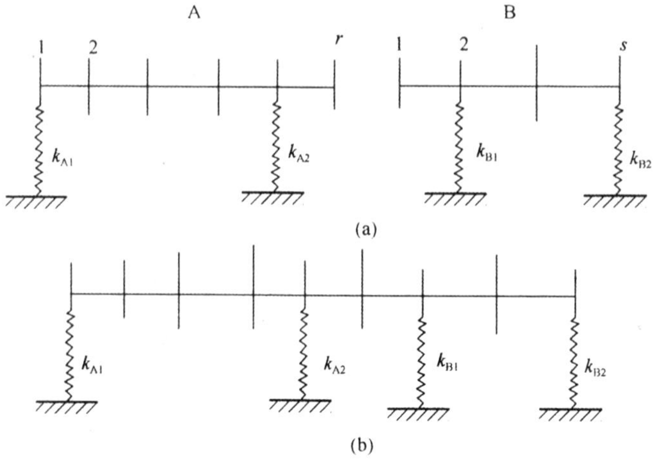

图 2－7　组合转子系统

理论推导证明，组合系统中各转子的各阶临界角速度，总是高于原系统相应的各阶临界角速度，如图 2－8 所示。

三、转子轴承系统的稳定性

转子轴承系统的稳定性是指转子在受到某种扰动后能否随时间的推移而恢复原来状态的能力，也就是说扰动响应能否随时间增加而消失。如果响应随时间增加而消失，则转子系统是稳定的，若响应随时间增加不消失，则转子系统就失稳了。

造成机组失稳的情况很多，如动压轴承失稳、密封失稳、动静摩擦失稳等，而失稳又具有突发性，往往带来严重危害。因此，设备故障诊断人员应对所诊断的机组的稳定性做到心中有数，一旦发现失稳征兆，应及时采取措施防止其发展。

比较典型的失稳是油膜涡动。在瓦隙较大的情况下，转子常会因不平衡等原因而偏

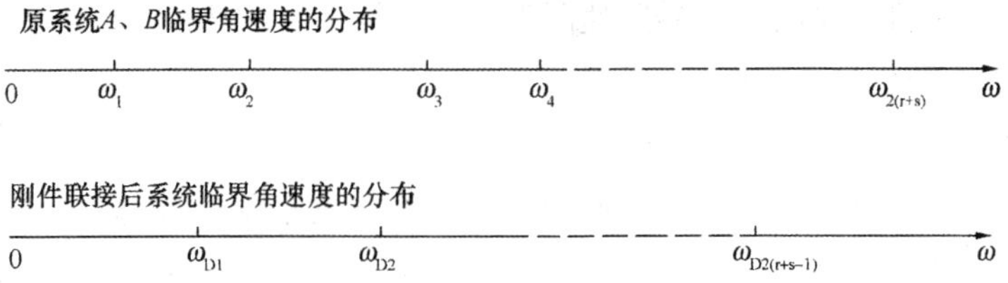

图 2-8　组合系统的临界角速度

离其转动中心，致使油膜合力与载荷不能平衡，引起油膜涡动。机组的稳定性在很大程度上决定于滑动轴承的刚度和阻尼。当具有正阻尼时系统具有抑制作用，涡动逐步减弱；反之当具有负阻尼时，系统本身具有激振作用，油膜涡动就会发展为油膜振荡；在系统具有的阻尼为零时，则处于稳定临界状态。

在工程实践中，常常采用对数衰减来判断系统的稳定性。对数衰减值是转子做衰减自由振动时，相邻振幅之比的对数值，如图 2-9 所示。

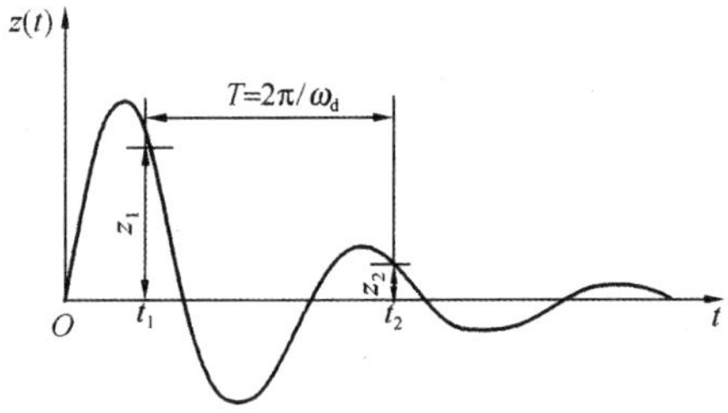

图 2-9　衰减自由振动

$$\delta = \ln \frac{ze^{-nti}}{ze^{-n(ti+T)}} = \ln e^{nT} = nT = n\frac{2\pi}{\omega_d} \tag{2-20}$$

式中　$n = c/2m$；

c——阻尼系数；

m——系统质量；

ω_d——衰减自由振动的频率。

δ 大的系统，对于激励的响应会较快地使之衰减，系统稳定，如 $\delta < 0$，说明系统有负阻尼，系统会自激。

四、多盘转子

实际应用中，转子上可能装配有多个叶轮，这就与前面介绍的单盘转子有所不同，称为多盘转子。在此仅介绍多盘转子的振型问题。一个弹性体可以看成是由无数多个质点组成的，各质点之间采用弹性连接，只要满足连接性条件，各质点的微小位移都是可能的，因此一个弹性体有无限多个自由度，而每个质点都有可能产生共振形成共振峰。就转子而言，转子结构的每个共振峰均伴随着一个振动模态形式，称之为振型。当激振频率与模态之一吻合时，结构的振动形式会形成驻波。激振频率不同驻波形式也不同，如图 2-10 所示分别为一阶、二阶、三阶驻波，其中振值为零的部位称为节点。

了解振型对设备故障诊断具有实际意义：

（1）由振型可见，即使所考虑的测点彼此相距很近，但各点之间所测得的实际振动可能有很大的差别；

（2）轴承部位不一定就是振动最大的部位。

因此，在进行设备诊断时，首先应正确选择好测点，避免设置在节点上；其次，应考虑到在测点测得的振值不一定就是振动最强烈的数值，在其他部位可能会有更大的振值。

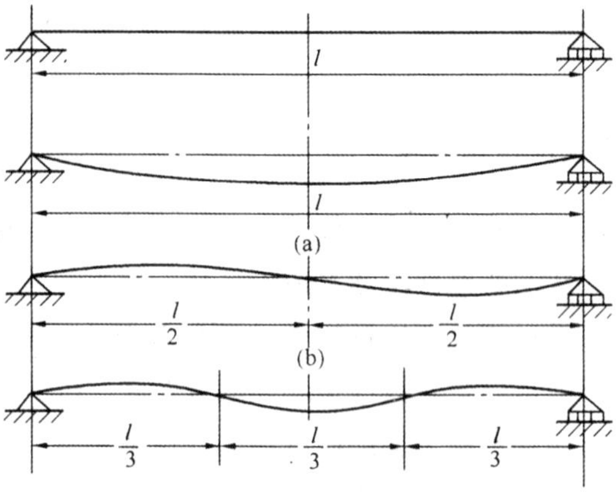

图 2－10　多盘转子常见振型

五、扭转振动

分析旋转机械振动故障时，一般都是指平行振动，即振动质量仅沿着直线方向往返运动，包括转轴轴线垂直方向的径向振动和沿轴线方向的轴向振动两种形式。除此之外，有时还会遇到绕着轴线进行的扭转振动。扭振的力学模型如图 2－11 所示。

据此可得到扭转系统的运动方程

$$I\frac{d^2\varphi}{dt^2} + c'\frac{d\varphi}{dt} + k'\varphi = M = Fr \tag{2-21}$$

式中　I——质量绕旋转轴的惯性矩；

φ——运动角；

c'——阻尼常数；

k'——转动刚度；

M——外加扭矩。

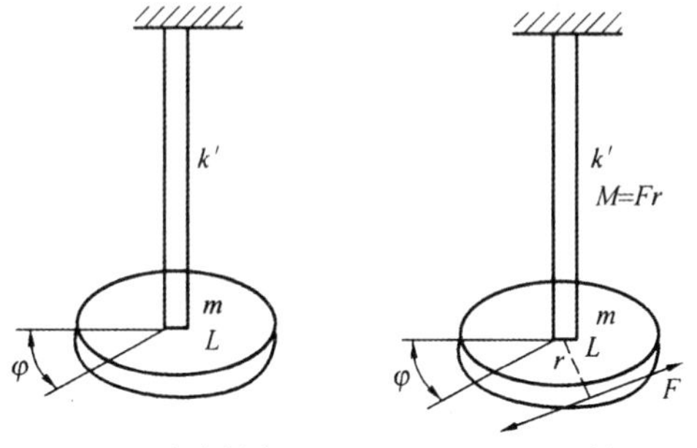

图 2－11　扭振力学模型

由式(2－21)可见，描述扭转运动的方程与描述平行振动运动的方程具有完全类似的形式，区别在于振动质量 M 改成了惯性矩 I，位移 x 改为了转角 φ。这就表明，上述讨论平动振动时得到的各种规律完全适用于扭转振动。不过，从监测方法和故障机理上看，两者则有很大的不同。

产生扭转振动的根本原因是旋转机械的主动力矩与负荷反力矩之间失去平衡，致使合成扭矩的方向来回变化。扭振故障多见于电力系统的汽轮发电机组，石化行业广为使用的烟机也时有发生。

扭振具有极大的破坏性，轻者是作用在轴上的扭应力发生变化，增加轴的疲劳损伤，降低使用寿命，严重扭振会导致机组轴系损坏或断裂，影响机组安全可靠运行。扭振故障有多种形式，一般按频率特征将轴系扭振分成次同步共振、超同步共振和振荡扭振扭动三种基本形式。

六、非线性振动特征及识别方法

实际工程中有许多振动问题是非线性振动，例如油膜振荡、摩擦、旋转失速、流体动力激振等。线性振动系统与非线性振动系统的区分，往往取决于系统在激振力作用下的振幅大小。由于用线性振动理论能比较简便地研究和解决旋转机械系统的主要故障，所以在精度允许的情况下，可以把非线性振动问题线性化，作为线性振动来处理。但是在实际工程中，有些异常振动现象无法用线性振动理论来解释，而用非线性振动理论阐明故障机理却很方便。非线性振动的主要特征如下：

1. 固有频率随振动幅值而变化

线性振动系统的固有频率只与系统的固有频率特性（k、m）有关，是一固定数值。而非线性振动系统则不同，其固有频率随振动系统的振幅大小而变化，如图 2－12 所示。

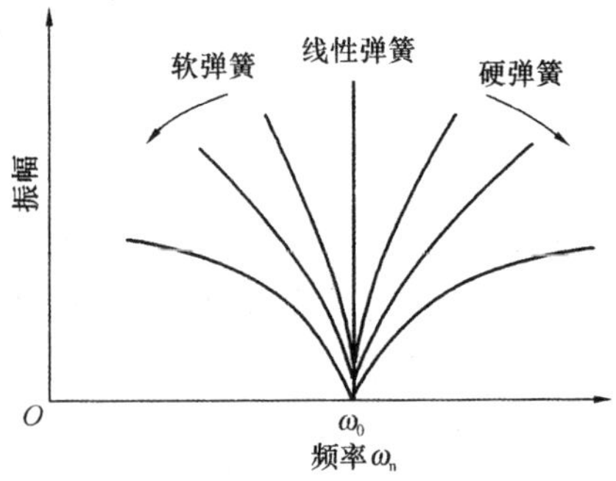

图 2－12　自由振动的振幅与频率的关系

2. 振幅跳跃现象

具有非线性弹性的机械系统，在周期激振力作用下，振动可用强迫振动的基本成分 ω 与其高次谐波分量之和来表示。

据此可得到不同阻尼特性和振幅下的共振曲线，如图 2－13 所示。

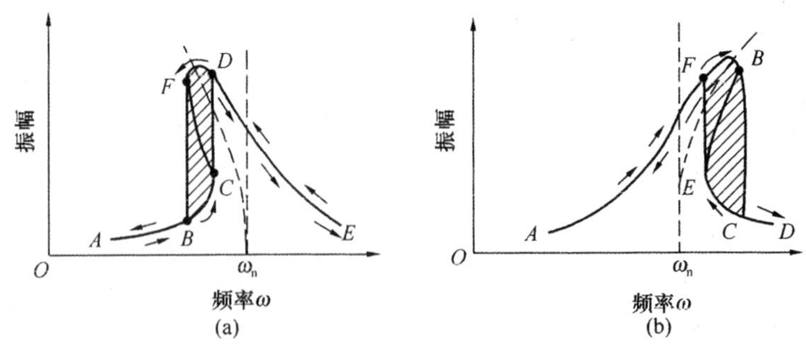

图 2－13　共振曲线与跳跃现象

图(a)为软弹簧情况，图(b)为硬弹簧的情况。在图(a)中，如将激励频率慢慢增大，振幅将沿曲线 AB 变化；在 BC 之间具有三个平衡点，而 CF 之间的平衡点是不稳定的平衡点。因此，从 B 点移向 C 点，一过 C 点就突然跳跃到 D 点，然后进到 E 点，振幅发生突变。如将激励频率慢慢减少，从 E 点下降的情况，经过的路程是从 EDF 跳跃到 BA。在图(b)中，振幅也同样发生突变，这种现象称为振幅跳跃现象。

相位也有相同的跳跃现象。

3. 分数谐波共振和高频谐波共振

在非线性系统中，若以频率接近于固有频率整数倍的激励作用于系统，发生共振时，以激励频率为基准，则共振的频率为激励频率的整数分之一，称为分数谐波共振。若激励频率接近于固有频率的整分数倍时，也会引起共振，这种共振称为高频谐波共振。

4. 组合共振(和差谐波共振)

在非线性系统中，若有两种不同频率 ω_1 和 ω_2 的激振力作用于系统，当（$\omega_1+\omega_2$）、（$\omega_1-\omega_2$）或（$m\omega_1 \pm n\omega_2$）与固有频率一致时，往往也会引起共振，这种共振称为组合共振。

第四节　旋转机械振动标准

振动直接影响到大型旋转机械的安全、稳定运行。目前，大型旋转机械振动评定尺度主要有轴承座振动位移、轴承座振动烈度和轴径向位移三种。

一、轴承座振动

轴承座振动，又称为轴承振动或瓦振，它是以轴承座垂直、水平和轴向三个方向中的最大振动为评定依据，测点布置如图 2－14 所示。振动位移和振动烈度是轴承座振动监测所主要采用的两个尺度。

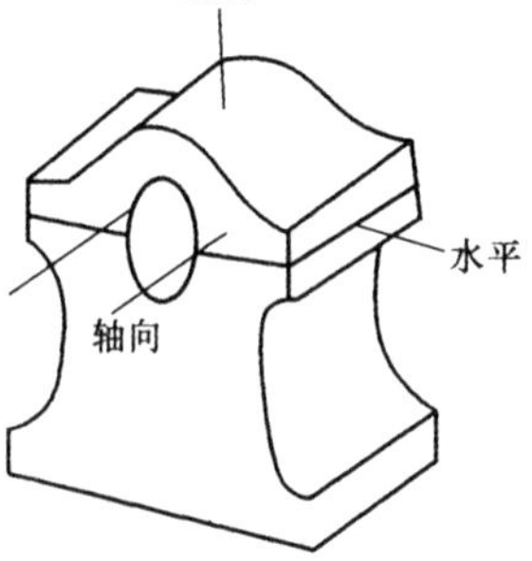

图 2－14　轴承座振动测量方向和位置

1. 轴承座振动位移

表 2－1 给出了我国《电力工业技术管理法规》中给出的汽轮发电机组轴承振动标准。该标准以轴承振动位移信号峰峰值为尺度，在我国电力行业得到了广泛应用，是汽轮发电机组轴承座振动评判的主要依据。

表 2－1　汽轮发电机组轴承振动标准　　μm

汽轮发电机组转速/r/min	优	良	合格
1500	30	50	70
3000	20	30	50

2. 轴承振动烈度

由式(2-22)可知，振动速度幅值同时反映了振动位移幅值和频率的影响，因此又称为振动烈度。对于高频振动或冲击型振动，监测振动烈度比振动位移更为有效。

振动烈度监测大多采用轴承振动速度的均方根值 v_{rms}(或称有效值)，单位为 mm/s。振动速度均方根值的计算公式为

$$v_{rms}=\sqrt{\frac{1}{T}\int_0^T v^2(t)\,dt} \tag{2-22}$$

式中　$v(t)$——振动速度信号。

如果振动信号只含有单一频率成分 ω，振动位移和振动速度表达式分别为

$$\begin{aligned} y(t) &= \frac{A_{p-p}}{2}\sin(\omega t+\varphi) \\ v(t) &= \frac{\omega A_{p-p}}{2}\cos(\omega t+\varphi) \end{aligned} \tag{2-23}$$

由式(2-22)可以求得振动速度有效值(mm/s)与振动位移峰峰值(μm)之间的关系

$$v_{rms}=0.707\times10^{-3}\times\frac{\omega}{2}A_{p-p} \tag{2-24}$$

表 2-2　大型旋转机械振动烈度评定等级(GB 11347.1—89)

<table>
<tr><td>振动烈度</td><td colspan="2">支　承　类　别</td></tr>
<tr><td>v_{rms}/(mm/s)</td><td>刚性支承</td><td>柔性支承</td></tr>
<tr><td>0.46</td><td rowspan="4">A</td><td rowspan="5">A</td></tr>
<tr><td>0.71</td></tr>
<tr><td>1.12</td></tr>
<tr><td>1.8</td></tr>
<tr><td>2.8</td><td rowspan="2">B</td></tr>
<tr><td>4.6</td><td>B</td></tr>
<tr><td>7.1</td><td rowspan="2">C</td><td>B</td></tr>
<tr><td>11.2</td><td rowspan="2">C</td></tr>
<tr><td>18.0</td><td rowspan="4">D</td></tr>
<tr><td>28.0</td><td rowspan="3">D</td></tr>
<tr><td>46.0</td></tr>
<tr><td>71.0</td></tr>
</table>

对于频率为 50Hz 的振动量而言

$$v_{rms}=0.11A_{p-p}$$

当频率分量比较复杂时，根据傅立叶变换可以求出不同频率分量 f_i 对应的振动幅值 A_i，速度均方根值可以由下式计算：

$$v_{rms} = \pi \times 10^{-3} \sqrt{\frac{1}{2}[(A_1f_1)^2 + (A_2f_2)^2 + A + (A_nf_n)^2]} \qquad (2-25)$$

当频率分量比较复杂时，采用上式换算的误差较大。速度有效值应该以仪表直接显示的为准。

GB 11347.1—89《大型旋转机械振动烈度现场测量与评定》给出了振动烈度评定等级，如表 2-2 所示。将振动评价区域分为了 4 个区，各评价区域的具体定义如表 2-3 所示。

表 2-3 振动评定区域分界定义

区域 A	新投产机组的振动应在此区域内
区域 B	振动在此区域内的机组通常认为是合格的，可以长期运行
区域 C	振动在此区域内的机组不适宜长期连续运行。一般来说，该机器可在这种状态下运行有限时间，直到有采取补救行动的合适时机为止
区域 D	振动在此区域内，通常认为其剧烈程度足以引起机组破坏

支承刚度对轴承振动的影响很大。相同激励力下，支承刚度越小，轴承振动越大。因此，轴承振动烈度评定时，针对刚性支承和柔性支承给出了不同标准。刚性支承通常指的是支承系统固有频率高于激振力频率，柔性支承通常指的是支承系统固有频率低于激振力频率。ISO 2372 规定：如在测量方向上机器与支承系统组合的最低自振频率至少大于主激振频率(大多数情况下为旋转频率)25%，则支承系统在该方向上可看作刚性支承，其他支承系统都可看作柔性支承。例如：大型电动机、泵和小型汽轮发电机组一般是刚性支承，大型汽轮发电机组部分轴承座则采用柔性支承。某些情况下，支承部件可能在某一测量方向上为刚性，而在其他方向上为柔性。表 2-4 ~ 表 2-7 分别给出了国际标准化组织针对不同类型旋转机械制定的在非旋转部件上测量和评价机器振动标准。

表 2-4 功率($P>50$MW)陆地安装的大型汽轮发电机组振动标准

区域边界	轴转速/(r/min)	
	1500 或 1800	3000 或 3600
	振动速度/(mm/s)(rms：有效值)	
A/B	2.8	3.8
B/C	5.3	7.5
C/D	8.5	11.8

表2-5 功率(50MW > P > 300kW)的大型机组、转轴高度(H≥315mm)的电机振动标准

支承类型	区域边界	位移有效值/μm	速度有效值/(mm/s)
刚性	A/B	29	2.3
	B/C	57	4.5
	C/D	90	7.1
柔性	A/B	45	3.5
	B/C	90	7.1
	C/D	140	11.0

表2-6 功率(300kW≥P>15kW)的大型机组、转轴高度(160mm≤H<315mm)的电机振动标准

支承类型	区域边界	位移有效值/μm	速度有效值/(mm/s)
刚性	A/B	22	1.4
	B/C	45	2.8
	C/D	71	4.5
柔性	A/B	37	2.3
	B/C	71	4.5
	C/D	113	7.1

表2-7 燃气轮机(P>3MW)——轴承座和支架振动速度 mm/s

轴的转速/(r/min)	区　　域		
	A/B	B/C	C/D
3000~20000	4.5	9.3	14.7

二、转轴振动标准

轴承座振动并不能完全反映转轴在轴瓦内的振动(轴振)。轴承振动和轴振的比值与轴承支承刚度有关。激振力一定时，支承刚度越大，轴承座振动越小，轴振越大。即使在不大的轴承振动下，转轴仍有可能存在较大的相对振动。转轴振动过大，可能使轴承乌金疲劳损坏并导致动、静部件碰磨。振动评定标准中应充分考虑该因素。为弥补轴承振动不能全面反映转轴振动的不足，大型旋转机械应考虑以转轴振动作为机组振动状态评定标准的尺度。

轴振有相对振动和绝对振动两种测量方式。表2－8和表2－9给出了国际标准化组织制定的ISO 7919—2：1996《陆地安装大型汽轮发电机组旋转轴径向振动测量与评价标准》。该标准适用于陆地安装、功率大于50MW、额定转速范围从1500～3600r/min的电站大型汽轮发电机组，振动区域的划分与表2－3相同。轴振动测量参数是通频振动峰峰值，以两个相互垂直方向上测得的位移峰峰值中较大者作为评定依据。表2－10给出了美国GE公司推荐的汽轮发电机组轴振标准。该标准在我国电力行业得到广泛应用。

表2－8　大型汽轮发电机组轴相对振动位移推荐值(峰峰值)　μm

区域上界	额定转速/(r/min)			
	1500	1800	3000	3600
A/B	100	90	80	75
B/C	200	185	165	150
C/D	320	290	260	240

表2－9　大型汽轮发电机组轴绝对振动位移推荐值(峰峰值)　μm

区域上界	额定转速/(r/min)			
	1500	1800	3000	3600
A/B	120	110	100	90
B/C	240	220	200	180
C/D	385	350	320	290

表2－10　美国GE公司汽轮发电机组轴振标准　μm

轴振标准	良好	报警	跳闸
双振幅	75以下	125以上	250以上

轴振测量时，受机械干扰和电磁干扰等因素的影响，将会产生测量偏差，我们将此称作偏摆。当偏摆幅值不大于振动允许限值的25%或6μm这两个值中的最大值时，轴

振测量可以不计偏摆的影响。但当偏摆超出此范围时，应采取必要的补偿措施，在轴振动测量信号中扣除偏摆分量。

对于额定转速从 1000 ~ 30000r/min 具有滑动轴承的耦合工业机器，如蒸汽轮机、涡轮压缩机、涡轮泵、透平发电机组、涡轮风机、电力驱动装置及相关联的齿轮变速装置，ISO 7919 制定的转轴相对振动标准为：

区域边界 A/B　　$s_{p-p} = 4800/\sqrt{n}$

区域边界 B/C　　$s_{p-p} = 9000/\sqrt{n}$

区域边界 C/D　　$s_{p-p} = 13200/\sqrt{n}$

式中　n——旋转速度，r/min。

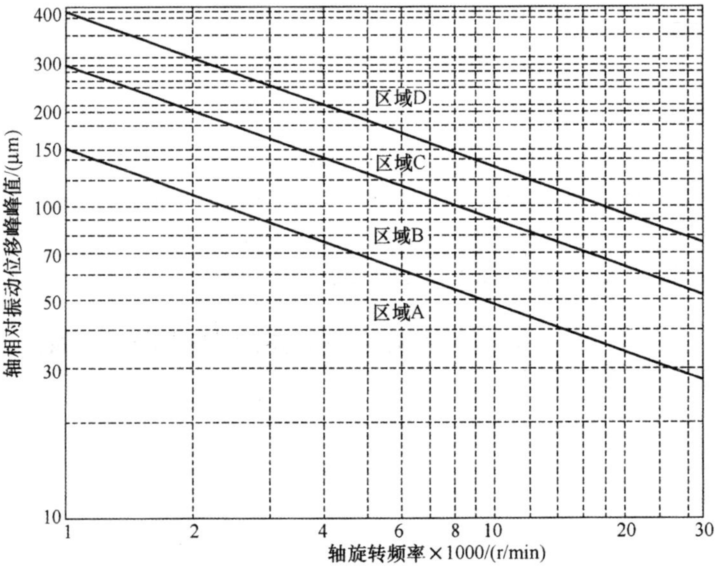

图 2-15　耦合的工业机器运行转速与最大相对位移推荐值关系图

图 2-15 给出了根据上式绘出的不同转速下的振动标准区域。具有滑动轴承、额定功率大于 3MW、额定转速 3000 ~ 30000r/min 的燃气轮机组（包括带有齿轮箱的燃气轮机机组）振动标准与此相同。该标准不适用于电站输出功率大于 50MW 的陆地安装的大型汽轮组和输出功率大于等于 1MW 的水轮动力机组及泵。

三、旋转机械振动通用标准

振动标准作为故障诊断不可或缺的一部分，是非常重要的。它作为机械设备运行状态的评价依据，是现场设备维护人员必备的资料。下面将各类旋转机械的振动标准列出，如表 2-11 ~ 表 2-17 及图 2-16 所示，以供读者选用。

1. 绝对判断标准

表 2－11　ISO 2372 和 ISO 3495 机械振动标准

<table>
<tr><th colspan="3">振动强度范围</th><th colspan="3">ISO 2372</th><th colspan="3">ISO 3945</th></tr>
<tr><th>分级范围</th><th>v_{rms}/(mm/s)</th><th>dB</th><th>Ⅰ级</th><th>Ⅱ级</th><th>Ⅲ级</th><th>Ⅳ级</th><th>刚性基础</th><th>柔性基础</th></tr>
<tr><td>0. 28</td><td>0. 28</td><td>89</td><td rowspan="3">A</td><td rowspan="4">A</td><td rowspan="5">A</td><td rowspan="6">A</td><td rowspan="5">优</td><td rowspan="6">优</td></tr>
<tr><td>0. 45</td><td>0. 45</td><td>93</td></tr>
<tr><td>0. 71</td><td>0. 71</td><td>97</td></tr>
<tr><td>1. 12</td><td>1. 12</td><td>101</td><td rowspan="2">B</td></tr>
<tr><td>1. 8</td><td>1. 8</td><td>105</td><td rowspan="2">B</td></tr>
<tr><td>2. 8</td><td>2. 8</td><td>109</td><td rowspan="2">C</td><td rowspan="2">B</td><td rowspan="2">良</td></tr>
<tr><td>4. 5</td><td>4. 5</td><td>113</td><td rowspan="2">C</td><td rowspan="2">B</td><td rowspan="2">良</td></tr>
<tr><td>7. 1</td><td>7. 1</td><td>117</td><td rowspan="6">D</td><td rowspan="2">C</td><td rowspan="2">可</td></tr>
<tr><td>11. 2</td><td>11. 2</td><td>121</td><td rowspan="5">D</td><td rowspan="2">C</td><td rowspan="2">可</td></tr>
<tr><td>18</td><td>18</td><td>125</td><td rowspan="4">D</td><td rowspan="4">不可</td></tr>
<tr><td>28</td><td>28</td><td>129</td><td rowspan="3">D</td><td rowspan="3">不可</td></tr>
<tr><td>45</td><td>45</td><td>133</td></tr>
<tr><td>71</td><td></td><td>137</td></tr>
</table>

注：(1) ISO 2372 振动标准中，把诊断对象分为 4 个等级：

Ⅰ级：小型机械，15kW 以下电动机等；

Ⅱ级：中型机械，15～75kW 电动机等；

Ⅲ级：刚性安装的大型机械(600～1200r/min)；

Ⅳ级：柔性安装的大型机械(600～1200r/min)。

(2) A、B、C、D 及“优”、“良”、“可”、“不可”代表对设备状态的评价等级：

A—良好，B—允许，C—较差，D—不允许。

(3) 采用 ISO 2372 标准时，要考虑被诊断设备的功率大小、基础型式、转速范围等约束条件；采用 ISO 3945 标准时，要考虑基础特性。

(4) 标准 ISO 2372 和 ISO 3495 所采用的诊断参数为速度有效值(v_{rms})。

(5) 支承基础分刚性基础与柔性基础两类，当支承系统的一阶固有频率低于机组的主频率时属于刚性基础，反之属于柔性基础。

表 2－12　VDI 2056 机械振动标准

振动烈度 V_{rms}/(mm/s)	机械类型			
	K 类	M 类	G 类	T 类
0.28	良好	良好	良好	良好
0.45	良好	良好	良好	良好
0.71	良好	良好	良好	良好
1.12	可用	良好	良好	良好
1.8	可用	可用	良好	可用
2.8	还允许	可用	可用	可用
4.5	还允许	还允许	可用	还允许
7.1	不允许	还允许	还允许	还允许
11.2	不允许	不允许	还允许	不允许
18.0	不允许	不允许	不允许	不允许
28.0	不允许	不允许	不允许	不允许
45.0	不允许	不允许	不允许	不允许

注：(1) VDI 2056 振动标准把机器类型分为 4 类：

K 类—小型电动机，原动机与工艺机单独传动，功率不超过 15kW；

M 类—中型电动机，功率为 15～75kW。如有专门底座，功率可达 300kW；

G 类—人型电动机，原动机和工作机，安装在刚性和重型基础上；

T 类—大型原动机，大型涡轮发电机组等，安装在刚性很小的结构底座上。

(2) 对设备状态评价分为 4 个等级：“良好”、“可用”、“还允许”、“不允许”。

(3) 采用本标准主要考虑机器的功率大小及基础、底座特性等因素。

(4) 诊断参数为速度有效值(v_{rms})。

表 2－13　BS 4675 机械振动标准

诊断参数 v_{rms}/(mm/s) ＼ 诊断对象	K 组	M 组	G 组	T 组
45				
25			不允许	
18	不允许	不允许		
11.2				
7.1			还可以	
4.5		还可以		
2.8	还可以		可以	
1.8		可以		
1.12	还可以			
0.71				
0.45		好	好	
0.28	好			
0.18				

注：(1) BS 4675 机械振动标准把诊断对象分为 K 、 M 、 G 、 T 四组，其意义与 VDI 2056 振动标准中的字母意义相同。

(2) 对设备状态的评价分为 4 个等级：“好”、“可以”、“还可以”、“不允许”。

(3) 采用本标准时，先要根据机器的功率大小，基础型式将其归入某一组，再将测值与标准对照判别其状态。

(4) BS 4675 机械振动标准的诊断参数为速度有效值(v_{rms})。

表 2－14　石油化工设备旋转机械振动标准（SHS 01003—2004）：转轴振动评价

评定指标	测量类型	评价分区上限
轴承动载荷或径向间隙	转轴相对振动值	轴振动 A 区（优良状态）上限： $S_{p-p} < \dfrac{2782}{\sqrt{N_{max}}}$，且不大于 50.8μm
评定转轴的振动变化时，若如果传感器支承结构的绝对振动值等于或大于转轴相对振动值的 20%	转轴绝对振动测量	轴振动 B 区上限： 建议取为 A 区的上线的 1.6～2.5 倍。工作转速较高者取下限，工作转速较低者取上限。其取值建议定为黄灯区（一级报警）。 振动 C 区上限： 建议取为 B 区上限的 1.5 倍，其值建议定为红灯值（二级报警）

注：（1）表中分区代号含义同上表。

（2）表中字母含义：S_{p-p} —位移峰峰值，μm；N_{max} —机器最大工作转速，r/min。

（3）要重视振动值的变化。在稳定运行条件下，尽管振动值仍在合格范围内，如果振动值发生明显变化，例如其变化量大于 B 区上限值的 25%，无论振动值是变大还是变小，都要及时报告并进一步分析原因。

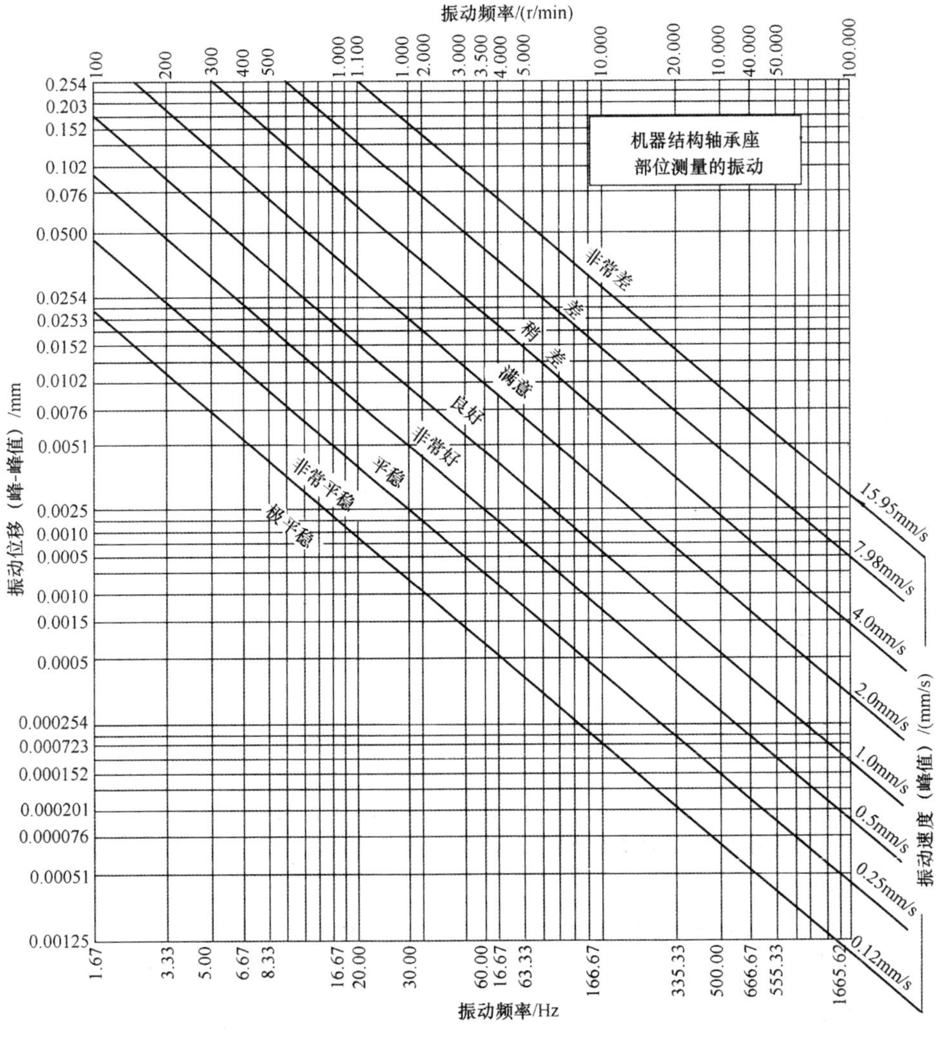

图 2－16　振动分量参考标准

2. 相对判断标准

表 2－15　旋转机械振动诊断相对标准

实测值与初始值之比	1	2	3	4	5	6	7
低频振动(≤1000Hz)	良好	注意			危险		
高频振动(>1000Hz)	良好			注意			危险

注：(1) 本标准的判断依据：实际测量振动值与其初始值之比；所测振动信号的频率范围。

(2) 标准将设备状态的评判分为 3 个等级："良好""注意""危险"。

表 2－16　相对判断标准的状态阈值(表中数值为被测值关于原始基值的倍数)

机　构	低频诊断			高频诊断		
	良好	注意	危险	良好	注意	危险
旋转机械	<2	2～4	>4	<3	3	6
齿轮	<2	2～4	>4	<3	3	6
滚动、滑动轴承	<2	2～6	>6	<3	3	6

表 2－17　ISO 2372 建议的相对判断标准

频率范围/Hz	<1000	>4000
注意区	2.5 倍(8dB)	6 倍(16dB)
异常区	10 倍(20dB)	100 倍(40dB)

第三章　转子不平衡的故障机理与诊断

转子不平衡是由于转子部件质量偏心或转子部件出现缺损造成的故障，它是旋转机械最常见的故障。据统计，旋转机械约有近70%的故障与转子不平衡有关。因此，对不平衡故障的研究与诊断也最有实际意义。

第一节　转子不平衡的种类

造成转子不平衡的具体原因很多，按发生不平衡的过程可分为原始不平衡、渐发性不平衡和突发性不平衡等几种情况。

原始不平衡是由于转子制造误差、装配误差以及材质不均匀等原因造成的，如出厂时动平衡没有达到平衡精度要求，在投用之初，便会产生较大的振动。

渐发性不平衡是由于转子上不均匀结垢，介质中粉尘的不均匀沉积，介质中颗粒对叶片及叶轮的不均匀磨损以及工作介质对转子的磨蚀等因素造成的。其表现为振动值随运行时间的延长而逐渐增大。

突发性不平衡是由于转子上零部件脱落或叶轮流道有异物附着、卡塞造成，机组振动值突然显著增大后稳定在一定水平上。

不平衡按其机理又可分为静不平衡、动不平衡、动静综合不平衡等3类。

第二节　转子不平衡的故障机理

设转子的质量为M，偏心质量为m，偏心距为e，如果转子的质心到两轴承联心线的垂直距离不为零，其挠度为a，如图3－1所示。

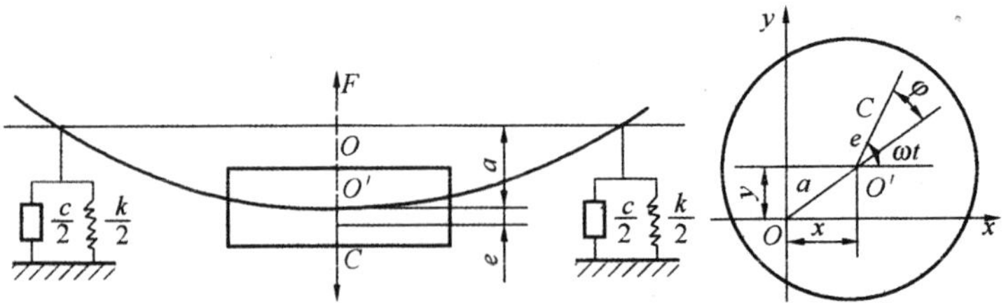

图3－1　转子力学几何图

由于有偏心质量m和偏心距e的存在，转子转动时将产生离心力、离心力矩或两者兼而有之。离心力的大小与偏心质量m、偏心距e及旋转角速度ω有关，即F =

$me\omega^2$。交变的力（方向和大小均周期性变化）会引起振动，这就是不平衡引起振动的原因。转子转动一周，离心力方向变化一个周期，因此不平衡振动的频率与转速一致。

第三节　转子不平衡故障的特征

实际工程中，由于轴的各个方向上刚度有差别，特别是由于支承刚度各向不同，因而转子对平衡质量的响应在 x、y 方向不仅振幅不同，而且相位差也不是90°，因此转子的轴心轨迹不是圆而是椭圆，如图3－2所示。

由上述分析知，转子不平衡故障的主要振动特征是：

（1）振动的时域波形近似为正弦波（图3－2）。

（2）频谱图中，谐波能量集中于基频，并且会出现较小的高次谐波，使整个频谱呈所谓的“枞树形”，如图3－3所示；

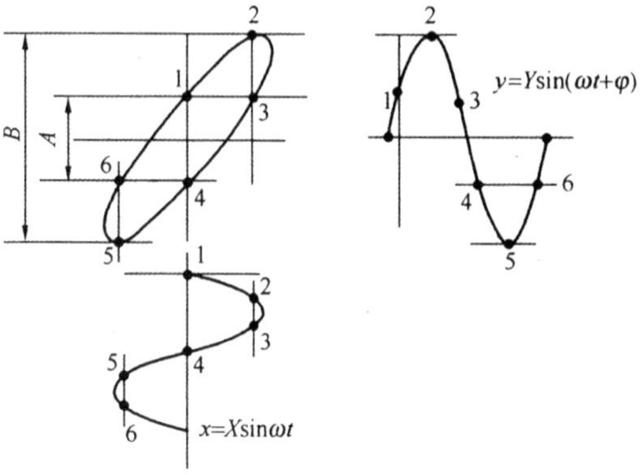

图3－2　转子不平衡的轴心轨迹

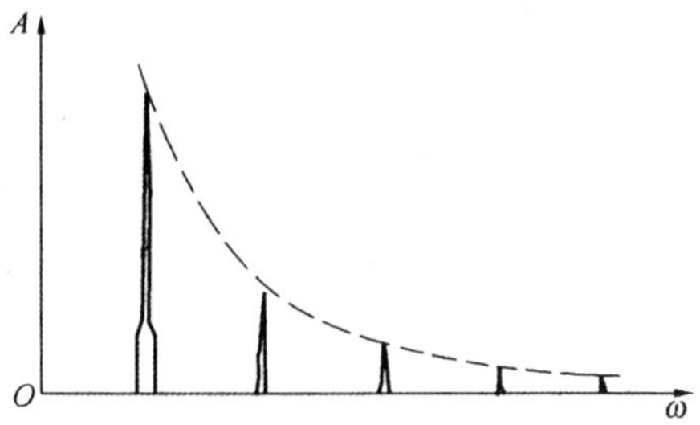

图3－3　转子不平衡故障谱图

（3）当 $\omega < \omega_n$ 时，即在临界转速以下，振幅随着转速的增加而增大；当 $\omega > \omega_n$ 后，即在临界转速以上，转速增加时振幅趋于一个较小的稳定值；当 ω 接近于 ω_n 时，即转速接近临界转速时，发生共振，振幅具有最大峰值。振动幅值对转速的变化很敏感，如图3－4所示。

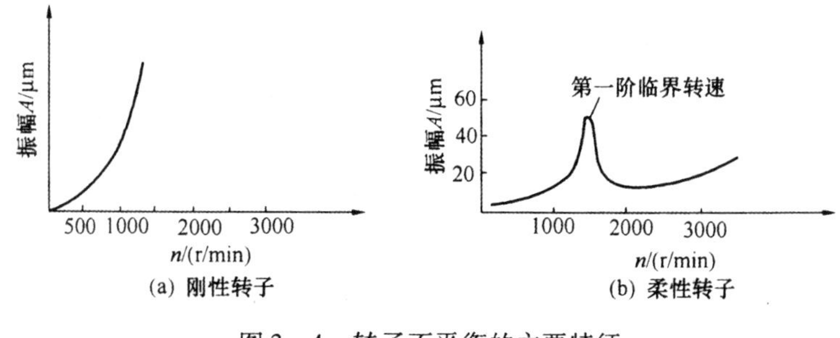

图3－4　转子不平衡的主要特征

（4）当工作转速一定时，相位稳定。

（5）转子的轴心轨迹为椭圆。

（6）从轴心轨迹观察其进动特征为同步正进动。

第四节　转子不平衡诊断方法

转子不平衡的诊断依据主要如表 3－1 和表 3－2 所示。

表 3－1　转子不平衡的振动特征

序号	特征参量	故障特征		
		原始不平衡	渐变不平衡	突发不平衡
1	时域波形	正弦波	正弦波	正弦波
2	特征频率	1×	1×	1×
3	常伴频率	较小的高次谐波	较小的高次谐波	较小的高次谐波
4	振动稳定性	稳定	逐渐增大	突发性增大后稳定
5	振动方向	径向	径向	径向
6	相位特征	稳定	渐变	突发后稳定
7	轴心轨迹	椭圆	椭圆	椭圆
8	进动方向	正进动	正进动	正进动

表 3－2　转子不平衡的振动敏感参数

序号	敏感参数	随敏感参数变化情况		
		原始不平衡	渐变不平衡	突发不平衡
1	振动随转速变化	明显	明显	明显
2	振动随油温变化	不变	不变	不变
3	振动随介质温度变化	不变	不变	不变
4	振动随压力变化	不变	不变	不变
5	振动随流量变化	不明显	不明显	不明显
6	振动随负荷变化	不明显	不明显	不明显
7	其他识别方法	低速时振幅趋于零，运动初期振动值就处于较高的水平	随运动时间的推移，振动逐步增大	振幅突然增加，然后稳定

对于原始不平衡、渐变不平衡和突发性不平衡这 3 种形式，其共同点较多，但可以按振动趋势不同对其进行甄别。

原始不平衡：在运行初期机组的振动就处于较高的水平，如图 3－5（a）所示；

渐变不平衡：运行初期机组振动较低，随着时间的推移，振动值逐步升高，如图 3－5(b)所示；

突发不平衡：振动值突然升高，然后稳定在一个较高的水平，如图 3－5（c）所示。

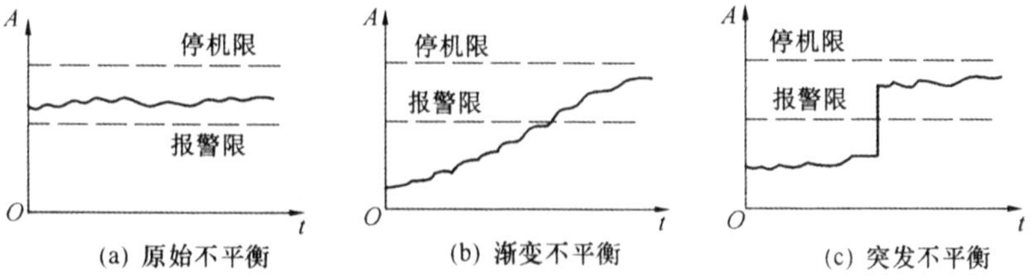

图 3－5　几种不同性质的不平衡的振幅变化趋势

第五节　转子不平衡故障原因分析及治理措施

转子不平衡的故障原因分析及相应治理措施如表 3－3 所示。

表 3－3　转子不平衡故障原因分析与治理措施

序号	原因分类	主要原因		
		初始不平衡	渐变不平衡	突发不平衡
1	设计原因	①结构不合理	①结构不合理，易结垢 ②材质不合理，易腐蚀	①结构不合理，应力集中 ②系统设计不合理，造成异物进入流道
2	制造原因	①制造误差大 ②材质不均匀 ③动平衡精度低	①材质用错 ②表面较粗糙，易结垢 ③表面处理不好，易腐蚀	①热处理不良，有应力 ②入口滤网制造缺陷
3	安装维修	①转子上零部件安装错误 ②零件漏装	①转子未除垢	①转子有较大预负荷
4	操作运行		①介质带液，造成腐蚀 ②介质脏，造成结垢	①超速、超负荷运行 ②入口阻力大，导致部件损坏，进入流道 ③介质带液，导致腐蚀断裂
5	状态劣化	①转子上配合零件松动	①转子旋转体结垢 ②转子腐蚀	①疲劳，腐蚀 ②超期服役
治理措施		①按技术要求对转子进行动平衡 ②按要求对位安装转子上的零部件 ③消除转子上松动的部件	①转子除垢，进行修复 ②定期检修 ③保证介质清洁，不带液，防止结垢和腐蚀	①停机检修，更换损坏的转子 ②停机清理流道异物 ③消除应力，防止转子损坏

第六节　转子不平衡故障诊断实例

【例 3－1】 某大型离心式压缩机组蒸汽透平经检修更换转子后，机组启动时发生强烈振动。压缩机两端轴承处径向振幅达到报警值，机器不能正常运行。主要振动特征如图 3－6 所示。

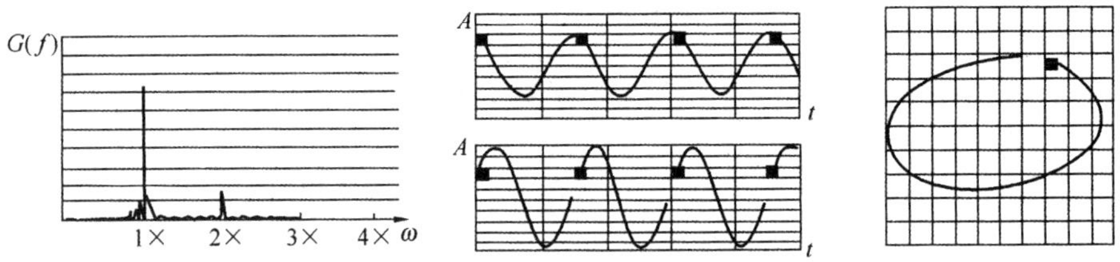

图 3－6　压缩机振动特征

由图可见：①振动大小随转速升降变化明显；②时域波形为正弦波；③轴心轨迹为椭圆；④振动相位稳定，为同步正进动；⑤频谱中能量集中于 1×频，有突出的峰值，高次谐波分量较小。

诊断意见：根据以上振动特征，由表 3－1 可知，压缩机发生强烈振动是由于转子不平衡造成的。

检查该转子的库存记录，库存时间较长，因转子较重，保管员未按规定周期盘转，初步断定是转子动平衡不良造成的。

处理措施：机组故障原因是转子不平衡，短期内不会迅速恶化。考虑到化工生产工艺流程生产不能中断，经研究决定，监护运行。

生产验证：在加强监测的前提下维持运行，其振动趋势稳定，没有增大的趋势。

维持运行一个大修周期(18 个月)后，下次大修时更换转子并送专业厂检查，发现动平衡严重超标。

【例 3－2】 某 52 万吨/年尿素装置 CO_2 压缩机组低压缸转子，大修后开车振动值正常，但在线监测系统发现其振动值有逐步增大的趋势。其时域波形为正弦波，分析其频谱，以 1×频为主，如图 3－7 所示。

诊断意见：经过两个月的连续观测，根据其振动特征，对照本节所述对几类不平衡故障的甄别方法，判定其故障原因为渐变不平衡，是由于转子流道结垢或局部腐蚀造成的。

处理措施：渐变不平衡短期内不会迅速恶化，同时正常生产一旦中断将会导致巨大的经济损失，因此决定利用在线监测系统监护其运行，待大修时再做处理。

生产验证：6 个月后工厂年度大修，更换转子后在机修车间对原转子进行检查，转子并不弯曲；目测检查，无结垢和腐蚀现象，一时对故障诊断结论提出了怀疑。但送专

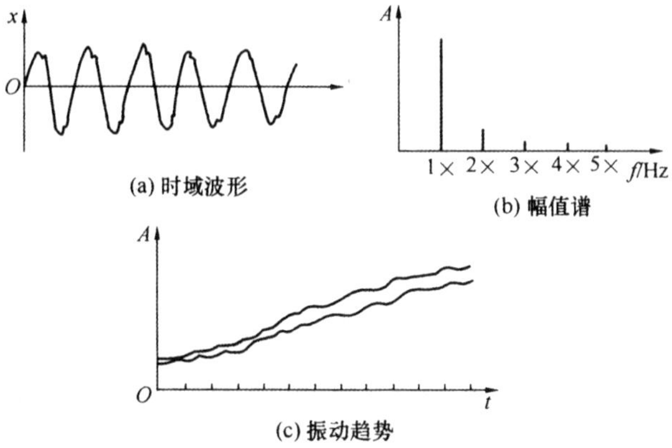

图 3-7　CO_2 压缩机渐变不平衡振动特征

业厂拆卸检查后发现，一轴套内侧(不拆卸转子时看不到部分)发生局部严重腐蚀，导致转子不平衡质量逐渐增大。

【例 3-3】　某厂一锅炉引风机，转速 1480r/min，功率 75kW，结构简图如图 3-8 所示。一次在设备巡检中进行了振动测量，机器各测点的速度有效值如表 3-4 所示。测量结果表明，测点①的水平方向振动值严重超差(ISO 2372 标准允差为 7.1mm/s)。为了查明原因，利用 DZ-2 振动测量仪，配接 PF-1 简易频率分析仪对测点①、测点②进行了简易频率分析，其主要频率的速度有效值如表 3-5 所示。测点①水平方向振动信号的频谱结构如图 3-9 所示。

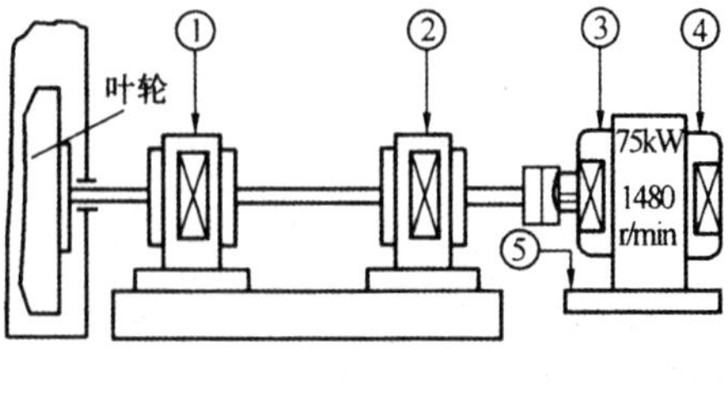

图 3-8　锅炉引风机结构简图
①~②—引风机轴承测点；
③~⑤—电动机测点

表 3-4　锅炉引风机振动速度有效值 v_{rms}　　mm/s

测点 / 方位	①	②	③	④	⑤
H	[23.0]	4.1	2.5	2.4	—
V	5.5	3.4	1.0	—	—
A	3.5	2.5	1.6	—	—

注：(1) 带方框的数值表示最突出的值。

(2) H、V、A 分别代表测点的水平方向，垂直方向和轴向。

表 3-5　测点①和测点②主要频率速度有效值

测点方位	频率 f/Hz	转速 v_{rms}/(mm/s)
①-H	26	15
②-H	26	1.2

注：①-H 表示①测点的水平方向。

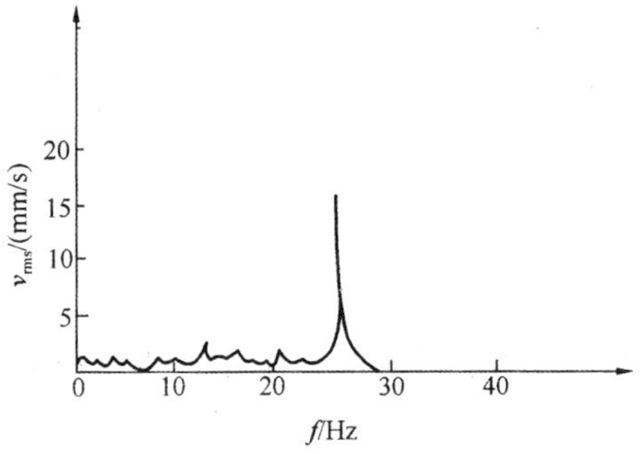

图 3-9　测点①水平方向频谱图

诊断意见：从频率结构看，测点水平方向的频率结构非常简单，只存在风机的转速频率(26Hz 近似于转频)成分。对比表 3-4 中测点①、测点②的振动值，可见测点②的振动值比测点①要小得多。测点①最靠近风机叶轮，存在不平衡故障。

为了进一步验证判断结论，又在机器停止和启动过程中进行了振动测试，观察测振仪指针的摆动情况。在风机停车过程中测点①水平方向的振动值呈连续平缓下降的势态，而在风机启动过程中，振动值则由零连续上升至最大值，说明其振动不平衡。根据诊断结论进行了处理，机器恢复正常运行。

【例 3-4】 某炼油厂催化车间气压机组，由汽轮机、同步离合器、气压机、齿轮箱、电动机几部分串联而成，如图 3-10 所示。气压机型号为 2MCL-456，压缩气体为瓦斯气，入口压力为 0.102MPa，出口压力为 1.35MPa，转速 10700r/min。轴承型式为 5 块可倾瓦，联轴器均为膜片式。该机运行数年后为增大气量，更换了转子，扩大了转子隔板，并且对转子做了高速动平衡。

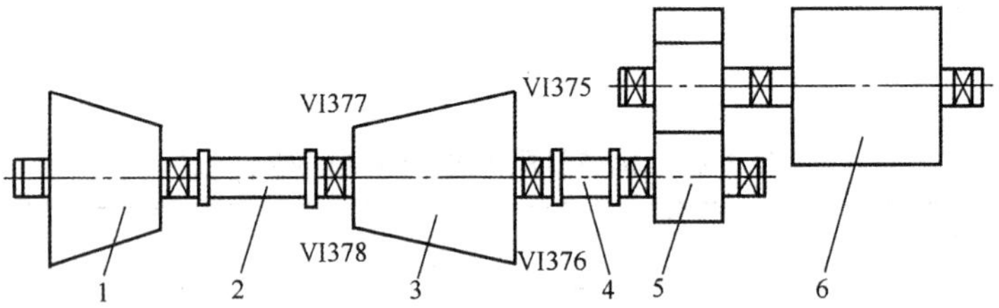

图 3-10　气压机组布置图

1—汽轮机；2—同步离合器；3—气压机；4—连轴节；5—齿轮箱；6—电动机

改造后的转子出现了振动超标，靠近齿轮箱一侧的振动测点 VI375、VI376 的振幅达到 60μm，此后又上升至 90μm 左右。

诊断意见：信号分析显示振动频率中工频成分占绝对优势，VI375、VI376 的轴心轨迹为椭圆，确认是转子不平衡引起的振动。另外又从转子升速过程的极坐标图上看出

（见图 3－11），转子在到达工作转速时，振幅迅速增长，相位也有明显变化。该转子在做高速动平衡时，也曾显示 9700～11000r/min 之间具有明显峰值，因此分析认为，该转子的工作转速就在它的二阶临界转速附近，对于不平衡振动具有较强的敏感性。

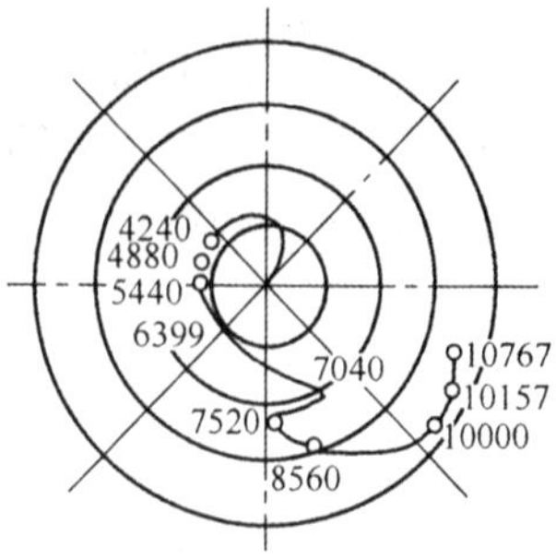

图 3－11　VI375 测点的极坐标图

处理措施：考虑到气压机靠齿轮箱一侧的 VI375、VI376 测点振幅最高，决定在这一侧的联轴器上做现场动平衡。表 3－6 列出了二次现场动平衡前后的工频幅值和相位变化。

表 3－6　二次现场动平衡前后的工频幅值和相位变化

动平衡次序	第一次现场动平衡（联轴器配重 5.3g）		第二次现场动平衡（联轴器配重 8.2g）	
测点	VI375	VI376	VI375	VI376
配重前工频（幅值/相位）	65μm/235°	52μm/348°	45μm/299°	22μm/322°
配重后工频（幅值/相位）	19μm/234°	13μm/345°	17μm/285°	6μm/349°

结果分析：从表中看出，动平衡前后相位稳定，动平衡后对降低 VI375、VI376 测点处的通频振幅和工频振幅方面效果十分明显，其原因是：

（1）气压机和齿轮箱之间的联轴器长度较长，达 302mm，气压机转子在这一端具有较长的外伸端，因此该联轴器上的不平衡对于引发转子振动十分敏感。

（2）转子工作转速接近第二临界转速，微量的不平衡将在工作转速下引起明显的转子振动。当转速下降至 10000r/min 以下，转子脱离了二阶临界转速时，振幅的下降程度就十分明显。

（3）联轴器本身可能存在不平衡，因为联轴器出厂时单独做动平衡和转子加联轴器一起做动平衡时，两种动平衡操作在联轴器上重复去重，造成联轴器新的不平衡。

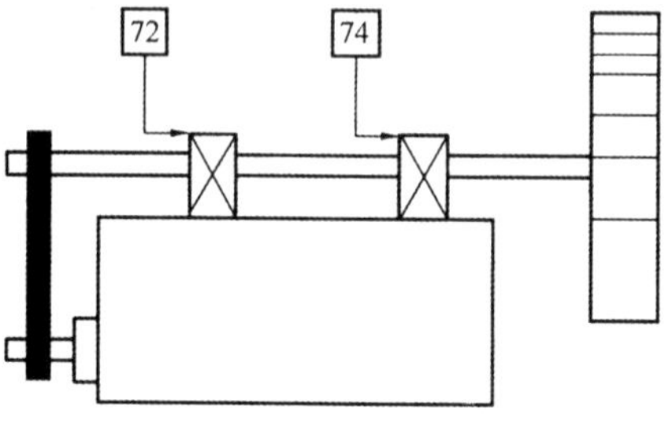

图 3－12　锅炉引风机结构图及测点布置

【例 3－5】　某厂锅炉引风机型号为 Y5－47－8C，该风机为悬臂式结构，工作转速 1820r/min，功率 32 kW，结构形式及测点布置如图 3－12。

该机在运行时共检测 6 组 12 个数据，发现水平方向 74 测点振值大，其他测点正常，该点轴温上升迅速。

诊断意见：按照设备故障特征分析，以上现象有可能是轴承故障或叶轮不平衡。现场引风机测点 74 路径为水平方向，选择分析频率为 3000 Hz，采样点数设定 1024，通过对位移时域幅值的分析，时域波形为典型的正弦波，即不平衡波形。对其进行频谱分析，如图 3－13 可以看出速度幅值谱在 30Hz，即引风机工频值明显较大，幅值为 0.175cm/s，高频处无峰值。依据风机故障谱图，对照风叶不平衡故障的振动特征，符合转子不平衡三大故障特征，排除轴承故障。如果引风机继续运行可能会造成轴承损坏，转轴弯曲等，使设备故障扩大。

处理措施：立即停机，确定维修方案，将风机软接处拆除，检查叶轮、风道。

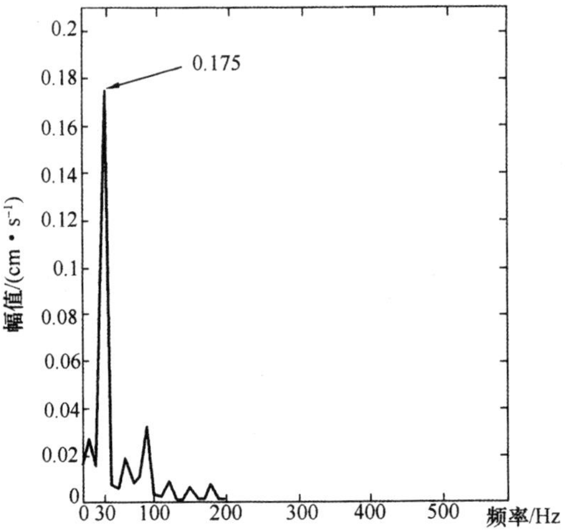

图 3－13　速度频谱图

经检查发现叶轮上附着大量烟气灰垢。分析原因，是因为烟气中含水量过大，附着的灰垢粘在叶轮上造成叶轮不平衡，属于力不平衡。

一方面清除叶轮上的附着物，消除不平衡因素；一方面检查水膜除尘塔，发现水膜除尘塔水封门水位设置不合理，通过适当降低水位，在保证除尘效果的前提下，降低了烟气含水量，从而减小了烟气中灰垢附着叶轮的可能。

生产验证：处置后风机运转正常，各项检测数据均在正常范围内。

第四章　转子不对中故障机理与诊断

大型机组通常由多个转子组成，各转子之间用联轴器连接构成轴系，传递运动和转矩。由于机器的安装误差、工作状态下热膨胀、承载后的变形以及机器基础的不均匀沉降等，有可能会造成机器工作时各转子轴线之间产生不对中。

具有不对中故障的转子系统在其运转过程中将产生一系列有害于设备的动态效应，如引起机器联轴器偏转、轴承早期损坏、油膜失稳、轴弯曲变形等，导致机器发生异常振动，危害极大。

第一节　转子不对中的类型

如图 4－1 所示，转子不对中包括轴承不对中和轴系不对中两种情况。轴颈在轴承中偏斜称为轴承不对中。轴承不对中本身不会产生振动，它主要影响到油膜性能和阻尼。在转子不平衡情况下，由于轴承不对中对不平衡力的反作用，会出现工频振动。

机组各转子之间用联轴器连接时，如不处在同一直线上，就称为轴系不对中。通常所讲的不对中多指轴系不对中。造成轴系不对中的原因有安装误差、管道应变影响、温度变化热变形、基础沉降不均等。由于不对中，将导致轴向、径向交变力，引起轴向振动和径向振动。由于不对中引起的振动会随不对中严重程度的增加而增大，不对中是非常普遍的故障，即使采用自动调位轴承和可调节联轴器也难以使轴系及轴承绝对对中。当对中超差过大时，会对设备造成一系列有害的影响，如联轴器咬死、轴承碰磨、油膜失稳、轴挠曲变形增大等，严重时将造成灾难性事故。

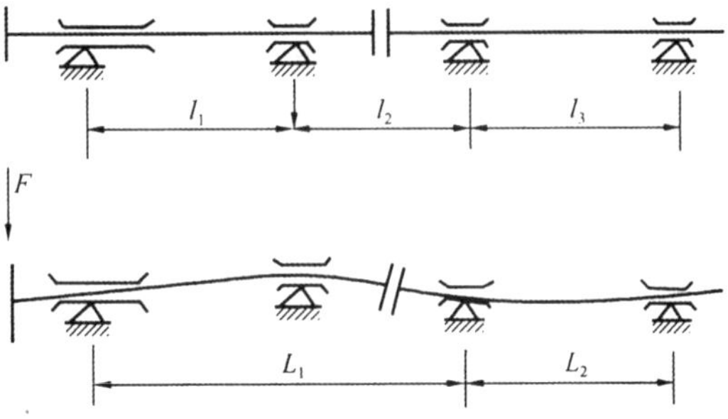

图 4－1　转子不对中的受力情况

如图 4－2 所示，轴系不对中一般可分为以下 3 种情况：

（1）轴线平行位移，称为平行不对中；

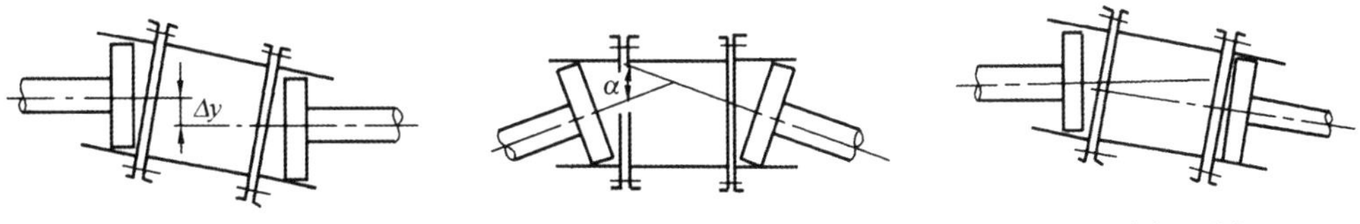

(a)平行不对中　(b)角度不对中　(c)综合不对中

图 4－2　齿式联轴器转子不对中形式

（2）轴线交叉成一角度，称为角度不对中；

（3）轴线位移且交叉，称为综合不对中。

第二节　转子不对中的故障机理

大型高速旋转机械常用齿式联轴器，中、小设备多用固定式刚性联轴器，不同类型联轴器及不同类型的不对中情况，振动特征不尽相同，在此分别加以说明。

1. 齿式联轴器连接不对中的振动机理

齿式联轴器由两个具有外齿环的半联轴器和具有内齿环的中间齿套组成。两个半联轴器分别与主动轴和被动轴连接。这种联轴器具有一定的对中调节能力，因此常在大型旋转设备上采用。在对中状态良好的情况下，内、外齿套之间只有传递转矩的周向力。当轴系对中超差时，齿式联轴器内外齿面的接触情况发生变化，从而使中间齿套发生相对倾斜，在传递运动和转矩时，将会产生附加的径向力和轴向力，引发相应的振动，这就是不对中故障振动的原因。

（1）平行不对中

联轴器的中间齿套与半联轴器组成移动副，不能相对转动。当转子轴线之间存在径向位移时，中间齿套与半联轴器间会产生滑动而作平面圆周运动，中间齿套的中心沿着以径向位移 y 为直径作圆周运动，如图 4－3 所示。

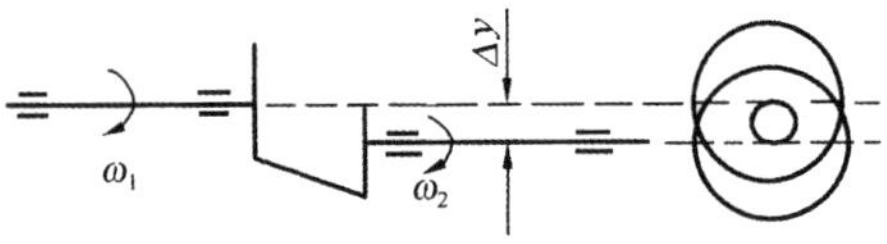

图 4－3　联轴器平行不对中

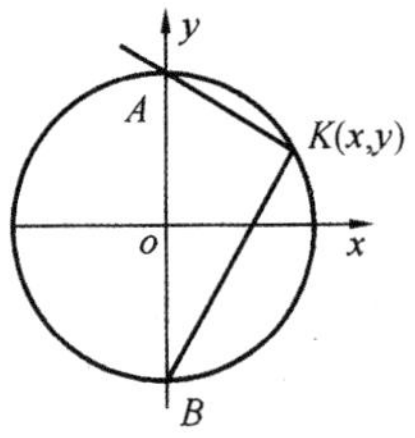

图 4－4　联轴器齿套运动分析

如图 4－4 所示，设 A 为主动转子的轴心投影，B 为从动转子的轴心投影，K 为中间齿套的轴心，AK 为中间齿套与主动轴的连线，BK 为中间齿套与从动轴的连线，AK 垂直 BK，设 AB 长为 D，K 点坐标为 $K(x,y)$，取 θ 为自变量，则有：

$$x = D\sin\theta\cos\theta = \frac{1}{2}D\sin2\theta \tag{4-1}$$

$$y = D\cos\theta\sin\theta - \frac{1}{2}D = \frac{1}{2}D\cos2\theta \tag{4-2}$$

对 θ 求导，得

$$dx = D\cos2\theta d\theta \tag{4-3}$$

$$dy = -D\sin2\theta d\theta \tag{4-4}$$

K 点的线速度为

$$v_K = \sqrt{(\mathrm{d}x/\mathrm{d}t)^2 + (\mathrm{d}y/\mathrm{d}t)^2} = D\mathrm{d}\theta/\mathrm{d}t \tag{4-5}$$

由于中间套平面运动的角速度（$\mathrm{d}\theta/\mathrm{d}t$）等于转轴的角速度，即 $\mathrm{d}\theta/\mathrm{d}t = \omega$，所以 K 点绕圆周中心运动的角速度 ω_K 为：

$$\omega_K = 2v_K/D = 2\omega \tag{4-6}$$

式中　v_K ——点 K 的线速度。

由式(4-6)可知，K 点的转动速度为转子角速度的两倍，因此当转子高速转动时，就会产生很大的离心力，激励转子产生径向振动，其振动频率为转子工频的两倍。此外由于不对中而引起的振动有时还包含有大量的谐波分量，但最主要的还是 2 倍频分量。

（2）偏角不对中

当转子轴线之间存在偏角位移时，如图 4-5 所示，从动转子与主动转子的角速度是不同的。从动转子的角速度为

$$\omega_2 = \omega_1\cos\alpha/(1 - \sin^2\alpha\cos^2\varphi_1) \tag{4-7}$$

式中　ω_1 ——主动转子的角速度；

ω_2 ——从动转子的角速度；

α ——从动转子的偏斜角；

φ_1 ——主动转子的转角。

从动转子每转动一周其转速变化两次，如图 4-6 所示，变化范围为

$$\omega_1\cos\alpha \leqslant \omega_2 \leqslant \omega_1/\cos\alpha \tag{4-8}$$

图 4-5　联轴器偏角不对中

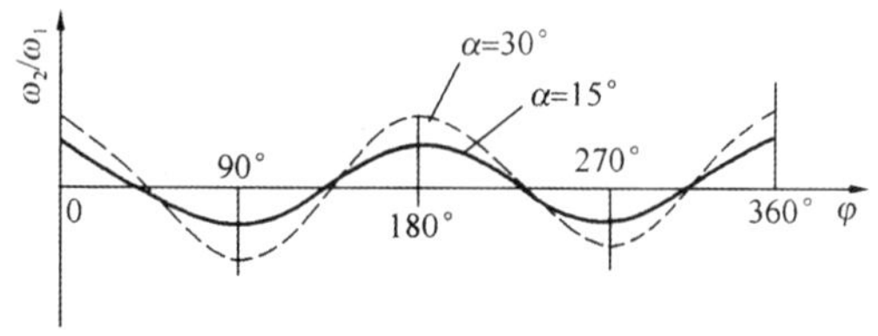

图 4-6　转速比的变化曲线

偏角不对中使联轴器附加一个弯矩，弯矩的作用是力图减小两轴中心线的偏角。转轴每旋转一周，弯矩作用方向交变一次。因此，对中增加了转子的轴向力，使转子在轴向产生工频振动。

（3）综合不对中

在实际生产中，轴系转子之间的对中情况往往是既有平行位移不对中，又有角度不对中的综合位移不对中，因而转子振动的机理是两者的综合结果。当转子既有平行位移不对中又有角度不对中时，其动态特性比较复杂。激振频率为角频率的 2 倍；激振力的大小随速度而变化，其大小和综合不对中量 Δy、$\Delta\alpha$、安装距离 ΔL 以及中间齿套质量 m 等有关。联轴器两侧同一方向的激振力之间的相位差在 0°～180°之间。其他故障物理特性也介于轴线平行不对中和角度不对中之间。

同时，齿式联轴器由于所产生的附加轴向力以及转子偏角的作用，从动转子以每旋

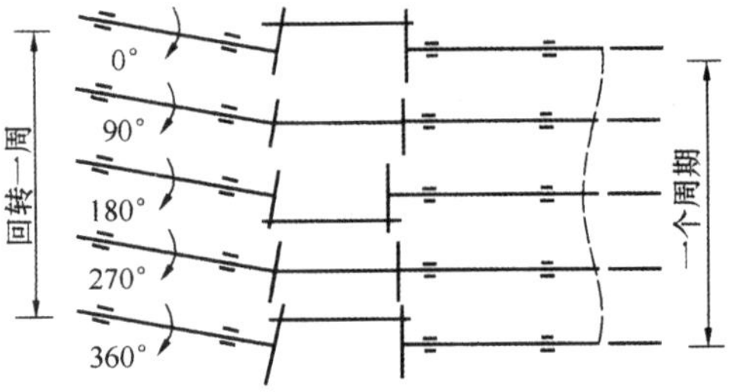

图4-7　转子不对中的轴向振动

转一周为周期，在轴向往复运动一次，因而转子轴向振动的频率与角频率相同，如图4-7所示。

2. 刚性联轴器连接转子不对中的故障机理

刚性联轴器连接的转子对中不良时，由于强制连接所产生的力矩，不仅使转子发生弯曲变形，而且随转子轴线平行位移或轴线角度位移的状态不同，其变形和受力情况也不一样，如图4-8所示。

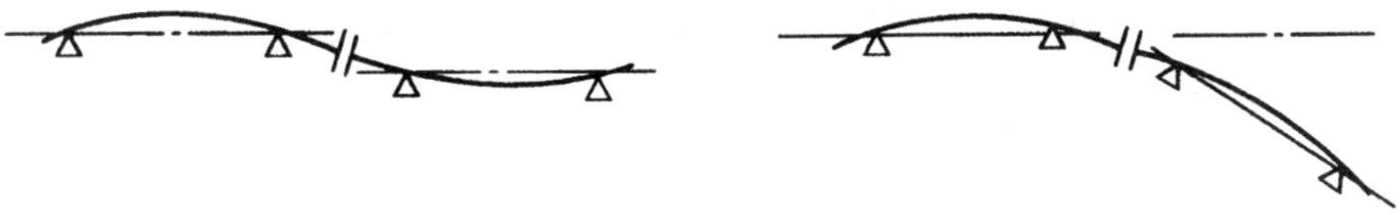
(a) 轴线平行位移　　(b) 轴线角度位移

图4-8　刚性联轴器连接不对中的情况

用刚性联轴器连接的转子不对中时，转子往往是既有轴线平行位移，又有轴角度位移的综合状态，转子所受的力既有径向交变力，又有轴向交变力。弯曲变形的转子由于转轴内阻现象以及转轴表面与旋转体内表面之间的摩擦而产生的相对滑动，使转子产生自激旋转振动，而且当主动转子按一定转速旋转时，从动转子的转速会产生周期性变动，每转动一周变动两次，因而其振动频率为转子转动频率的两倍。转子所受的轴向交变力与图4-7相同，其振动特征频率为转子的转动频率。

3. 轴承不对中的故障机理

轴承不对中实际上反映的是轴承坐标高和左右位置的偏差。由于结构上的原因，轴承在水平方向和垂直方向上具有不同的刚度和阻尼，不对中的存在加大了这种差别。虽然油膜既有弹性又有阻尼，能够在一定程度上弥补不对中的影响，但不对中过大时，会使轴承的工作条件改变，在转子上产生附加的力和力矩，甚至使转子失稳或产生碰磨。

轴承不对中同时又使轴颈中心和平衡位置发生变化，使轴系的载荷重新分配，负荷大的轴承油膜呈现非线性，在一定条件下出现高次谐波振动；负荷较轻的轴承易引起油膜涡动进而导致油膜振荡。支承负荷的变化还会使轴系的临界转速和振型发生改变。

第三节　转子不对中的故障特征

实际工程中遇到的转子不对中故障大多数为齿式联轴器不对中，在此以齿式联轴器不对中为例介绍其故障特征。

齿式联轴器连接不对中的转子系统，其振动主要特征是：

(1) 故障的特征频率为基频率的2倍。

（2）由不对中故障产生的对转子的激励力随转速的升高而加大，因此，高速旋转机械应更加注重转子的对中要求。

（3）激励力与不对中量成正比，随不对中量的增加，激励力呈线性增大。

（4）联轴器同一侧相互垂直的两个方向，2 倍频的相位差是基频的 2 倍；联轴器两侧同一方向的相位在平行位移不对中时为 0°，在角位移不对中时为 180°，综合位移不对中时为 0° ~180°。

（5）轴系转子在不对中情况下，中间齿套的轴心线相对于联轴器的轴心线产生相对运动，在平行位移不对中时的旋转轮廓为一圆柱体，角位移不对中时为一双锥体，综合位移不对中时是介于二者之间的形状。旋转体的旋转范围由不对中量决定。

（6）轴系具有过大的不对中量时，会由于联轴器不符合其运动条件而使转子在运动中产生巨大的附加径向力和附加轴向力，使转子产生异常振动，轴承过早损坏，对转子系统具有较大的破坏性。

第四节　转子不对中的故障诊断

转子不对中的故障诊断依据主要如表 4－1 和表 4－2 所示。

表 4－1　转子不对中故障的振动特征

序号	特征参量	故障特征		
		平行不对中	角度不对中	综合不对中
1	时域波形	1×频与 2×频叠加波形	1×频与 2×频叠加波形	1×频与 2×频叠加波形
2	特征频率	2×频明显较高	2×频明显较高	2×频明显较高
3	常伴频率	1×频，高次谐波	1×频，高次谐波	1×频，高次谐波
4	振动稳定性	稳定	稳定	稳定
5	振动方向	轴向为主	径向，轴向均较大	径向，轴向均较大
6	相位特征	较稳定	较稳定	较稳定
7	轴心轨迹	双环椭圆	双环椭圆	双环椭圆
8	进动方向	正进动	正进动	正进动

表 4－2　转子不对中故障振动敏感参数

序号	敏感参数	随敏感参数变化情况	序号	敏感参数	随敏感参数变化情况
1	振动随转速变化	明显	5	振动随流量变化	不变
2	振动随油温变化	有影响	6	振动随负荷变化	明显
3	振动随介质温度变化	有影响	7	其他识别方法	联轴器两侧轴承振动较大；环境温度变化对振动有影响
4	振动随压力变化	不变			

第五节　转子不对中故障原因与治理措施

转子不对中故障原因与治理措施如表 4-3 所示。

表 4-3　转子不对中故障原因与治理措施

序号	故障原因分类	故障原因	治理措施
1	设计原因	①对工作状态下热膨胀量计算不准； ②对介质压力，真空度变化对机壳的影响计算不准； ③给出的冷态对中数据不准	①核对设计给出的的冷态对中数据； ②按要求检查调整轴承对中； ③检查热态膨胀是否受限； ④检查保温是否完好； ⑤检查调整基础沉降
2	制造原因	材料不均，造成热膨胀不均匀	
3	安装维修	①冷态对中数据不符合要求； ②检修失误造成热膨胀受阻； ③机壳保温不良，热膨胀不均匀	
4	操作运行	①超负荷运行； ②介质温度偏离设计值	
5	状态劣化	①机组基础或基座沉降不均匀； ②基础滑板锈蚀，热胀受阻； ③机壳变形	

第六节　转子不对中故障诊断实例

【例 4-1】 某厂一台透平压缩机组整体布置如图 4-9 所示。机组年度检修时，除正常检查、调整工作外，还更换了连接压缩机高压缸和低压缸之间的联轴器的连接螺栓，对轴系的转子对中情况进行了调整等。

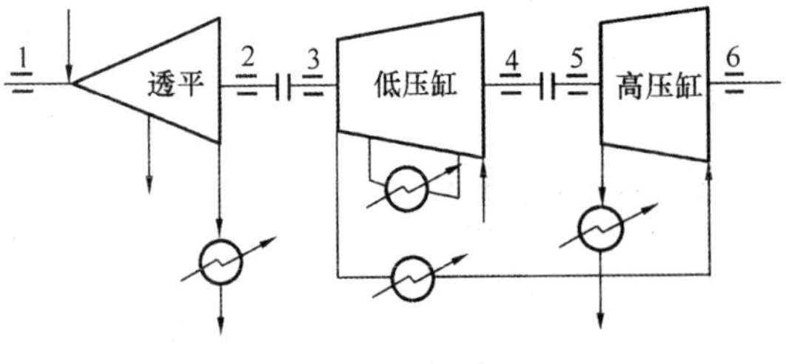

图 4-9　机组布置示意图

检修后启动机组时，透平和压缩机低压缸运行正常，而压缩机高压缸振动较大（在允许范围内）；机组运行一周后压缩机高压缸振动突然加剧，测点 4、5 的径向振动增大，其中测点 5 振动值增加两倍，测点 6 的轴向振动加大，透平和压缩机低压缸的振动无明显变化；机组运行两周后，高压缸测点 5 的振动值又突然增加一倍，超过设计允许值，振动剧烈，危及生产，如图 4-10 所示。

压缩机高压缸主要振动特征如下：

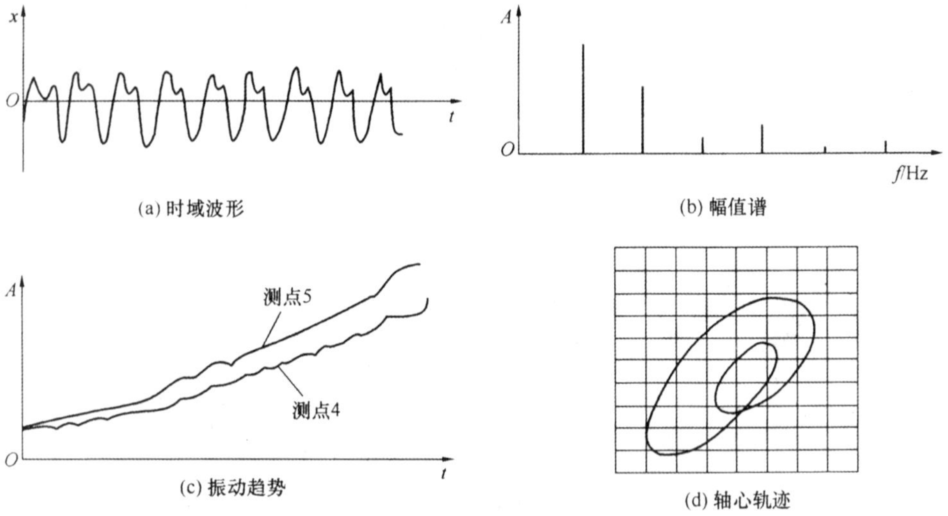

(a) 时域波形　(b) 幅值谱　(c) 振动趋势　(d) 轴心轨迹

图 4－10　异常振动特征

（1）连接压缩机高、低压缸之间的联轴器两端振动较大；

（2）测点 5 的振动波形畸变为基频与倍频的叠加波，频谱中 2 频谐波具有较大峰值；

（3）轴心轨迹为双椭圆复合轨迹；

（4）轴向振动较大。

诊断意见：压缩机高压缸与低压缸之间转子对中不良，联轴器发生故障，必须紧急停机检修。

检修人员做好准备工作后，操作人员按正常停机处理。根据诊断结论，重点对机组联轴器局部解体检查发现，连接压缩机高压缸与低压缸之间的联轴器（半刚性联轴器）固定法兰与内齿套的连接螺栓已断掉 3 只。

复查转子对中情况，发现对中严重超差，不对中量大于设计要求 16 倍。

同时发现连接螺栓的机械加工和热处理工艺不符合要求，螺纹根部应力集中，且热处理后未进行正火处理，金相组织为淬火马氏体，螺栓在拉应力作用下脆性断裂。

处理措施：重新对中找正高压缸转子，并更换符合技术要求的连接螺栓。

生产验证：重新启动后，机组运行正常，避免了一次恶性事故。

【例 4－2】　某厂汽轮机，通过刚性联轴器与发电机相连，转速为 3000r/min。

在图 4－11 所示的各测点上检测，经与机组运行正常时的检测结果对比发现，测点 2 和 3 处的振值显著增加，且测点 3 处振值增加量大于测点 2 处振值增加量。因此，选测点 3 的检测结果予以分析。鉴于测点 3 的振动速度有效值在水平、垂直、轴向三个方向上，呈现有 $V_{水平} > V_{轴向} > V_{垂直}$ 的规律性，为此特以测点 3 水平方向的检测结果进行对比分析。

图 4－11　2#发电机组测点布置简图

时域图分析：如图 4－12 所示，机

组运行正常时，测点 3 时域图上显示最大振动速度有效值 v_{rms} =0.7mm/s，时域波形呈现为比较规则的正弦波；而在图 4-13 中，发电机组运行正常时的规则正弦波受到了破坏，其波形呈现转子工频 f_r 和 $2f_r$ 的叠加波形，其波形上半周呈现出明显的 M 型，最大振动速度有效值 v_{rms} =5.6mm/s，是发电机组正常振值的 8 倍。

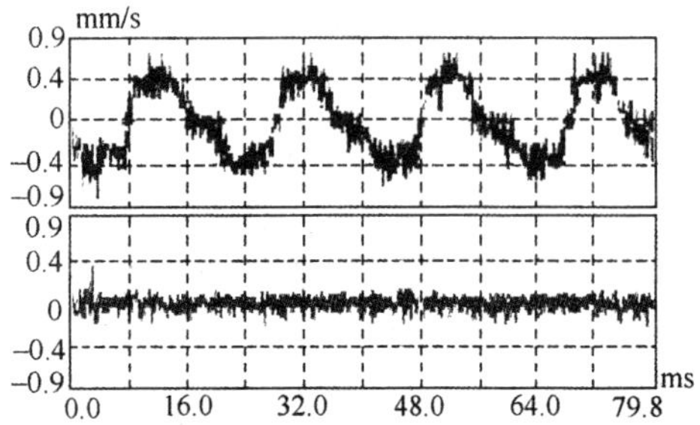

图 4-12　机组运行正常时测点 3 的时域图（上为水平，下为垂直，下同）

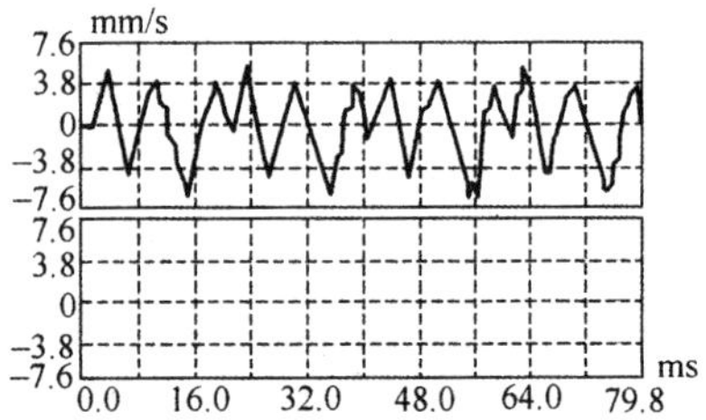

图 4-13　机组振动异常时测点 3 的时域图(垂直未测)

一般说来，单纯不平衡的振动波形基本上是正弦波；单纯不对中的振动波形比较稳定、光滑、重复性好，呈现"M"型；转子组件松动及干摩擦产生的振动波形比较毛糙、不平衡、不稳定，出现削波现象；而自激振动，如油膜涡动、油膜振荡等，振动波形比较杂乱，重复性差，波动大。

由图 4-13 与图 4-12 的时域波形和振动速度有效值的对比，结合波形分析法中的规律特征，初步判断是发电机组转子不对中。

频域图分析：如图 4-14 所示，发电机转子的工作转频为 f_r =48.8Hz(频率分辨率为 5HZ)，其对应振动速度值 v =0.3mm/s；2 倍频 $2f_r$ =97.7Hz，其对应振动速度值为 v =0.1mm/s，3、4、5 等高次谐波所对应的振动速度值均小于 0.1mm/s。在图 4-15 中可见，转子的 $2f_r$、$3f_r$ 倍频处，其对应的振动速度值均增加为 v = 1.3mm/s；在工频 f_r 和 $4f_r$ 处对应的振值均为 v =0.9mm/s。可见振动异常时转子 2 倍频处的振值是正常值的 13 倍；其他倍频处的振值也较正常时高数倍。

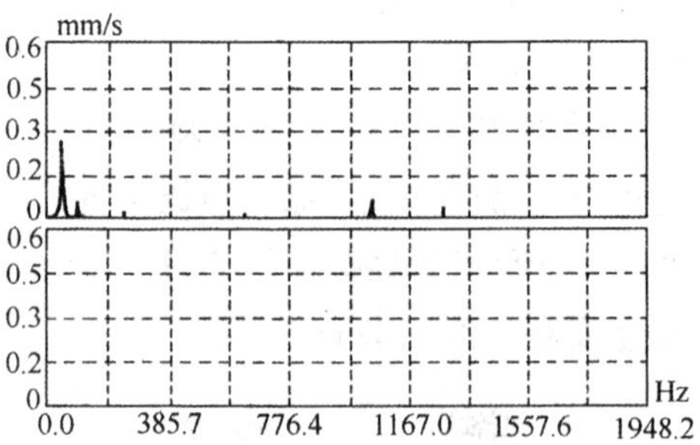

图 4-14　机组运行正常时测点 3 的幅值谱(垂直未测)

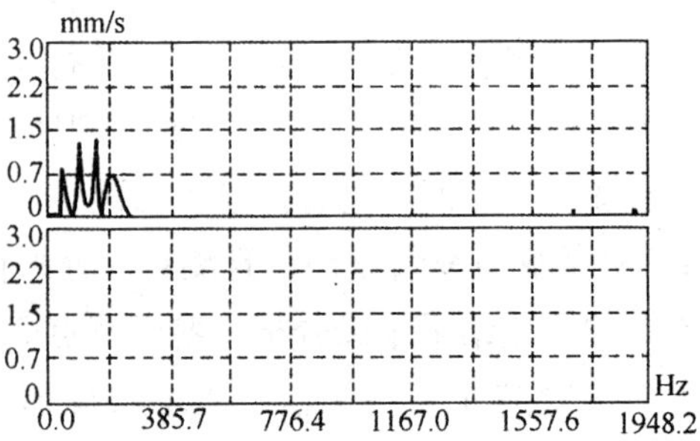

图 4-15　机组振动异常时测点 3 的幅值谱(垂直未测)

依据图 4 - 15 和图 4 - 14 的对比结果，参照转子不对中故障时的振动特征，结合 2#发电机组测点 3 处频谱特征主要表现为转子转频的两倍，且伴有一次及高次谐波，可判断发电机组转子不对中。

诊断意见：根据以上时域图和频域图的分别对比分析，可推断发电机组转子存在不对中故障，即发电机转子与汽轮机转子轴系不对中。经分析，造成 2#发电机组转子不对中的主要原因是热机保温不良使基础变形不均所致。

处理措施：参照 ISO 2372—1974 (E) 振动烈度评定标准，其振值跨入注意区，无需立即停机检修，但应加强监护。利用计划检修时机，对发电机组采取了热机保温措施。

生产验证：振源消除，振值显著减小至正常状态值。

【例 4 - 3】 2005 年 10 月 19 日，某炼化公司一联合车间 1#烟机机组中的烟机和风机多次出现振动跳变现象，22 日烟机前轴承水平方向振动最高达 76μm，超过一级报警值。调整烟机蝶阀开度后烟机振动有所下降。在以后运行中虽然蝶阀开度从 67°调整至 30°，但烟机振动仍多次出现超标导致报警。有关工作人员怀疑振动监测传感器出现故障从而导致烟机振动误报警，但经清洗和更换机组振动探头后，烟机振动报警依旧。

1. 机组轴承振动监测

1#烟气轮机机组构成及测点布置，如图 4 - 16 所示。使用加速度传感器和位移传感器分别在线监测风机入口、出口处轴承(测点 3、4)与烟机前、后轴承(测点 1、2)水平方向(H)、垂直向(V)以及轴向(A)的振动加速度和位移。从表 4 - 4 可知，烟机前后轴承与风机入口处轴承各个方向振动值都呈上升趋势。

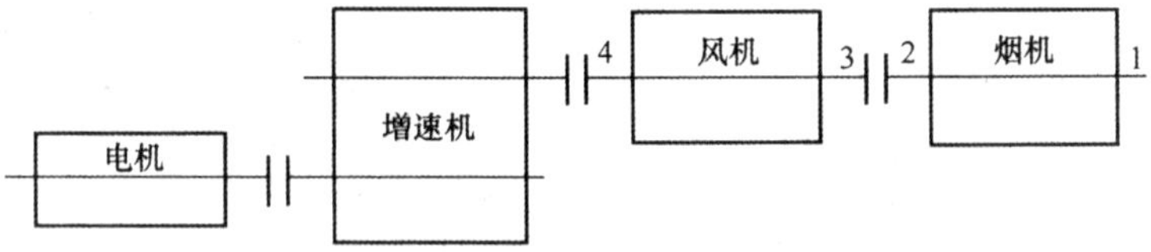

图 4 - 16　1#烟气轮机机组构成及测点布置

表 4 - 4　烟机与风机轴承振动加速度值　mm/s²

日　期	1H	1V	1A	2H	2V	2A	3H	3V	3A
9.20	2.8	1.5	1.5	1.9	0.6	0.7	0.3	0.5	0.3
10.11	3.5	1.4	1.0	3.0	0.7	0.9	0.3	0.5	0.5
10.27	4.3	1.5	2.0	3.4	0.9	0.8	0.4	0.7	0.6
10.28	4.1	1.9	2.3	3.4	0.9	1.2	0.3	0.9	0.7

2. 振动分析

（1）轴心轨迹分析

图 4－17 所示为风机出口和入口处轴心轨迹，分别是风机出口和入口处轴承的水平和垂直方向振动位移时域波形合成。由图可见，风机入口处轴承轴心轨迹呈椭圆形且较光滑，但风机出口处轴承轴心轨迹不光滑，出现凹陷和明显尖角。图 4－18所示烟机前后轴承轴心轨迹，分别为烟机前、后轴承水平和垂直方向振动位移时域波形合成。由图可见，烟机前、后轴承轴心轨迹都不光滑、不规则，都出现明显凹陷和尖角。

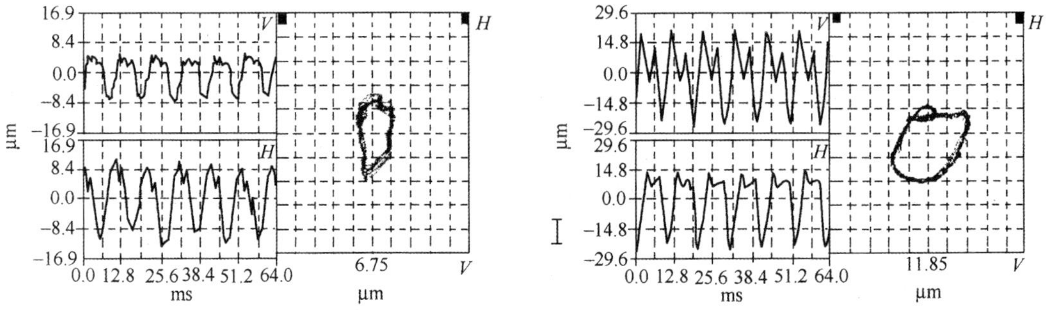

(a)出口处　(b)入口处

图 4－17　风机出口、入口处轴承轴心轨迹

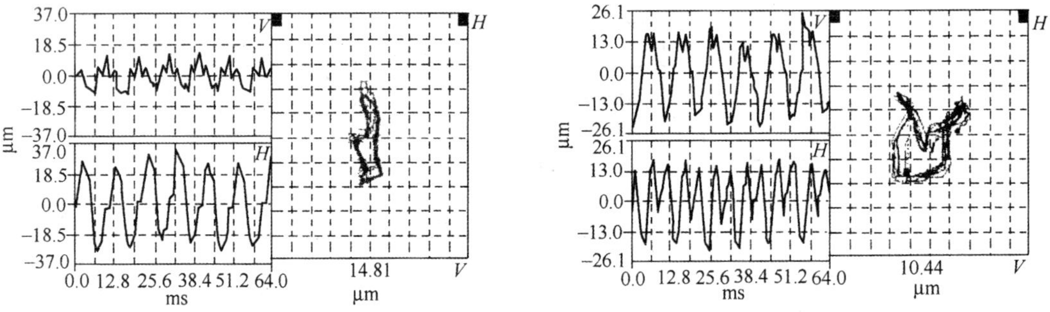

(a) 前轴承　(b) 后轴承

图 4－18　烟机前、后轴承轴心轨迹

（2）频谱分析

图 4－19 所示为风机出口和入口处轴承振动频谱。由图可见，风机入口处轴承（测点 3）不论水平方向，还是垂直方向，都存在明显 2 倍频振动，而且水平方向 2 倍频振幅低于工频振幅，垂直方向则反之；风机出口处轴承（测点 4）虽然水平方向和垂直方向都存在 2 倍频振动，但不甚明显，而且 2 倍频振幅远低于工频振幅。图 4－20 是烟机前后轴承振动频谱。由图可知，烟机前轴承（测点 1）水平方向和垂直方向 2 倍频振动均不

明显，但烟机后轴承(测点 2)水平方向 2 倍频振动则反之，其振幅约为工频振幅的两倍，垂直方向 2 倍频振动也不明显。

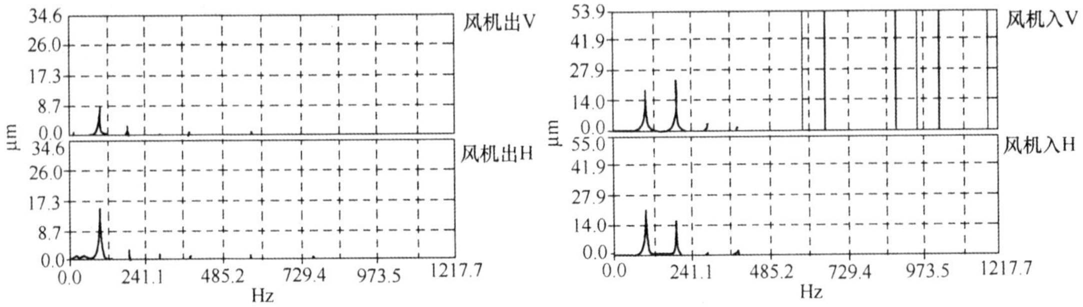

(a)出口处　　(b)入口处

图 4－19　风机出口、入口处轴承振动频谱

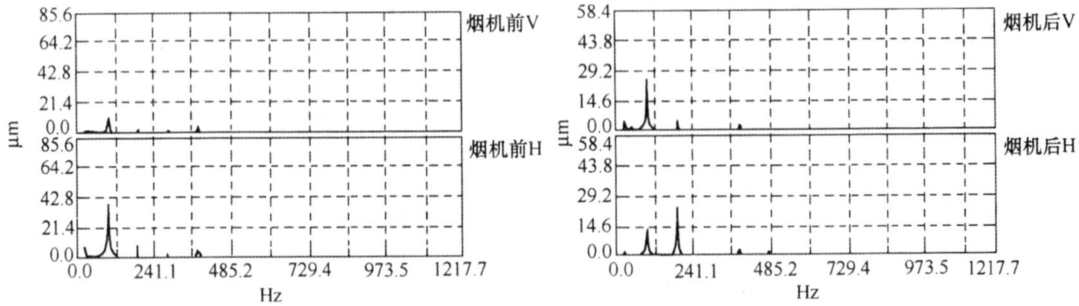

(a)前轴承　　(b)后轴承

图 4－20　烟机前、后轴承振动频谱

3. 诊断意见

由以上烟机与风机轴承振动频谱分析可知，风机入口处轴承(测点 3)不论水平方向，还是垂直方向 2 倍频振动都十分明显，烟机后轴承(测点 2)水平方向 2 倍频振动也十分明显。因此，可明确诊断烟机故障由烟机与风机之间联轴器平行不对中引起。

【例 4－4】　某厂风机结构简图如图 4－21 所示。

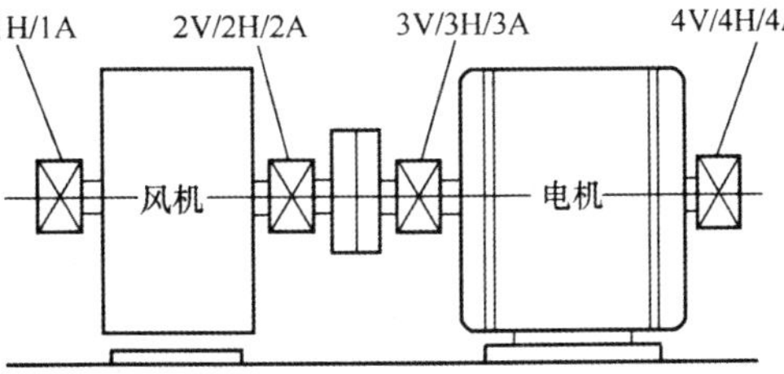

图 4－21　机组结构简图

检修安装后运行时风机前后轴承振动值正常，但运行 1h 后，测点 2、3 处的径向振幅增大超标，而测点 1、4 处径向振幅也略有增加，但在允许范围内。机组运行 2h 后，测点 2、3 处径向振幅增加缓慢，运行 3h 后测点 2、3 处径向振幅分别增加到 92μm 和 84μm 后则不再增加。

诊断意见：现场对风机振动进行了频谱监测和分析，测点2、3处垂直和水平的频谱如图4－22～图4－25所示。风机转速为2970r/min，从频谱图中可以看出工频占主要成分，但两倍频成分也较明显，并伴有其他倍频成分。频谱分析认为风机可能存在对中不良或转子不平衡。为进一步分析，对机组各相应测振点进行了测量，结果如表4－5所示。

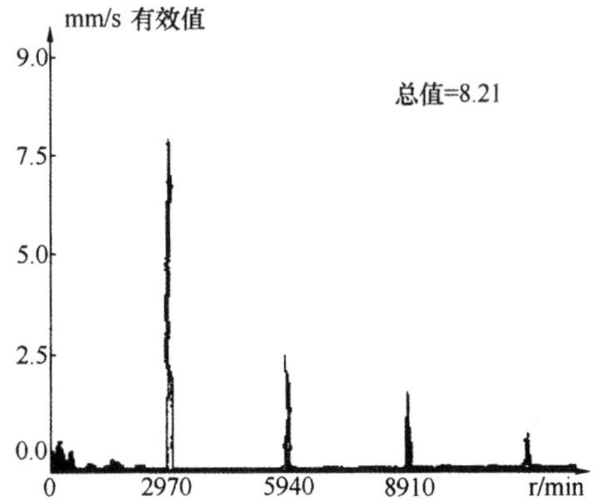

图4－22　测点2垂直方向频谱

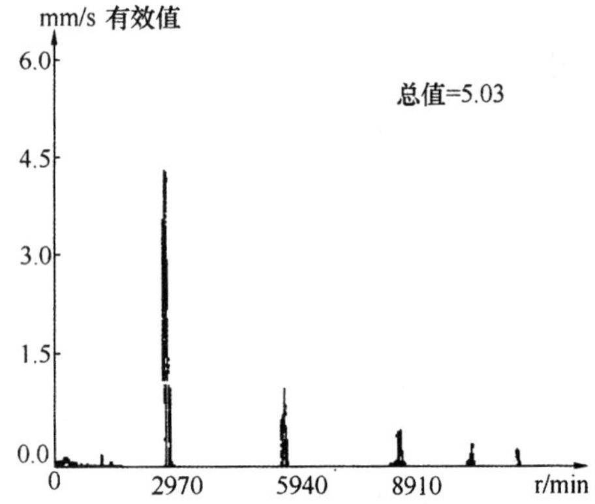

图4－23　测点2水平方向频谱

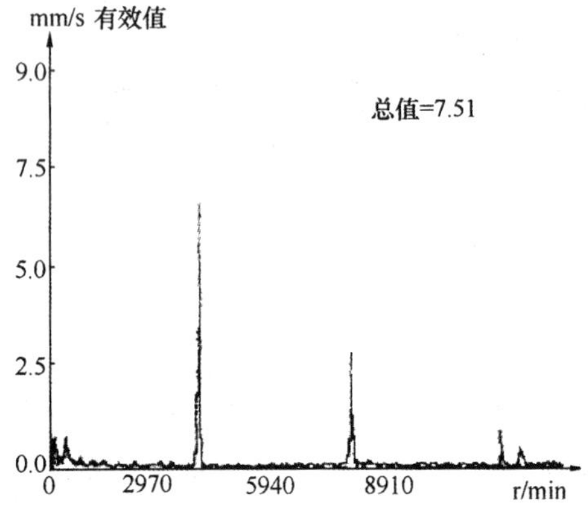

图4－24　测点3垂直方向频谱

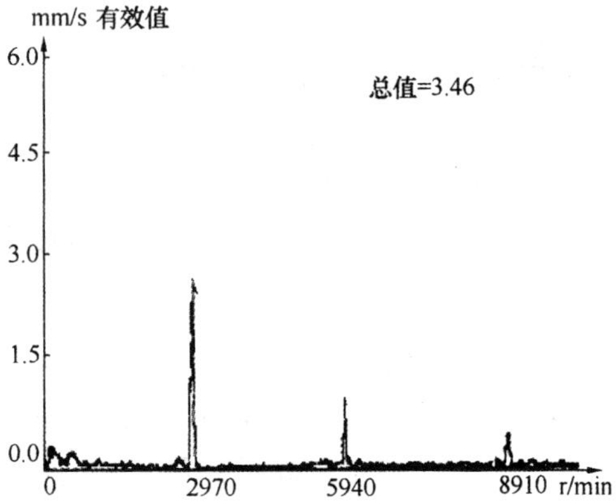

图4－25　测点3水平方向频谱

表4－5　各点振动测量值

测量项目		风机		电机	
		测点1	测点2	测点3	测点4
振幅/μm	水平	24	48	26	19
	垂直	32	92	84	28
	轴向	71	73	66	63

续表

测量项目		风机		电机	
		测点 1	测点 2	测点 3	测点 4
振速/(mm/s)	水平	2.5	5.0	3.5	2.4
	垂直	3.2	8.2	7.5	3.0
	轴向	6.4	6.6	7.6	6.1

测点 2、3 处除垂直方向振动较大外，轴向振值也比较高，故可以排除转子存在不平衡因素，影响原因主要是机组对中存在问题。

为证明此判断，停止了风机运转，在机组热态情况下用激光对中仪复查对中，数据结果为电机轴线比风机轴线高 0.24mm，风机向下倾斜 0.18mm/100mm，如图 4－26 所示。

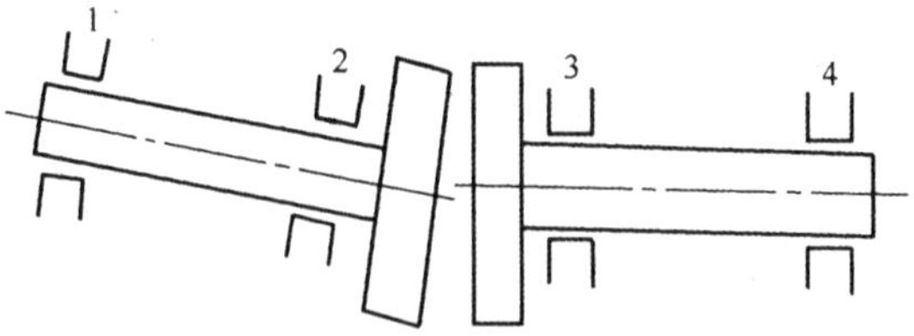

图 4－26　机组热态对中示意图

可见，风机运转一定时间后产生了热态不对中现象。原因是因为风机为 4 级压缩，无中间冷却器，风机入口处温度为大气温度，出口处温度为 64℃，这样由于出、入口处温度的影响造成了机组受热膨胀不均而产生风机倾斜现象。

处理措施和生产验证：针对上述监测分析的结果，采取机组冷态对中时补偿热态对中影响量的措施。风机试运启动时，联轴器两侧轴承 2、3 点处垂直方向振值分别为 7.8mm/s 和 6.4mm/s，但随着机体温度的上升，各点振值也相应减小，风机运行 3h 后，测点 2、3 处垂直方向振值降低为 2.8mm/s 和 2.1mm/s，之后运行的几周内各监测点振值均保持不变。

【例 4－5】 某锅炉离心引风机使用当中，发现振动偏大，对该风机进行振动测试，获得如图 4－27 所示的振动测试图。

诊断意见：根据采集到的波形图，分析出的数据为：轴向振动 11.3mm/s，径向振动 10.5mm/s。从频谱图(图 4－28)上看，电动机轴向测点，工频 12.34Hz 处较高(1 倍频高)，达到 10.8mm/s。频率为 24.7Hz 处的振速突出，达到 12.7mm/s，是振动的主要来源。

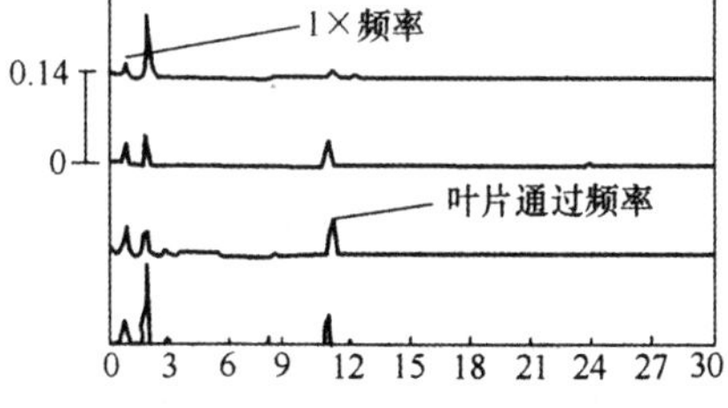

图 4－27　振动测试图

通过频谱图已比较明显地反映出，风机出现 2 倍频率成分，振动有方向性，轴向振动较大，由此判断电动机轴和风机轴同时存在角向不对中和径向不对中缺陷。

处理措施：维修人员对该风机进行重新调

整，利用激光对中仪器重新调试对中。

生产验证：调整完毕后试机，振动马上大幅度下降，电动机轴向测点工频振动检测结果为2.1mm/s，如图4－29所示，在正常运行范围之内。

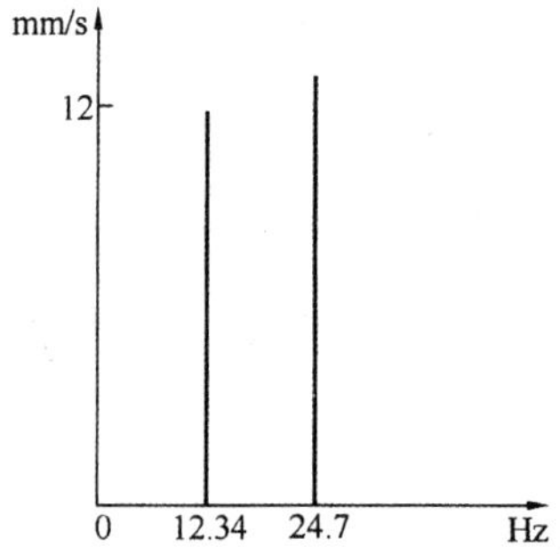

图4－28　调整前频谱图

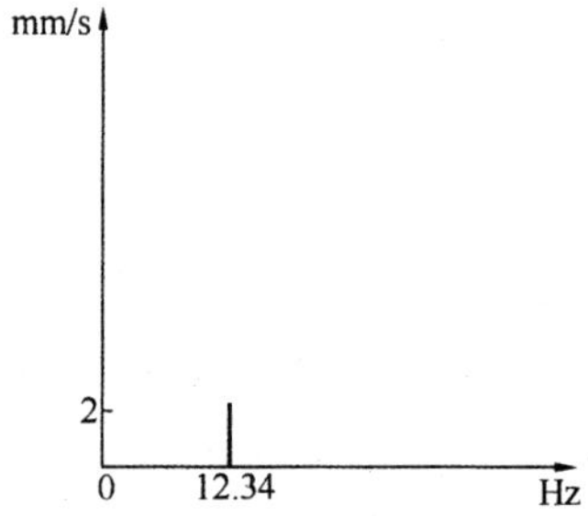

图4－29　调整后频谱图

第五章　转子弯曲的故障机理与诊断

有人习惯将转子弯曲与不平衡同等看待，实际上两者是有区别的。所谓质量不平衡是指各横截面的质心连线与其几何中心连线存在偏差，而转子弯曲是指各横截面的几何中心连线与旋转轴线不重合，二者都会使转子产生偏心质量，从而使转子产生不平衡振动。

第一节　转子弯曲的种类

机组停用一段时间后重新开机时，有时会遇到振动过大甚至无法启动的情况。这多半是机组停用后产生了转子弯曲的故障。

转子弯曲有永久性弯曲和临时性弯曲两种情况。

永久性弯曲是指转子轴呈弓形弯曲后无法恢复。造成永久弯曲的原因有设计制造缺陷(转轴结构不合理、材质性能不均匀)、长期停放方法不当、热态停机时未及时盘车或遭凉水急冷等。

临时性弯曲是指可恢复的弯曲。造成临时性弯曲的原因有预负荷过大、开机运行时暖机不充分、升速过快局部碰磨产生温升等致使转子热变形不均匀等。

第二节　转子弯曲振动的机理

转子永久性弯曲和临时性弯曲是两种不同的故障，但其故障机理相同，都与转子质量偏心类似，因而都会产生与质量偏心类似的旋转矢量激振力。与质心偏离不同之处在于轴弯曲会使轴两端产生锥形运动，因而在轴向还会产生较大的工频振动。

另外，转轴弯曲时，由于弯曲产生的弹力和转子不平衡所产生的离心力相位不同，两者之间相互作用会有所抵消，转轴的振幅在某个转速下会有所减小，即在某个转速上，转轴的振幅会产生一个“凹谷”，这点与不平衡转子动力特性有所不同。当弯曲的作用小于不衡量时，振幅的减少发生在临界转速以下；当弯曲作用大于不平衡量时，振幅的减少就发生在临界转速以上。

第三节　转子弯曲的故障特性

转子永久性弯曲和转子临时性弯曲与转子质量偏心基本相同。其不同之处是，具有转子永久性弯曲故障的机器，开机启动时振动就较大；而转子临时性弯曲的机器，则是随着开机升速过程振幅增大到某一值后有所减小。

第四节　转子弯曲的故障诊断

转子弯曲的故障诊断主要依据如表 5－1 和表 5－2 所示。

表 5－1　转子弯曲的振动特征

序 号	特征参数	故障特性	
		永久性弯曲	临时性弯曲
1	时域波形	正弦波	正弦波
2	特征频率	1×	1×
3	常伴频率	2×，高次谐波	2×，高次谐波
4	振动稳定性	稳定，启动时起始振动值就较高	稳定，升速过程振动有一凹谷
5	振动方向	径向	径向
6	相位特征	稳定	正常运行是稳定，开机过程中有变化
7	轴心轨迹	椭圆	椭圆
8	进动方向	正进动	正进动

表 5－2　转子弯曲的振动敏感参数

序 号	敏感参数	随敏感参数变化情况	
		永久性弯曲	临时性弯曲
1	振动随转速变化	明显	明显
2	振动随油温变化	不变	不变
3	振动随介质温度变化	不变	不变
4	振动随压力变化	不变	不变
5	振动随流量变化	不变	不变
6	振动随负荷变化	不明显	不明显
7	其他识别方法	机器开始升速时，在低速阶段振动幅值就比较高，刚性转子两端相位差 180°	升速时转速逐步增大，但在某个转速下有一凹谷

第五节　转子弯曲的故障原因与治理措施

转子弯曲的故障原因与治理措施如表 5－3 所示。

表 5-3　转子弯曲的故障原因与治理措施

序号	原因分类	主要原因	
		永久性弯曲	临时性弯曲
1	设计原因	结构不合理	结构不合理
2	制造原因	材质不均匀，制造误差大	材质不均匀，制造误差大
3	安装维修	①转子长期存放不当，发生永久变形 ②未按规程检修，有较大负荷	①转子有较大预负荷 ②局部碰磨导致热弯曲
4	操作运行	停后未及时盘车	①升速过快，加载过快 ②暖机不足
5	状态劣化	转子热稳定性差，长期运行后自然弯曲	转子热稳定性差
6	治理措施	①正确保管转子，定期盘转一定角度 ②校正转子 ③按技术要求进行动平衡	①重新开机 ②延长暖机时间 ③规定升速，加载

第六节　直轴原理和方法

直轴，是对转子的永久性弯曲变形的矫直。转子的弯曲是由应力所引起的，当其应力大于转子材料的弹性极限时就产生了永久的弯曲变形。因此，直轴实质上是通过一些方法，人为地在转子弯曲部位制造一个应力来减弱或抵消其原有应力的作用。

直轴方法很多，常用的直轴方法有以下几种。

（1）局部加热直轴法：将转子凸起的部位向上放置，在弯曲最大的地方进行局部的轴向加热。加热范围：轴向长为 0.10 ~0.15D，圆周向宽为 0.3D（D 为加热处轴的直径）。为了控制加热面积，一般都用隔热材料将轴包扎好，只在局部需加热的地方按需加热部位的尺寸开一孔。加热温度不得超过 500 ~ 550℃，控制在材料的回火温度内，否则会使轴过热，金属组织发生变化。该方法直轴的原理，是人为地使转子凸出部位受热，使其局部受到一个压应力的作用，使转子反方向弯曲，来抵消原来的弯曲。

（2）机械直轴法：即用捻棒冷打材料。将转子弯曲最大部位的凹处向上放置，凸出处支承住。捻棒紧贴转子弯曲的凹入部位，用 1 ~ 2kg 重的锤子敲打捻棒。捻打应从弯曲最大处的中央开始沿圆周两侧均匀移动，每个断面的捻打长度为三分之一圆周长。它的原理是通过对凹入部位的捻打，让这部分材料受拉伸应力的作用使纤维拉长，达到矫直的目的。

（3）局部加热机械直轴法：其直轴原理、加热部位和方法与局部加热直轴法基本相同，不同之处在于，加热后还人为地在转子凸出部位施加一个外力，使应力能提前超过材料的弹性极限，达到转子矫直的目的。

上述三种直轴方法是使轴凸出部位的材料纤维受到压缩，使其受压应力（如局部加热直轴法、局部加热机械直轴法）或使凹侧的材料纤维拉伸，使其受到拉伸应力（如机械直轴法)来达到直轴的目的。

这三种方法有一个共同的缺点，即矫直后，在一小段轴的材料内，有较大的残留应力存在。这些应力决定着矫直转子的弯曲力矩。转子在运行时，矫直部位上的残余应力可能导致转子裂纹，对合金钢的转子尤其危险。而且，这几种方法对结构复杂的转子都不适用。

(4) 热状态直轴法(即通常称的松弛法)松弛是金属在高温下的一种特性，即在一定的温度下，由于温度效应使金属部件的应力水平有所降低，材料呈现松弛状态。松弛法直轴，就是在转子处于松弛状态下进行的直轴，由于应力水平较低，使直轴的危险性也降低一些。为了使转子加热均匀，通常采用电感应加热法，对转子弯曲部位的整个圆周进行加热。一般当温度达到580 ~650℃(采用多高的温度，取决于转子材料的化学成分，所控制的最高温度不得超过此种材料的回火温度)时，再对转子弯曲处的凸出侧加压，从而使转子得到矫正。这种方法还可以直接利用转子的冷却过程对转子进行退火处理，以达到消除残余应力的目的。

第七节　转子弯曲故障诊断实例

【例5－1】 某30万吨合成氨厂试车期间，一高压汽轮机超速脱扣。试验时振动正常，停机后连接联轴器进行联动试车时汽轮机发生剧烈振动。启动初期低速运行时振动值就比较大，而且随着转速的升高，振动值随之迅速增大，发生强烈振动。经数次开机都未能通过临界转速，机器不能正常运行。虽经长期暖机，再次升速时振动情况并未好转。

其振动特征如下：

(1) 时域波形为正弦波；

(2) 轴心轨迹为椭圆；

(3) 幅值谱为以1×频为主的峰值，其他成分几乎没有；

(4) 进动方向为正进动。

诊断意见：根据其振动特征和故障发生过程诊断，机器故障是转子永久性弯曲造成的。原因是该汽轮机为高压汽轮机，运行时转子温度较高。单体试车结束后马上连接联轴器，未能按规定盘车，造成转子永久性弯曲。

生产验证：因无备用转子，只得将转子紧急送专业厂处理，经动平衡检查，因转子弯曲严重，不平衡量严重超标。重新进行动平衡后运回安装，机组振动值下降到正常水平。

【例5－2】 某厂汽轮发电机停机检修时，更换了经过严格高速动平衡的转子。开机升速时未按升速曲线进行，加快了启动过程。汽轮机开机运行时振动较大，并且随着升速过程振动继续增大，机组不能正常运行。

其振动特征如下：

(1) 时域波形近似为正弦波，但有轻微削顶；

（2）轴心轨迹为椭圆；

（3）幅值频以 1×频为主，其他成分较小；

（4）进动方向为正进动。

诊断意见：根据其振动特征和故障发生过程诊断，该机组的异常振动是由于操作上急于并网发电，加快了升速过程和加载过快，造成了转子临时性弯曲。

生产验证：改变调度下达的限时并网发电指令，经充分暖机后，按规程升速加载，启动过程机组振动正常，并网运行后一切正常。

【例 5－3】 某厂 8#发电机组因锅炉缺陷停机，处理完毕，三日后发电机当初负荷 20MW/40MW 暖机时，发现发电机两侧轴承座(9#、10#)的振动比并网前明显增大，估计是电气方面的原因。因此，做了以下电气检查：在零转速下测发电机转子交流阻抗，与以前无多大变化；拆发电机两侧端盖，检查转子平衡块、风扇的紧固情况，未发现松动；打开转子出水支座盖，观察发电机转子各出水孔，出水均正常。

以上检查均未发现问题，机组再次点火启动，随后进行并网，为了查明振动原因，某电力试验研究所汽机室及某电厂生计部热试组在机组整个启动过程，对 9#、10#轴承座的振动情况进行了监测。并网前振动不大并网后振动缓慢上升，尤以 10#瓦振动变化较大，频谱显示 9#、10#瓦轴向振动相位反相，瓦振分别为工频和倍频，10#瓦垂直振动并网前为 17μm，并网后为 22.4μm，近 1h 后振动达 72μm。

诊断意见：初步估计发电机转子存在由于热不平衡引起的轴弯曲，造成瓦座的振动。为了进一步查找转子热变形的原因，特进行发电机水温试验。从试验表明，提高转子进水温度能使轴承座的振动减小，反之，降低水温，振幅直线上升，表明发电机冷却水回路有堵塞现象。

8#发电机组转小修后，利用转子水冷泵对发电机转子水回路做流量试验，结果如表 5－4 所示。

表 5－4　转子水回路持续 10s 的流量

出水支座号	压力/MPa	流量/mL	
		第一次	第二次
19	0.1	510	560
20	0.1	500	510
21	0.1	490	500
22	0.095	500	510
23	0.095	500	510
24	0.09	500	510
25	0.09	520	520
26	0.09	550	560
27	0.09	500	510
28	0.1	500	500
29	0.1	500	510

续表

出水支座号	压力/MPa	流量/mL	
		第一次	第二次
30	0.1	500	530
31	0.1	510	530
32	0.08	300	300
33	0.08	460	480
34	0.09	510	510

从流量试验的结果分析，出水编号为32的水回路流量偏小，明显有堵塞现象，拆下了转子进水弯管，并用铜布包扎管口，对转子水回路用压缩空气反冲，发现转子出水很脏，除黑色的粉末外，还存在大量的石棉丝，团成小拳头大的一团。用 ϕ6mm 的纤维内窥镜检查汽侧水管，未发现异物。打开转子进水箱盖，用内窥镜检查励侧水管，发现转子金属编织管壁较脏。

处理措施：为清理发电机转子水回路的脏物，从发电机转子出水口用高压氮气反冲，直至出气流畅为止，如出现“扑”的一声，说明有东西冲出，为石棉搅在一起的团状物，且有一定硬度。对所有的水回路都用高压氮气反冲后，用 ϕ6mm 的纤维内窥镜检查励侧水管，基本干净。最后对转子重做流量试验，各水回路流量基本相等，同时对转子水回路进行泵压。

生产验证：8#机组经处理后，于4月27日并网，在满负荷300MW下，振动情况正常（表5－5）。

表5－5　处理后300MW负荷时的振动测量　μm

位置	垂直	水平	轴向
前箱	21.6	14	33
1	14	14.8	27
2	5.8	12	11.5
3	9.4	6.5	11
4	12.4	10	26
5	20.5	16	29.4
6	16.1	17.4	25.1
7	27	19.8	17.7
8	25.3	12.8	33.1
9	5.7	7.8	22.1
10	14.1	9.5	11.8

【例5－4】　某厂装有2台500MW机组，是超临界冲动式、凝汽式汽轮机组，主汽压力23.54MPa，温度540℃，再热蒸汽压力3.51MPa，温度540℃，高压缸采用回流式结构，中、低压缸采用双分流结构。机组大修过程中发现1#机中压转子弯曲情况严重

超标后，对中压转子进行了回火及直轴处理。

1. 1#机中压转子情况介绍

1#机中压转子为整段式转子，采用对称双分流式结构，前、后各有11级叶轮，转子全长7585mm，材质为25Cr2Mo1V，中心孔直径130mm，中压转子中部分流环处直径724mm，前、后配重槽中心直径790mm，转子重26.895t。

大修过程中，发现中压转子出现弯曲超标情况，弯曲值达到0.15mm。在之前的大修中检查转子弯曲已经出现过增大的情况，弯曲值达到了0.065mm。以下是1#机中压转子这两次大修的弯曲情况。判断标准采用国家标准规定的0.06mm。

（1）首次大修中压转子弯曲情况

① 3#～13#螺栓孔方向的晃度值，在前轴封处晃度值为0.03mm，前第二级处晃度值为0.12mm，后第二级处晃度值为0.12mm，后轴封处晃度值为0.05mm。

② 4#～14#螺栓孔方向的晃度值，在前轴封处晃度值为0.05mm，前第二级处晃度值为0.13mm，后第二级处晃度值为0.11mm，后轴封处晃度值为0.05mm。

（2）本次大修中压转子弯曲情况

本次检修中测量中压转子的弯曲值明显超标。3#～13#螺栓孔方向转子中部的晃动值达到了0.30mm，4#～14#螺栓孔方向转子中部的晃动值达到了0.30mm，本次大修解体后未发现隔板汽封有摩擦现象。

2. 诊断意见

通过本次的检修数据可以看出，1#机中压转子已经出现了严重的弯曲现象。对比首次大修时1#机的检修记录可以看出，中压转子的最大弯曲值由0.065mm增加到0.15mm，弯曲情况有了明显的恶化。

通过查阅俄产同类型机组的资料，发现前苏联列宁格勒金属工厂生产的所有超临界双分流结构中压转子无一例外在运行10年左右时间发生弯曲。为此俄汽轮机生产厂家规定中压转子弯曲值在小于0.13mm以下时可以运行，大于0.13mm弯曲值时必须进行直轴处理。该机组再热机组由于其中压缸进汽温度为540℃，直接与进汽导流环相接触，经过金属传热，中压转子温度亦接近540℃。长期高速旋转运行，由于其金属的高温蠕变松弛特性，加上中压转子采用的双分流结构，高温区域又在转子的中间部位，致使中压转子发生弯曲。

3. 处理措施：

（1）直轴前的回火处理

汽轮机转子弯曲分为弹性变形和塑性变形两种。①弹性变形：因转子本身存在的温差，引起热弯曲，温度均匀后可自行消除，故又称为暂态弯曲。②塑性变形：从弹性弯曲开始，材料的组织发生塑性变形，温度均匀之后，弯曲的凸面居于原来弹性弯曲凸面的相对一侧，形成永久性弯曲。由于转子弯曲的原因暂时不明，决定首先对转子进行回火处理，以判断转子是否为弹性变形，并根据处理后结果决定下一步工作。回火处理进行了将近72h，回火处理后，转子弯曲值仍为0.15mm，证明了转子的弯曲为塑性变形，决定对转子进行直轴处理。

（2）直轴前的准备工作

① 直轴台架与加压装置

直轴台架的结构如图 5－1 所示。它由 7m 长的底架横梁 1，两根 M100 的螺杆 2，两个滚动轴承支架 3，两台 200t 的加压千斤顶 4，两台 100t 的支承千斤顶 5，加压用的上横梁 6、下横梁 7 以及盘车装置 8 等几部分组成。其中上、下横梁通过螺杆固定在中压转子靠近 3 瓦对轮第一级的位置，即转子弯曲的最大位置，加压直轴时转子的弯曲凸点向上。

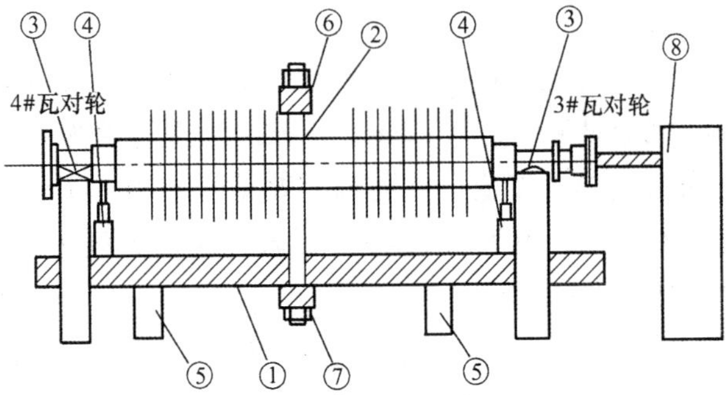

图 5－1 直轴台架结构简图

1—底架横梁；2—螺杆；3—滚动轴承；4—加压千斤顶；

5—支承千斤顶；6—上横梁；7—下横梁；8—盘车装置

② 加热及测温装置

松弛法直轴是利用交流电通过绕在转子上的线圈，使轴受感应作用产生磁涡流而加热（工频加热）。加热过程如下：

a. 绕线前先测转子冷态弯曲值，记录后开始点焊热电偶，在 9 组加热线圈的上、下位置各点焊一只，共 18 只。然后电工测量其是否正常后固定。

b. 做好轴加热部位的保温，内层包裹玻璃丝布，外层包裹 2mm 厚的电解石棉布。为防止叶轮过热，加热部位的叶轮也包裹 2mm 厚的电解石棉布，特别是叶轮两侧的石棉布的直径要大出 100mm，以便将多余的边压进叶轮槽内，用玻璃丝带整圈捆好。最后，加热部位的保温层外均布瓷套管，在瓷套管外缠绕加热线圈，以便于通风散热。

c. 加热线圈共 12 根，共布置成 9 组。中间轴处的 3 组采用 2 根线圈，其余各组采用 1 根线圈。线圈采用 $95mm^2$ 裸露铜线，外包玻璃丝布。中间轴处线圈长度为 36m，压力级间线圈长度均为 35m。缠绕线圈时，左右两人互相配合，保证加热线圈缠绕紧密、结实；注意高压侧 1 级前绕线时留出 60mm 空位，作为加压时的上支点。

d. 绕线完成后，将加热线圈两头及热电偶分别接好，进行试通电，一切正常后，即可正式通电。加热过程开始后，记录 3 个参数：温度、变形、电流，每 30min 记录一次，3 个参数要记录清晰、认真，以便于技术人员及时准确观察线圈的加热是否正常。

e. 加热装置为 BX3－500－1 型交流电焊机，加热初始电流 180A，最大不超过 300A。

③ 测量装置

在轴的对轮和轴封位置分别布置 4 支千分表，安装时千分表表杆应位于通过轴中心线的同一平面，且垂直于轴。表杆头接触的转子表面应光滑。加压过程中，通过对千分表的监视，控制转子的弯曲情况。

（3）直轴过程分析记录

① 直轴前的分析和准备

中压转子材质为 25Cr2Mo1V，这种钢材有较高的松弛稳定性，工艺性能亦较好，但有缺口敏感性，长期运行有脆化倾向。转子矫直时，其外部加载的大小取决于轴的弯度、加热温度、材料本身的蠕变特性及保温时间等。就轴的一次性矫直来讲，材料的许用应力须控制在不使矫直部位在外力作用下形成应力集中及材料纤维组织伸长而造成裂纹。因此，在 600℃条件下，材料的许用应力不允许超过抗拉极限的一半。在矫直时，若没有材料抗拉强度极限数据，其最大许用应力可取值为 50MPa。

② 加压直轴

加压直轴过程持续了 40min。直轴加压时，转子最大弯曲凸点向上，转子温度保持 660℃。将 3 瓦对轮侧千斤顶顶起 16mm，4 瓦对轮侧千斤顶保持压力 38MPa，持续 40min 后结束，加压过程记录表如表 5－6 所示。

表 5－6　加压过程记录表

时间	千分表读数/mm			千斤顶压力/MPa
	前轴封	中间最大弯曲部位	后轴封	
11:40	5.50	28.42	9.61	34
11:51	5.46	28.45	9.58	33
11:56	5.38	28.48	9.58	33
12:00	5.30	28.50	9.55	32.5
12:04	5.26	28.51	9.54	32
12:07	5.21	28.51	9.54	32
12:10	5.18	28.53	9.54	31.8
12:15	115	28.55	9.54	31.5
12:20	5.08	28.56	9.54	31

③ 稳定回火处理

加压结束后，恒温 660℃约 5.5h，随后开始降温，直轴过程实际加热曲线如图 5－2 所示。

（4）处理后效果

转子温度冷却至 140℃后测量转子中间部位弯曲值为 0.08mm。经讨论决定不再进行第二次加压，继续冷却转子。当转子中间部位冷却至 30℃时进行中压转子测量，在转子分流环圆周部位测量弯曲值为 0.075mm。经最后准确测量最大弯曲部位在前一级叶

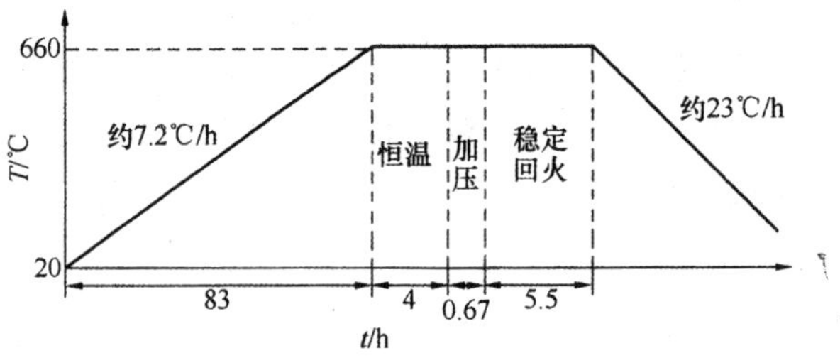

图 5－2　直轴过程实际加热曲线

轮后圆周部位 1 ~6(1 点位置为 4 瓦对轮 4#孔)位置,弯曲值为 0. 08mm。此时对轮及轴颈部位温度 24℃,转子存在温度差。

在检修现场将转子放在轴瓦内,测量实际值,弯曲最大值在分流环至中压转子前一级叶轮后位置,在圆周方向对应高点与低点的弯曲值为 0. 09mm。中压转子直轴后振动情况:中压转子直轴前主机 4 瓦轴振动为 133. 8μm,最大达到 155μm,中压转子直轴后 4 瓦轴振动下降至 101. 9μm。

第六章 动静件摩擦的故障机理与诊断

在高速、高压离心压缩机或蒸汽透平等旋转机械中，为了提高机组效率，往往把轴封、级间密封、油封间隙和叶片顶隙设计得较小，以减小气体泄漏。但是，过小的间隙除了会引起流体动力激振之外，还会发生转子与静止部件的摩擦。例如，轴的挠曲、转子不平衡、转子与静子热膨胀不一致、气体动力作用、密封力作用以及转子对中不良等原因引起振动后，轻者引发密封件的摩擦损伤，重者发生转子与隔板的摩擦碰撞，造成严重事故。一般情况下，摩擦碰撞初期会产生很大的振动，机器未停车拆检之前找不出振动原因。因此，必须了解干摩擦激振的故障特征，以便及时对这类故障做出诊断，防止更大事故的发生。

第一节 转子与静止件摩擦的分类

转子与静止件发生摩擦有两种情况：一种是转子在涡动过程中轴颈或转子外缘与静止件接触而引起的径向摩擦；另一种是转子在轴向与静止件接触而引起的轴向摩擦。

转子与静止件发生的径向摩擦还可以进一步分为两种情况：一种是转子在涡动过程中与静子发生的偶然性或周期性的局部碰磨；另一种是转子与静子的摩擦接触弧度较大，甚至发生360°的全周向接触摩擦。

第二节 转子与静止件径向摩擦的振动机理

一、局部动静件碰磨的故障特征

当转子在涡动时与静止件发生接触瞬间，转子刚度增大；被静止件反弹后脱离接触，转子刚度减小，并且发生横向自由振动（大多数按一阶自振频率振动）。因此，转子刚度在接触与非接触两者之间变化，变化的频率就是转子涡动频率。转子横向自由振动与强迫的旋转运动、涡动运动叠加在一起，就会产生一些特有的、复杂的振动响应频率。

局部摩擦引起的振动频率中包含有不平衡引起的转速频率 ω，同时摩擦振动是非线性振动，所以还包含有 2ω、3ω 等一些高次谐波。除此之外，还会引起低次谐波振动，在频谱图上会出现低次谐波成分 ω/n，重摩擦时 $n=2$，轻摩擦时 $n=2,3,4$ 等。次谐波的范围取决于转子的不平衡状态、阻尼、外载荷大小、摩擦副的几何形状以及材料特性等因素，在阻尼很高的转子系统中也可能不出现次谐波振动。图 6－1 分别表示轻摩擦转子与重摩擦转子的瀑布图和轴心轨迹。图 6－1（a）显示在轻摩擦时除了出现 2ω、3ω 的高次谐波成分外，还出现 $\frac{1}{2}\omega$、$\frac{1}{3}\omega$、$\frac{1}{4}\omega$ 和 $\frac{1}{5}\omega$ 的低次谐波成分；图 6－1（b）显示在重摩擦时

仅出现 $\frac{1}{2}\omega$ 的低次谐波以及 2ω、3ω 的高次谐波。另外，从轴心轨迹上观察，轨迹线总是向左方倾斜的，对次谐波进行相位分析，则垂直和水平方向上相位差 180°。

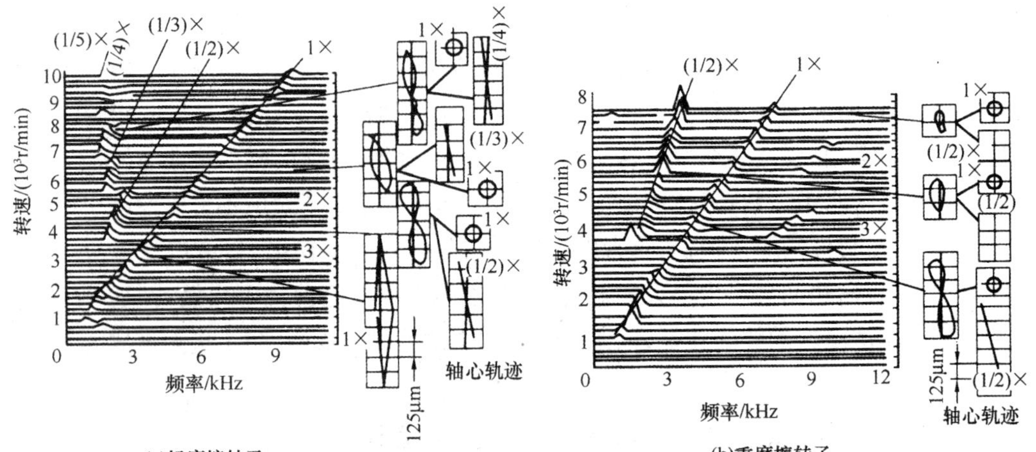

(a)轻摩擦转子　　(b)重摩擦转子

图 6－1　转子碰磨时的瀑布图和轴心轨迹

二、动静件摩擦接触弧增大时的故障特征

当离心压缩机发生喘振、油膜振荡故障时，轴颈与轴瓦发生大面积干摩擦或发生全周的摩擦，由于转子与静止件之间具有很大的摩擦力，转子处于完全失稳状态。此时很高的摩擦力可使转子由正向涡动变为反向涡动。同时在波形图上会发生单边波峰“削波”现象，如图 6－2 所示。同时将在频谱上出现涡动频率 Ω 与旋转频率 ω 的和频与差频，即会产生 $n\Omega \pm m\omega$ 的频率成分（n、m 为正整数），如图 6－3 所示。另外由于转子振动进入了非线性区因而在频谱上还会出现幅值较高的高次谐波。试验表明：

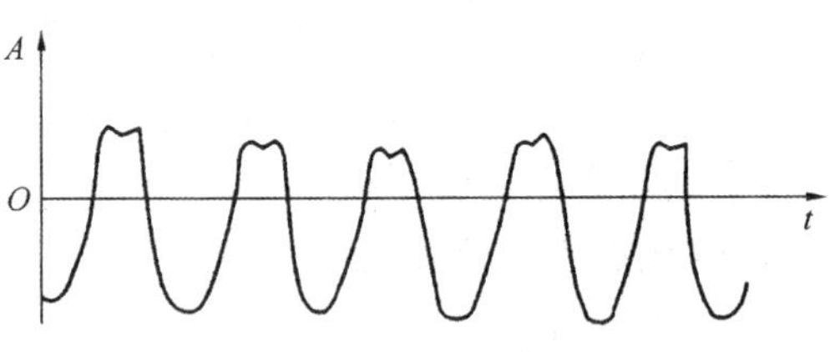

图 6－2　局部摩擦削波效应

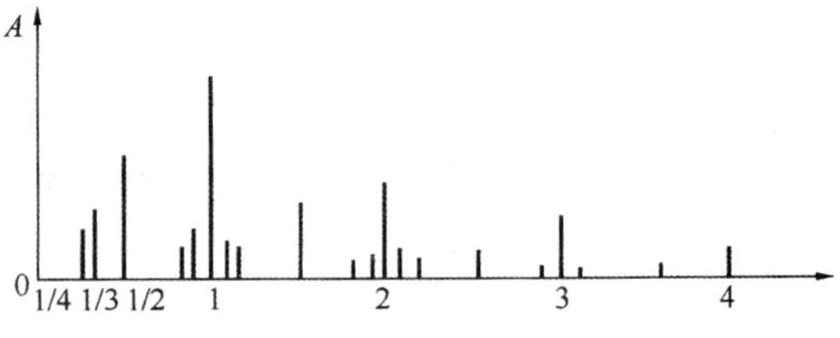

图 6－3　摩擦产生的组合频率

（1）在刚开始发生摩擦接触情况下，由于转子不平衡，旋转频率成分幅值较高，高次谐波中第二、第三次谐波一般并不太高，但第二次谐波幅值必定高于第三次谐波。随着转子摩擦接触弧的增加，由于摩擦起到附加支承作用，旋转频率幅值有所下降，第二、第三次谐波幅值由于附加的非线性作用而有所增大。

（2）转子在超过临界转速时，如果发生 360°全周向摩擦接触，将会产生一个很强的摩擦切向力，引起转子的完全失稳。这时转子的振动响应中具有很高的亚异步成分，一般为转子发生摩擦时的一阶自振频率（由于转子发生摩擦时相当于增加了一个支承，将会使自振频率升高）。除此之外，还会出现旋转频率与振动频率之间的和频与差频，转速频率的高次谐波在全摩擦时会被湮没。

（3）用仪器观察转子的进动方向，当发生全周向摩擦时，涡动方向将由正进动变为反进动。

第三节　转子与静止件轴向摩擦的振动机理

理论研究和试验表明，转子与静止件发生轴向摩擦时，转子的振动特征几乎与正常状况一致，没有明显的异常特征，所以诊断轴向摩擦时，不能用波形、轴心轨迹和频谱方法去识别，必须寻求新的敏感参数。

轴向干摩擦力与旋转速度有关，由于轴向干摩擦的作用使基频影响相对下降，同时有高频成分出现，所以轴向干摩擦具有阻尼的特性。轴向干摩擦力的大小正比于转子与静止件间的干摩擦因数和轴向力。轴向干摩擦阻尼远大于径向摩擦阻尼，由于轴向干摩擦会引起系统阻尼的显著增加，因此系统阻尼的变化可作为诊断轴向摩擦的识别特征。

另外，摩擦会造成功耗上升和效率下降，同时局部会有温升，因此工艺参数对转子与静止件轴向摩擦的故障诊断非常重要。

第四节　动静件摩擦的诊断方法

动静件摩擦的诊断依据如表 6 – 1 和表 6 – 2 所示。

表 6 – 1　动静件摩擦的振动征兆

序号	特征参量	故障特征		
		径向摩擦		轴向摩擦
		局部轻度径向摩擦	全周向严重径向摩擦	
1	时域波形	轻微削波	严重削波	正弦波
2	特征频率	$1/n\times$ 及 $n\times$	$1/2\times$；$n\times$	
3	常伴频率	$1\times$	$1\times$	$1\times$
4	振动稳定性	不稳定	不稳定	不稳定
5	振动方向	径向	径向	径向，轴向
6	相位特征	反向位移	反向位移，跳动，突发	不稳定
7	轴心轨迹	紊乱	扩散	不稳定
8	进动方向	正进动	反进动	反进动

表6-2　动静件摩擦的振动敏感参数

序号	敏感参数	随敏感参数变化情况		
		径向摩擦		轴向摩擦
		局部轻度摩擦	全周向重度摩擦	
1	随转速变化	不明显	不明显	不明显
2	随油温变化	不变	不变	不变
3	随介质温度变化	不变	不变	不变
4	随压力变化	不变	不变	不变
5	随流量变化	不变	不变	不变
6	随负荷变化	不明显	不明显	不明显
7	其他诊断方法	时域波形轻微削波	①时域波形严重削波 ②转子自振频率上升 ③功耗增加	①功耗增加 ②效率降低

第五节　动静件摩擦的故障原因与治理措施

动静件摩擦故障原因及对策如表6-3所示。

表6-3　动静件摩擦故障原因及对策

序号	故障原因分类	故障原因	治理措施
1	设计原因	设计间隙不当,偏小	①调整参数,保证机组热膨胀均匀 ②检修时保证各部间隙符合技术要求 ③调整转子定心 ④调整基础,消除沉降影响
2	制造原因	制造误差导致间隙偏小	
3	安装维修	①转子与定子不同心 ②对中不良 ③转子挠度大,弯曲	
4	操作运行	机组热膨胀不均匀	
5	状态劣化	①壳体变形 ②基础变形	

第六节　动静件摩擦故障诊断实例

【例6-1】 某大型透平压缩机组，在开车启动过程中发生异常振动，导致无法升速。其振动波形有削波现象；频谱图中有丰富的次谐波及高次谐波如图6-4(a)；轴心轨迹的涡动方向为反向涡动如图6-4(b)所示。

诊断意见：根据摩擦故障的机理及振动特征可知，机组在升速过程中发生了严重摩

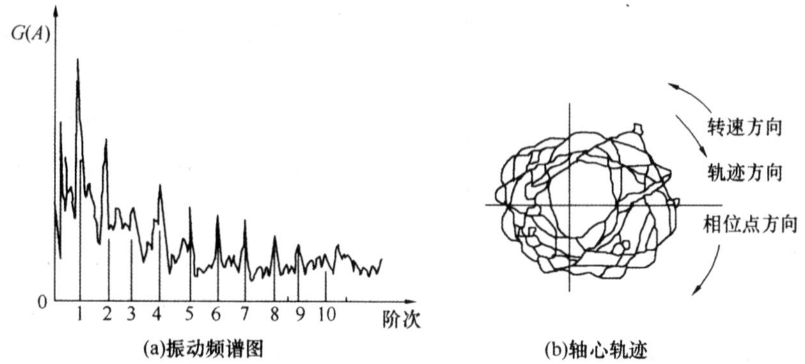

图 6-4 压缩机振动频谱图与轴心轨迹

擦故障。

处理措施：由于机组振动值非常高，表明内部动静件摩擦比较严重，为安全起见，决定停机拆检。

生产验证：停机解体检修发现，机组转子弯曲，动平衡精度严重超差，在升速过程中因振动大造成转子与密封之间摩擦。不仅密封损坏，而且转子严重偏磨。

【例 6-2】 某厂一台主风机运行过程中突然出现强振现象，风机出口最大振动值达 159μm，远远超过其二级报警值(90μm)，严重威胁着装置的安全生产。图 6-5、图 6-6 分别是风机运行正常时和强振发生时的时域波形和频谱。

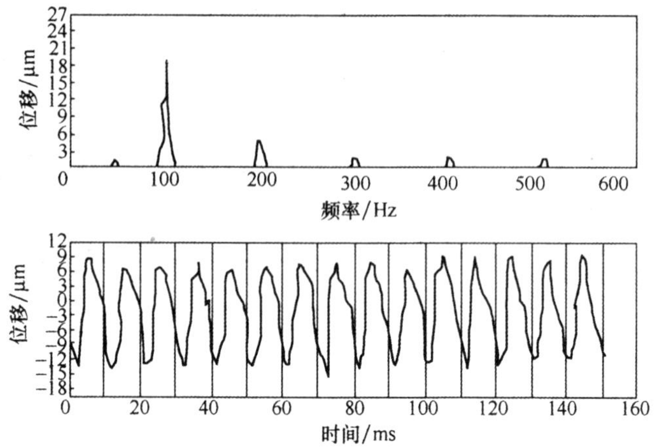

图 6-5 风机运行正常的波形和频谱

由此可见，风机正常运行时，其主要振动频率为转子工频 101Hz 及其低次谐波，且振动值较小，峰-峰值约 23μm，而强振时，一个最突出的特点就是产生一个振幅极高的精确的 0.5×(50.5Hz)成分，其幅值占到通频幅值的 89%，同样伴有精确的 1.5×

(151.5Hz)，2.5×(252.5Hz)等非整数倍频，此外工频及其谐波幅值也均有所增长。

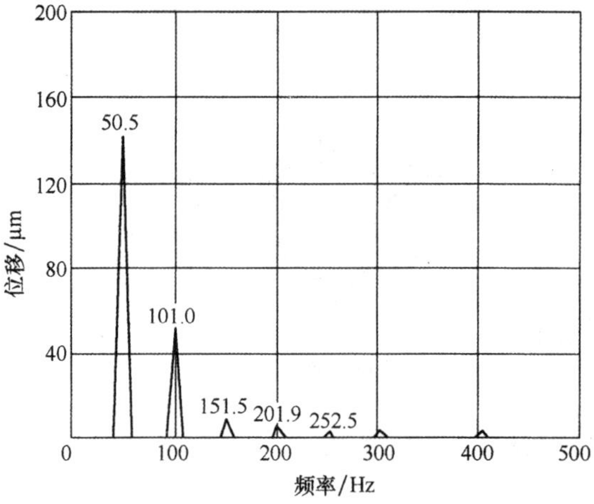

图6-6　风机强振时的频谱

诊断意见：结合现场的其他情况分析认为，机组振动存在很强烈的非线性，极有可能是由于壳体热膨胀受阻，造成转子与壳体不同心，导致动静件摩擦而引起的。随后的停机揭盖检查表明，风机第一级叶轮的口环磨损非常严重，由于承受巨大的摩擦力，整个叶轮也已经扭曲变形，如果再继续运行下去，其后果将不堪设想。

【例6-3】 某烟气轮机入口温度约650℃，由于长期运行，造成一、二级动叶围带、二级静叶组件以及气封等部位变形，与转子产生动静摩擦，导致转子产生涡动。图6-7、图6-8为该烟机的图谱。

诊断意见：从图6-7可以看出轴心轨迹有明显的“内尖角”，同时呈现偏心率较大的椭圆；从图6-8可发现振动波形有轻微的“削顶”现象，频谱图上以一倍频为主，同时伴有二、三倍及半倍频。从以上特征可判断机组出现了动静碰摩。拆机检查发现，烟机气封与转子发生了较为严重的摩擦，同时烟机转子一级轮盘轮圆的正面与进气锥上的气封环发生了轻微摩擦。

处理措施：更换气封后振动消除，避免了转子损坏。

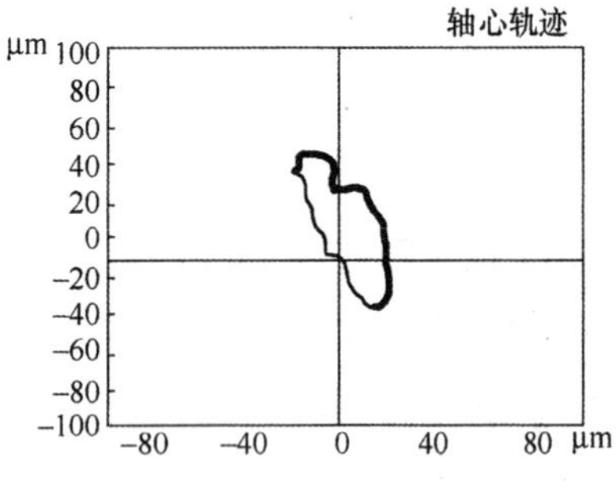

图6-7　烟机轴心轨迹图

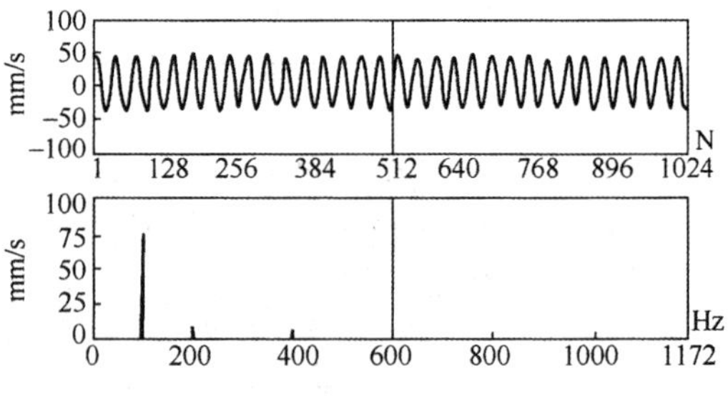

图6-8　烟机振动波形和频谱图

第七章　转子热套配合过盈不足的故障机理与诊断

高速旋转机械转子的叶轮、轴套等旋转体通常是采用热压配合的方式安装在转轴上，其配合面要求为过盈配合。当过盈量不足而发生松动时，转子在高速运行中由于动挠度以及交变激振力的作用，转轴材料内部以及转轴与旋转体配合面之间会发生摩擦而影响转子的稳定性。

第一节　转子热套配合过盈不足的振动机理与故障特征

一、振动机理

高速运行的转子，如果一旦叶轮、轴套等旋转体与配合面之间的配合过盈量不足，当转子由于质量不平衡或弯曲等原因挠度增大时，转轴与旋转体配合面之间将产生相对滑动，如图 7－1 所示。转轴凸面在纵向伸长，配合面就受到剪切力 T 的作用，圆盘对转轴的摩擦力的方向朝内，转轴凹面的摩擦力方向朝外，摩擦力形成两个力偶，力偶矩以 M_t 表示。

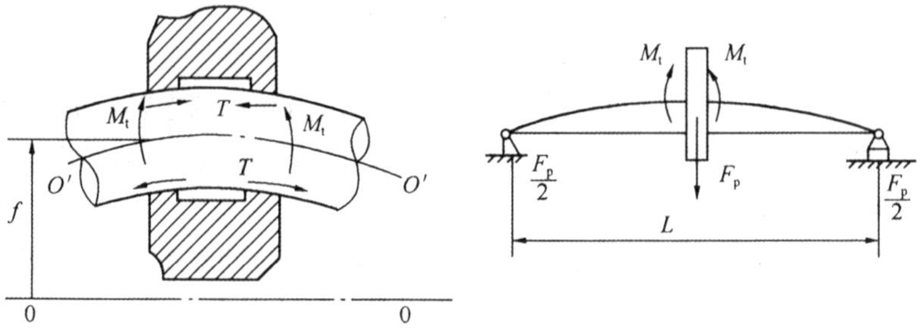

图 7－1　转轴配合面受力情况

将力偶矩转化为作用于轴心的等效横向力 F_p，则

$$F_p = \frac{4M_t}{L} \tag{7-1}$$

F_p 的方向与转轴圆盘中心的位移方向相反。由于摩擦力的大小与配合面的正压力成正比，转轴曲率正比于挠度，因此相对滑动速度正比于该处的相对速度。转子在频率为 ω 的振动位移为

$$x = a\sin(\omega t - \varphi) \tag{7-2}$$

振动速度为

$$\dot{x} = aw\cos(\omega t - \varphi) \tag{7-3}$$

摩擦力为非线性时，转子的运动方程为

$$\ddot{x} + c\dot{x} + kx \pm F = me\omega^2\cos(\omega t - \varphi) \tag{7-4}$$

式中　F——摩擦力。

由非线性振动的特点可知，转子系统受干扰力作用时，有低频谐波及高频谐波响应。

另一方面，转轴受力时，对于理想材料，应力 σ 与应变 ε 之间呈线性关系。但是，由于真实材料分子间有内摩擦存在，在加载、卸载过程中，应变总是稍稍滞后于应力，形成迟滞曲线，如图 7-2 所示。如某点 1 经 A_1，B_2 点，卸载并逆向加载达 A_2 点时，应力为零，但应变还有一定值，只有当反向加载到达 B_1 点时，应变才等于零。

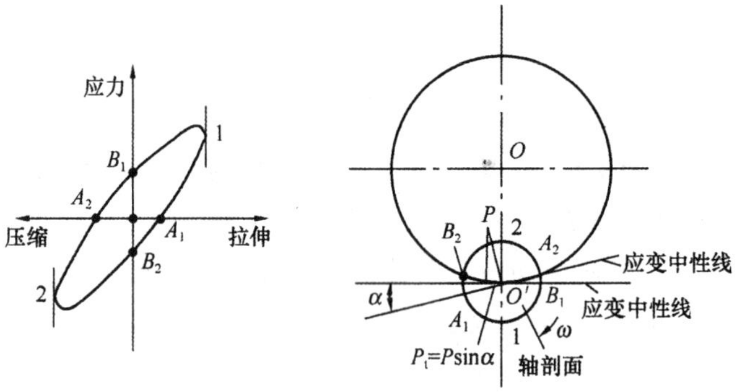

图 7-2　转子配合表面受力情况

假定一个转子的轴承中心为 O，轴的中心为 O'，当轴作稳态转动时，其轴心的 O' 涡动轨迹为一圆，设 $\delta = OO'$ 为其半径，Ω 为 OO' 的旋转角速度（即轴的进动角速度），ω 为轴相对于 OO' 的角速度。

当转子弯曲时绕旋转轴心线旋转的涡动频率 Ω 与其转动频率 ω 不相等时，转轴由于内摩擦作用，应变的变化滞后于应力的变化，其弹性力的分力 $P_t = P\sin\alpha$ 使转子的涡动速度加剧，促使转子运动失稳，转子失稳的涡动频率 Ω_t 为

$$\Omega_t = \omega_n\left(1 + \frac{C_c}{C_i}\right) \tag{7-5}$$

式中　ω_n——转子的固有频率；

C_c——外阻尼系数；

C_i——内阻尼系数。

由于 $\Omega_t < 0$ 是不会出现的，所以转子失稳时只能是正进动。

二、故障特征

转子热套配合过盈不足的故障特征：

（1）时域波形中含有次谐波叠加现象；

（2）转子振动的频谱特性中具有很高的亚异步成分、次频成分；

（3）振动信号的轴心轨迹杂乱。

第二节　转子热套配合过盈不足的诊断方法

转子热套配合过盈不足的诊断依据如表 7－1 和表 7－2 所示。

表 7－1　转子热套配合过盈不足振动征兆

序号	特征参量	故障特征
1	时域波形	次谐波叠加波形
2	特征频率	$1/n\times$
3	常伴频率	$1\times$
4	振动稳定性	不稳定
5	振动方向	径向
6	相位特征	杂乱
7	轴心轨迹	不稳定
8	进动方向	正进动

表 7－2　转子热套配合过盈不足的振动敏感参数

序号	敏感参数	随敏感参数变化情况	备　注
1	随转速变化	明显	与转速、负荷同时作用有关
2	随油温变化	不变	
3	随介质温度变化	有影响	
4	随压力变化	不变	
5	随流量变化	变化	
6	随负荷变化	明显	
7	其他诊断方法	①振动与不平衡量有关，二者成正比关系 ②转子涡动频率 $\Omega_t > \omega_n$	

第三节　转子热套配合过盈不足的故障原因与治理措施

转子热套配合过盈不足的故障原因与治理措施如表 7－3 所示。

表 7－3　转子热套配合过盈不足的故障原因与治理措施

序号	原因分类	故障原因	治理措施
1	设计原因	设计过盈不足	①调整配合过盈 ②按技术要求重新组装 ③按规程操作，不得超速
2	制造原因	加工误差，导致过盈不足	
3	维护检修	多次拆装，导致过盈不足组装方法不对	
4	操作运行	超速运行	
5	状态劣化	配合材料蠕变失去过盈	

第四节　转子热套配合过盈不足故障诊断实例

【例 7－1】 某压缩机年度大检修时，更换新转子后，在正常工作条件下运行时，各项工艺参数与检修前相同，但轴振动的振幅逐渐增大，最终达到设计值的 3 倍左右，机组处于临界状态运行。

压缩机发生异常振动时，转子两端轴承处的径向振动较大，振动信号的时域波形及频谱如图 7－3 所示。同时，其相位不稳定，轴心轨迹波动较大；若降低工作转速，异常振动明显减低。

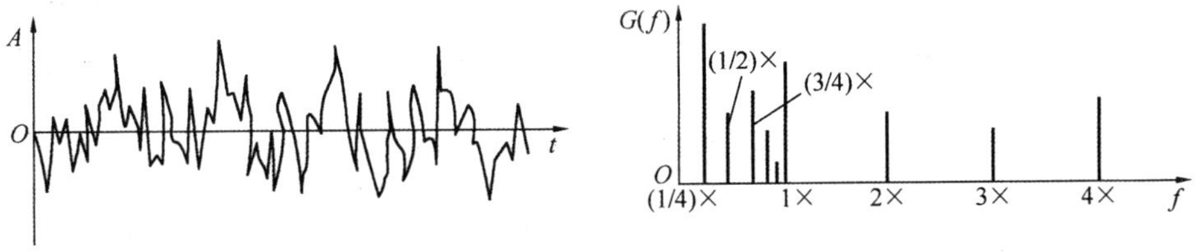

(a)波形　　(b)频谱

图 7－3　异常振动时的波形与频谱

诊断意见：根据压缩机发生异常振动的现象和规律，初步怀疑是由于转子热套配合件过盈不足造成的。

由于是新更换的转子，若真的发生了过盈不足故障，处理比较困难，为慎重起见，必须排除其他因素的影响。首先排除不平衡的可能性，检查转子动平衡记录和合格证，对照频谱图，可以排除这个因素的影响。对照频谱图和振动特征，参考工艺参数变化情况，又逐项排除了其他原因。最终确认振动是由于转子的制造缺陷，叶轮与转轴配合面过盈不足造成的，需停机拆卸转子处理。

生产验证：停机后检查转子动平衡，未发现问题。进一步拆卸转子，发现叶轮可以很容易地从转轴上拆卸下来，从而证实了转轴与叶轮配合面过盈量不足。更换合格的转子后，在原先的工艺条件下机组运行正常。

【例7-2】 牵引电动机主动齿轮系内燃机车运行部传递动力的关键部件之一，它与电动机轴的装配形式采用的是圆锥轴过盈配合，在机车满负荷运行时，其承担着列车大约410kW的牵引力。如果机车在运用当中出现主动齿轮松脱或崩裂，特别是机车在低速重载牵引工况下，将导致电动机绕组烧损放炮，严重影响着机车的行车安全。该厂自试修机车以来，主动齿轮厂外松脱、崩裂现象时有发生，这不仅给工厂造成较大的经济损失，而且严重影响着工厂的质量信誉，也给用户带来诸多不便。

诊断意见：针对上述质量事故，经技术分析，发现造成主齿松脱有以下几种原因：

（1）齿轮和电动机轴的接触面积不够（<75%）。

（2）锁紧螺母没有锁紧。

（3）锁紧垫片有缺陷。

（4）齿轮热套时1.5~1.7mm的轴向压入量不够。经过现场检查、试验进一步发现，出现齿轮松脱的主要原因是由于齿轮加热时间的控制存在缺陷，造成1.5~1.7mm的轴向压入量不足。

该厂自试修东风型机车以来，主动齿轮热套装配一直采用感应加热，通过控制加热时间来控制轴向压入量（即时间控制法）。虽然感应加热器加热比传统的油浴加热效率高，但它受网络电压波动、操作工的熟练程度等诸多不稳定因素的影响，容易造成即使在相同的加热时间下，主动齿轮内孔的膨胀量也不一致，从而导致套装后的主动齿轮相对电动机轴的轴向压入量不能准确、稳定地控制在1.5~1.7mm范围内。

处理措施：为了克服上述时间控制法的缺陷，在不增加工人劳动强度的条件下，将轴向压入量在一次套装过程中控制在1.5~1.7mm范围内。经过生产现场调查和技术可行性分析，决定采用工装限位法替代现行的时间控制法。

利用主动齿轮齿槽和两端面固定的工装，将1.5~1.7mm的轴向压入量通过塞尺在主动齿轮冷态套装时预先设定。热态套装时利用工装上限位螺杆限位作用，将轴向压入尺寸准确控制在塞尺预先设定的长度之内。

图7-4为牵引电动机主动齿轮热套限位工装示意图。

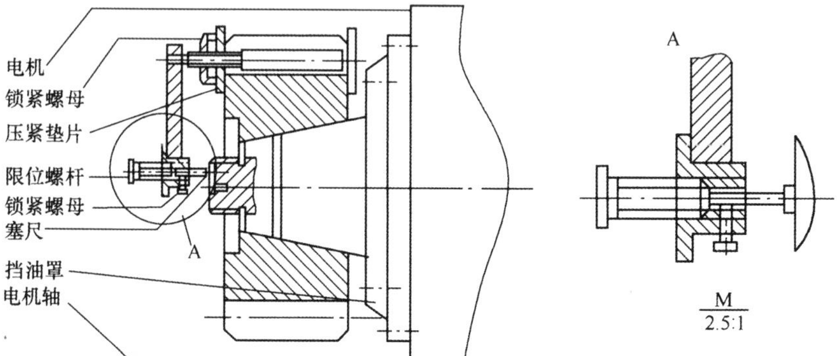

图7-4 热套限位工装示意图

生产验证：

（1）直接限位工装使用后，现场套装情况良好，返工率仅为2%，1.5～I.7mm的轴向压入量均能严格保证；

（2）据各铁路局、机务段反馈的信息知，自运用限位工装控制主动齿轮热套质量的出厂机车，在运用当中再没有出现一例主齿松脱、崩裂事故。

第八章　转子支承部件松动的故障机理与诊断

转子支承部件连接松动是指系统结合面存在间隙或连接刚度不足，造成机械阻尼偏低、机组运行振动过大的一种故障。支承系统结合面间隙过大，紧力不足，在外力或温升作用下产生间隙，固定螺栓强度不足导致断裂或缺乏防松措施造成部件松动，基础施工质量欠佳等都是造成松动的常见原因。由于存在松动，极小的不平衡或者不对中都会导致支承系统产生很大的振动。

第一节　转子支承部件松动的故障机理与故障特征

一、故障机理

机组的振动大小是由激振力和机械阻尼共同决定的。转子支承部件一旦松动，会使连接刚度下降，机械阻尼降低，这是松动导致振动异常的原因。

如图 8－1 所示，当轴承套与壳体配合具有较大间隙时，轴承套受转子离心力的作用沿圆周方向发生周期性变形，从而改变了轴承的几何参数，影响油膜的稳定性；当轴承座螺栓紧固不牢时，由于结合面上有间隙，系统发生不连续的位移。

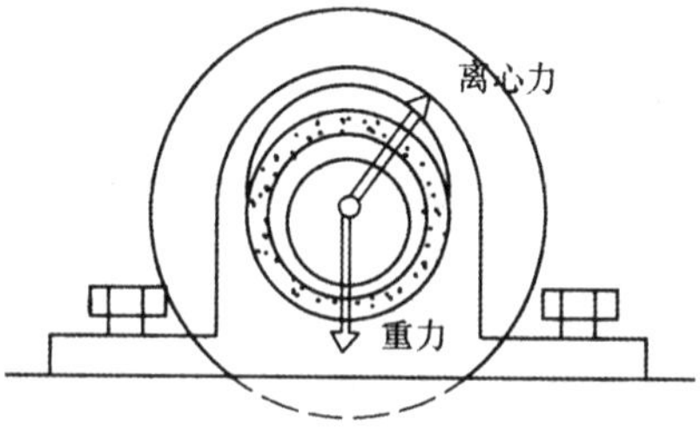

图 8－1　机械松动

图 8－2 为一典型的转子支承系统，设其右端轴承配合松动，间隙量为 Δ。若不考虑转轴质量，可将间隙 Δ 折算到圆盘处记为 C_0。转子的运动方程为

$$m\ddot{x} + k\dot{x} = F(x) + Q_x \qquad (8-1)$$

$$F(x) = \begin{cases} kC_0 & x > C_0 \\ kx & -C_0 < x < C_0 \\ -kC_0 & x < -C_0 \end{cases} \qquad (8-2)$$

式中　x——圆盘质心位移；

Q_x——作用于圆盘的外力；

k——转子支承刚度；

m——圆盘质量。

转子弹性恢复力如图 8－3 所示。为进行谐波分析，设

$$Q_x = \sum_{n=0}^{N} Q_{xn} e^{in\omega t} \left(n = \frac{1}{3}, \frac{1}{2}, 1, 2, 3, \ldots, N\right) \qquad (8-3)$$

无量纲化，令转子静变形

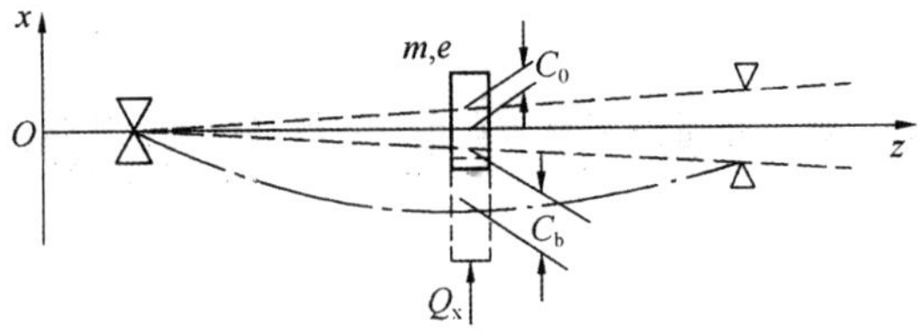

图 8-2　具有机械松动的转子支承系统

$$C_b = mg/R \tag{8-4}$$

转子固有频率

$$\omega_n = \sqrt{\frac{k}{m}} \tag{8-5}$$

转速比

$$\lambda = \frac{\omega}{\omega_n} \tag{8-6}$$

转子偏心率

$$\alpha = \frac{e}{C_b} \tag{8-7}$$

间隙比

$$\beta = \frac{C_0}{C_b} \tag{8-8}$$

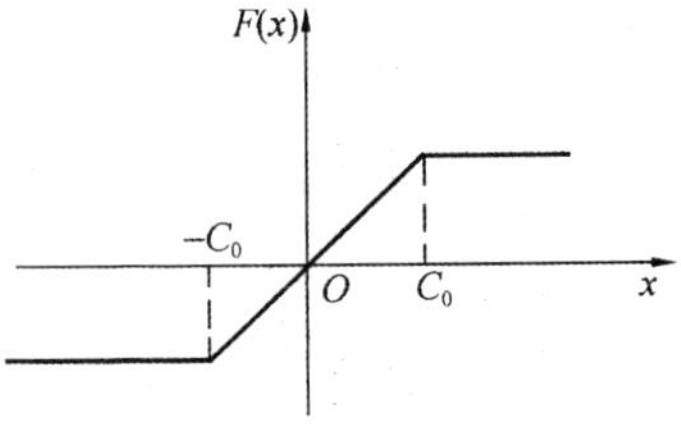

图 8-3　转子弹性恢复力

将式(8-3)代入式(8-1)求解，可以得出以下结论。

(1) 当 $\lambda=0.75$ 时，振动特征的计算结果如图 8-4 所示。由图知，转子系统是否进入非线性状态与转子的偏心率 α 和转速比 λ 有关。当 α 及 λ 较小时，转子的振动响应小于静变形，此时松动对转子运行影响较小。

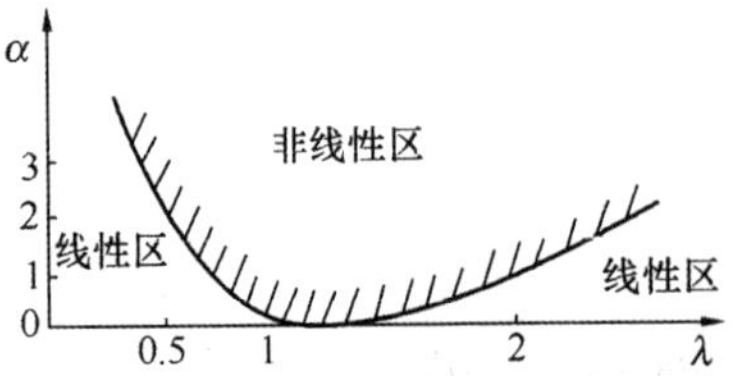

图 8-4　振动特征

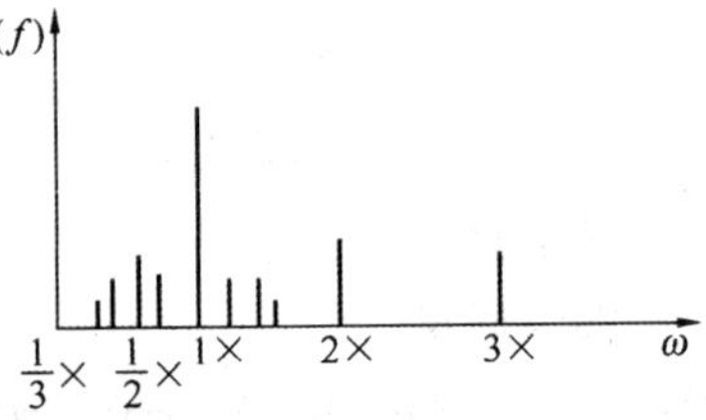

图 8-5　频谱特征

(2) 当 $\lambda=0.792$ 时，假定 $\alpha=0.7$，$\beta=0.5$，将落在非线性区域内，转子支承系统

为非线性系统，振动响应除基频外还有 2 倍频、3 倍频等高频谐波，其振动的频谱特征如图 8 –5 所示。

（3）当 $\lambda = 0.75 \sim 2$ 时，若 $\alpha = 0.7, \beta = 0.5$，则转子支承系统为非线性系统，基频振幅随转速比 λ 而变化。当 $\lambda < 1$ 时，松动的振动较大，稳定性较差；而当 $\lambda > 1$ 时，松动的振幅反而较小（图 8 –6）。

但是，在一定条件下会发生 1/2、1/4 等偶分数次谐波共振现象。共振现象是否出现与转子偏心率 α 和转速比 λ 有关，如图 8 –7 所示。

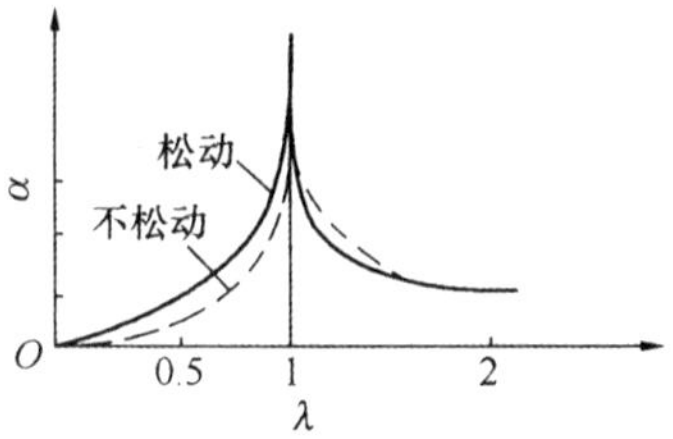

图 8 –6　基频振幅特征

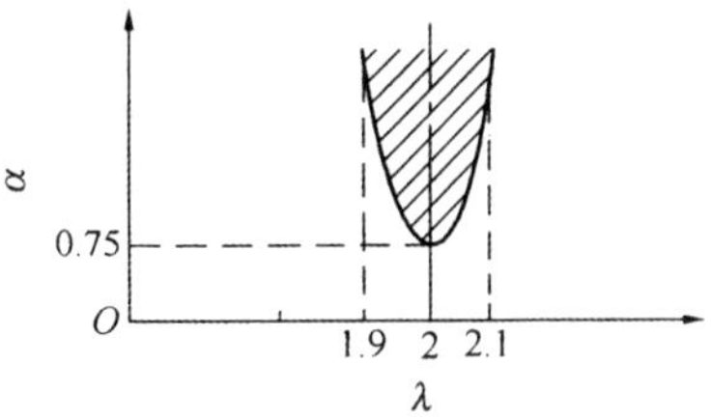

图 8 –7　1/2 倍频谐波共振发生区

二、故障特征

转子支承部件松动的特征：

（1）时域波形存在基频、分频和高次谐波叠加成分；

（2）频域谱含有基频和分频，并常伴有倍频成分；

（3）振动信号轴心轨迹紊乱；

（4）存在壳体剧烈振动现象。

第二节　转子支承部件松动的诊断方法

转子支承部件松动的诊断依据如表 8 –1 和表 8 –2 所示。

表 8 –1　转子支承部件松动的故障征兆

序号	特征参量	故障特性
1	时域波形	基频，分数谐波，高次谐波叠加波形
2	特征频率	基频，分数谐波
3	常伴频率	2×，3×，…
4	振动稳定性	不稳定，工作转速达到某一阈值时，振幅突然增大或减小
5	振动方向	松动方向振动大
6	相位特征	不稳定

续表

序号	特征参量	故障特性
7	轴心轨迹	紊乱
8	进动方向	正进动

表 8－2　转子支承部件松动的振动敏感参数

序号	敏感参数	随敏感参数变化情况
1	振动随转速变化	很明显
2	振动随油温变化	不变
3	振动随介质温度变化	不变
4	振动随压力变化	不变
5	振动随流量变化	有变化
6	振动随负荷变化	很明显
7	其他诊断方法	振动具有非线性特征； 振动对偏心率和转速非常敏感

第三节　转子支承部件松动的故障原因与治理措施

转子支承部件松动的故障原因与治理措施如表 8－3 所示。

表 8－3　转子支承部件松动的故障原因及治理措施

<table>
<tr><th>序号</th><th>故障原因分类</th><th>故障原因</th><th>治理措施</th></tr>
<tr><td>1</td><td>设计原因</td><td>①设计结构不合理，无防松动措施；
②紧固体强度不足，运行中发生断裂</td><td rowspan="5">①增加紧固螺栓防松措施；
②按要求检修，保证瓦背紧力；
③更换失效部件；
④消除机壳，基础变形；
⑤按要求力矩紧固螺栓</td></tr>
<tr><td>2</td><td>制造原因</td><td>①配合尺寸加工误差大，导致瓦背无紧力；
②紧固螺栓质量差，易松动，断裂</td></tr>
<tr><td>3</td><td>安装维修</td><td>①支承系统配合间隙过大；
②紧固螺栓紧力不足，未上紧，未按技术要求实施防松措施</td></tr>
<tr><td>4</td><td>操作运行</td><td>超负荷运行</td></tr>
<tr><td>5</td><td>状态劣化</td><td>①支承系统配合紧力消失；
②机壳或基础变形，螺栓松动</td></tr>
</table>

第四节　转子支承部件松动故障诊断实例

【例 8－1】 某水泥厂 2#水泥磨，结构如图 8－8 所示。

在一次设备巡检中，测点① ~④的振动速度有效值(v_{rms})在 3 ~ 12mm/s 范围内变动，在现场作简易频率分析时，这四个测点的主要频率都是 60Hz，约为转频的 5 倍(转频 $f_r = 735 \div 60 = 12.25\text{Hz}$)。当时判断电动机和转速器地脚螺栓可能存在松动。停机修理，发现减速器底部安装时加上的调整垫铁在点焊处已经炸裂松脱，经处理后问题得到了解决。这个松动故障的特征主要表现为频率奇数倍。

【例 8 –2】 某发电厂 1#发电机组，结构如图 8 –9 所示。

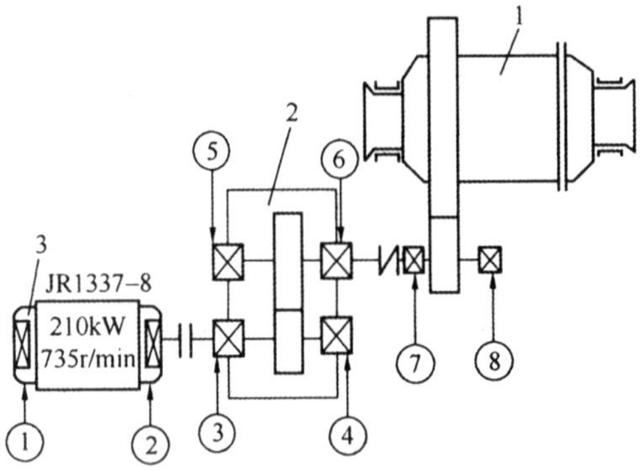

图 8 –8　2#水泥磨结构简图

1—水泥磨；2—减速器；3—电动机；

① ~ ⑧—轴承测点

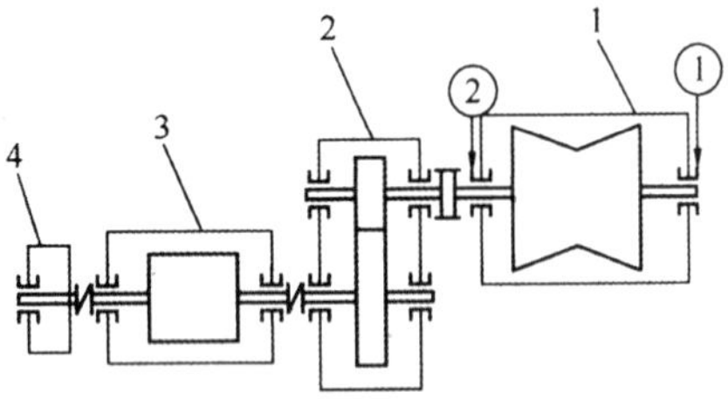

图 8 –9　汽轮发电机组结构简图

1—汽轮机；2—减速器；3—发电机；

4—励磁机；①—后轴承；②—前轴承

诊断意见：该机组在汽轮机检修后进行了振动测量，前后轴承的振动值见表 8 –4。其中轴承①水平方向振动较大，对其振动信号作频谱分析，频率结构如图 8 –10 所示。振动信号所包含的主要频率成分都是奇数倍转频，尤以 3 倍频最突出。另外，观察其振动波形(见图 8 –11)，振幅变化很不规则，含有高次谐波成分。根据所获得的信息，判断汽轮机后轴承存在松动。

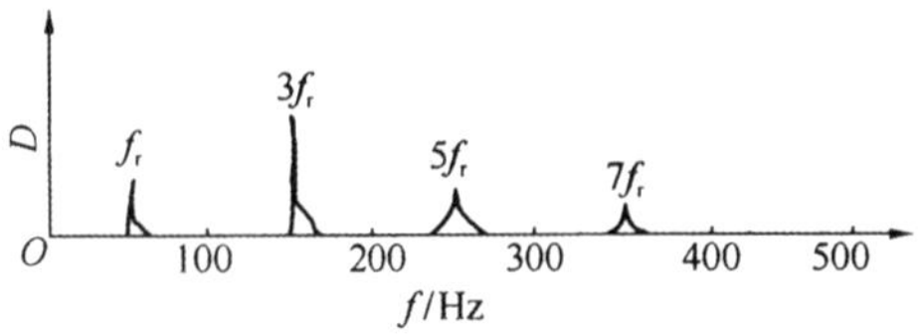

图 8 –10　汽轮机后轴承水平方向振动频谱

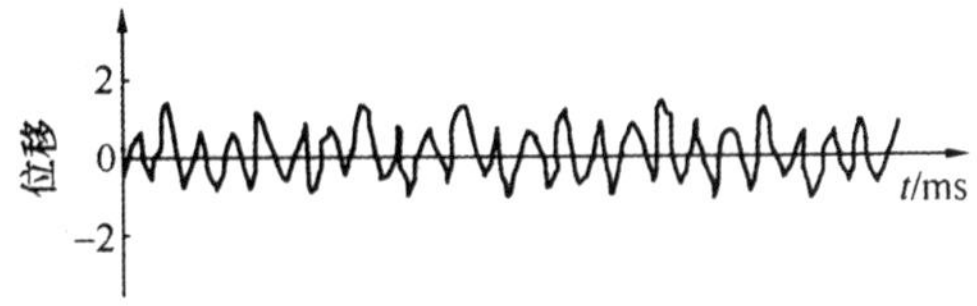

图 8 –11　汽轮机后轴承水平方向振动波形

表 8 –4　汽轮机前后轴承振动值

方　位	①(峰峰值)/μm	②(峰峰值)/μm
H	85	30
V	15	6
A	28	28

停机检查时发现汽轮机后轴承的一侧有两颗地脚螺栓没有上紧，原因在于预留热膨胀间隙过大。后来按要求旋紧螺母，振幅则从 85μm 下降至 27μm，其余各点的振动值也有所下降，实现了平稳运行。

【例 8 -3】 某石化分公司动力厂污水一车间 94C543 风机（机组结构简图如图 8 - 12 所示），机组由电机驱动，电机型号 FNC 355L4B3，额定功率 230kW，设计正常转速 1491r/min，电流 26.6A，电压 6000V。机组试运，发现振动超标。测试及分析过程如下。

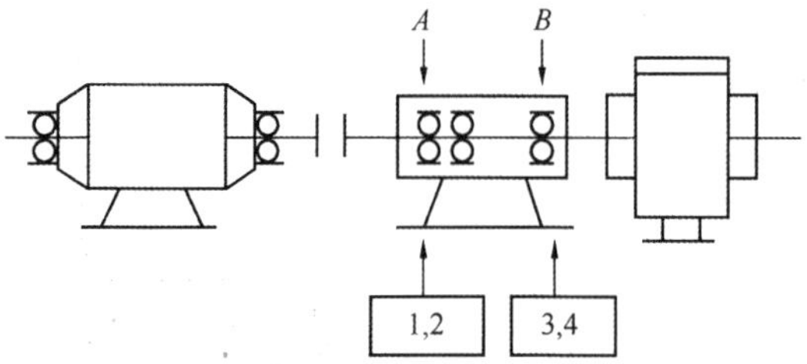

图 8 - 12　机组结构简图

诊断意见：应用全频测振仪对机组各轴承及固定轴承箱和电机的各地脚垂直向进行了测试，测试结果表明，风机侧轴承及地脚振动较大，其全频位移值如表 8 -5、表 8 -6 所示。

由全频值来看，轴承箱 *A*、*B* 处振动较大，地脚螺栓 2、3、4 垂直向振动值超过了许可范围。又用频谱分析仪对轴承箱振动量大处（*B* 处）水平向采集了振动信号（频谱图如图 8 - 13 所示）。从频谱图上来看，振动频率为机组的转速频率，振动以同频占主导，有分频带和倍频成分。工作转速下原始全频振动值为 288μm，在该转速下又测取了相位信号，相位为 -55°，相位有较大波动。通过以上测取的征兆参数，分析引起机组振动的主要原因是：地脚螺栓松动、机组轴系不平衡。提出解决方案：紧 2、3、4 号地脚螺栓、对机组进行现场整机全速动平衡。

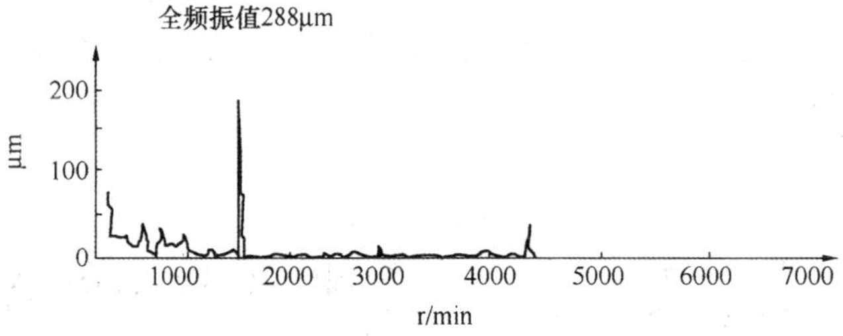

图 8 - 13　振动频谱图

处理措施：现场紧固 2、3、4 号地脚螺栓后机组重新运转，在工作转速下，对各轴承及地脚螺栓垂直向测取了全频道，结果如表 8 -5，表 8 -6 所示。

表 8 -5　紧地脚螺栓前、后各轴承的位移值（P - P）　　μm

测点 方向	A	B
紧地脚螺栓前水平	96	192

续表

方向 \ 测点	A	B
紧地脚螺栓前垂直	36	197
紧地脚螺栓前轴向	15	17
紧地脚螺栓后水平	52	130
紧地脚螺栓后垂直	19	81

表 8－6　紧地脚螺栓前、后各地脚的垂直向位移值（P－P）　　μm

测　点	1	2	3	4
紧地脚螺栓前位移值	29	95	198	112
紧地脚螺栓后位移值	19	31	82	49

用频谱分析仪对轴承箱振动最大处（*B* 处）水平向重新采集了振动信号。振动以同频占主导，但振值已经减小到 157μm，相位 －33°。此时 3 号地脚螺栓垂直向振值仍较大，但再紧地脚螺栓较难。故对机组进行了现场整机全速动平衡，在叶轮上加 220g 配重后，工频降为 9μm，轴承振动最大处（*B* 处）全频振值水平方向 21μm，垂直方向 8μm。机组振动问题解决，机组正常开车。

第九章　旋转失速与喘振的故障机理与诊断

旋转失速与喘振是高速离心压缩机特有的一种振动故障。这种故障是由于流体流动分离造成的，设备本身一般没有明显的结构缺陷，因而不需要停工检修，通过调节流量即可使振动减至允许值。

当旋转脱离进一步发展为喘振时，不仅会引起机组效率下降，而且还会对机器造成严重危害。喘振会导致机器内部密封件、轴承等损坏，严重的甚至会导致转子弯曲、联轴器损坏。喘振是离心压缩机等流体机械运行最恶劣、最危险的工况之一，对机器危害很大。对这种危害性极大但又不需要停机即可处理的故障，最能显示出状态监测与故障诊断工作的作用与效益。

第一节　旋转失速的机理与故障特征

一、旋转失速

旋转失速的机理首先由 H. W. Emmons 在 1995 年提出。离心压缩机的叶轮结构、尺寸都是按额定流量设计的，当压缩机在正常流量下工作时，气体进入叶轮的方向 β_1 与叶片进口安装角 β_s 一致，气体可以平稳地进入叶轮，如图 9－1（a）所示，此时，气流入口径向流速为 C_1。当进入叶轮的气体流量小于额定流量时，气体进入叶轮的径向速度减少为 C'_1，气体进入叶轮的相对速度的方向角相应地减少到 β'_1，因而与叶片进口安装角 β_s 不相一致。此时气体将冲击叶片的工作面（凸面），在叶片的凹面附近形成气流旋涡，旋涡逐渐增多使流道有效流通面积减小。由于制造、安装维护或运行工况等方面的原因，进入压缩机的气流在各个流道中的分配并不均匀，气流旋涡的多少也有差别。如果某一流道中（图 9－1（b）中的流道 2）气流旋涡较多，则通过这个流道的气量就要减少，多余的气量将转向邻近流道（流道 1 和 3）。在折向前面的流道（流道 1）时，因为进

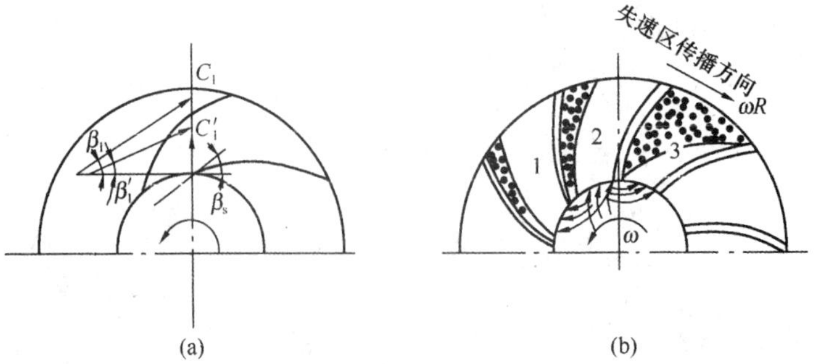

图 9－1　旋转失速的形成

入的气体冲在叶片的凹面上，原来凹面上的气流旋涡有一部分被冲掉，这个流道里的气流会趋于畅通。而折向后面流道(流道3)的气流则冲在叶片的凸面上，使得叶片凹面处的气流产生更多的旋涡，堵塞了流道的有效流通面积，迫使流道中的气流又折向邻近的流道。如此轮番发展，由旋涡组成的气流堵塞团(称为失速团或失速区)将沿着叶轮旋转的相反方向轮流在各个流道内出现。因为失速区在反方向传播速度小于叶轮的旋转速度，所以，从叶轮之外的绝对参考系来看，失速区还是沿着叶轮旋转方向转动，这就是旋转失速的机理。尽管实际气流情况比较复杂，但 H. W. Emmons 提出的旋转失速机理还是为后人的研究工作提供了依据。

二、旋转失速的振动机理

旋转失速在叶轮内产生的压力波动是激励转子发生异常振动的激励力，激励力的大小与气体的相对分子质量有关，如果气体的相对分子质量较大，激励力也较大，对机器的运行影响也就比较大。

从固定于叶轮上的相对坐标系来看，旋转脱离团以角频率 ω_s 在机器流道间传播，由于压力波动激励转子的振动频率为 ω_s，其振动频率小于转子的角频率 ω 。而从叶轮之外的绝对坐标系来看，旋转脱离团是以（$\omega-\omega_s$）的频率旋转的，其方向与转子的旋转方向相同，因此，流体机械发生旋转失速时，转子的异常振动同时有 ω_s 和（$\omega-\omega_s$）两个次谐波特征频率。

机组发生旋转失速时，可能是在某一级叶轮上有一个气体脱离团，也可能是在某级叶轮上存在几个脱离团；脱离团可能在某一级叶轮上发生，也可能同时在几级叶轮上同时发生。一般机器发生旋转失速故障时常有两个或两个以上气体脱离团。

实际生产中，机器发生旋转失速的角频率 ω_s，可按下式计算：

$$\omega_s=\frac{1}{N}\frac{Q_{0p}}{Q_0}\omega \tag{9-1}$$

式中　ω——转子角频率；

N——气体脱离团数量；

Q_{0p}——实际工作流量；

Q_0——设计流量。

流体机械的旋转失速故障一般来说总是存在的，但它并不一定能激励转子使机组发生强烈振动，只有当旋转失速的频率与机组的某一固有频率耦合时，机器才有可能发生共振，出现危险振动。

三、旋转失速的故障特征

（1）由于失速区内部气流的减速流动依次在叶轮的各个流道出现，它以叶轮旋转的反方向作环状移动，因此破坏了叶轮内压力的轴对称性。当失速区内达不到要求的压力时，就会引起叶轮出口和管道内的压力脉动，发生机器和管道的振动。

（2）叶轮失速在 0.5～0.8 倍转速频率范围内，扩压器失速在 0.1～0.25 倍转速频率范围内。旋转失速产生的振动基本频率在振动频率上既不同于低频喘振，又不同于较高频率的不稳定进口涡流。因此，可以利用振动诊断把这种故障鉴别出来。

（3）当压缩机进入旋转失速范围以后，虽然存在压力脉动，但是机器的流量基本上是稳定的，不会发生较大幅度的变动，这一点与喘振的故障现象有根本性的不同。

（4）旋转失速引起的振动在强度上比喘振要小，但比稳定进口涡流要大得多。此外由旋转失速引起的机器振动又不同于其他机械故障的振动，转子的不平衡、不对中可能使转子振幅较高，但在机壳和管道上并不一定感觉到明显的振动。属于气流激振一类的旋转失速却与此不同，有时在转子上测得的振幅虽然不太高，然而机壳和管道(尤其是排气管道)表现出剧烈的振动。

第二节　喘振的机理与故障特征

一、喘振

喘振是离心式和轴流式压缩机运行中的常见故障之一，是旋转失速的进一步发展。

如图9－2所示，离心式压缩机具有这样的特性，对于一个确定的转速，总对应一个流量值，压缩机效率达到最高点。当流量大于或小于此值时，效率都将下降。一般常以此流量的工况点为设计工况点。

压缩机的性能曲线左边受到喘振工况(Q_{min})的限制，右边受到堵塞工况(Q_{max})的限制，在这二者之间的区域，称为压缩机的稳定工况区域。稳定工况区域的大小，是衡量压缩机性能的重要指标。

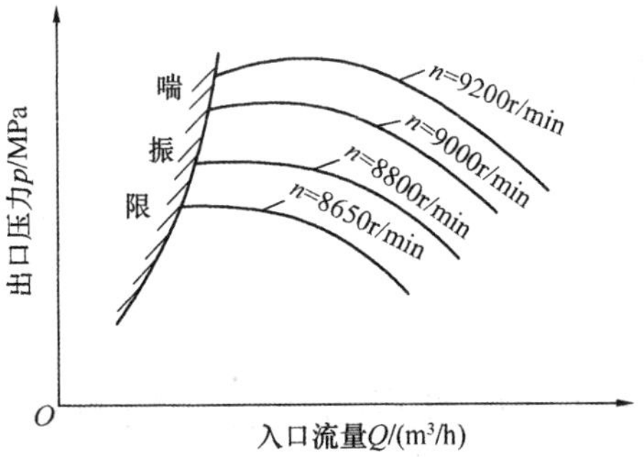

图9－2　压缩机性能曲线

当压缩机在运行过程中，若因外部原因使流量不断减小达到Q_{min}值时，就会在压缩机流道中出现严重的旋转脱离，若气量进一步减小时，压缩机叶轮的整个流道被气流旋涡区所占据，这时压缩机的出口压力将突然下降。但是，压缩机出口所连接的较大容量的管网系统中压力并不马上下降，此时会出现管网中气体向压缩机倒流的现象。当管网中压力下降到低于压缩机出口排气压力时，气体倒流会停止，压缩机又恢复向管网排气。然而，因为进气量的不足，压缩机在出口管网恢复到原来的压力以后，又会在流道内出现旋涡区。如此周而复始，机组和管道内的流量会发生周期性变化，机器进出口压力会大幅度脉动。由于气体在压缩机进出口处吞吐倒流，会伴随有巨大的周期性气流吼声和剧烈的机器振动，这些波动在仪表操作盘的压力、流量、振动信号的显示和记录中可以清楚地反映出来，在操作现场也可以立即觉察得到。

由喘振引起的机器振动频率、振幅与管网容积大小密切相关，管网容积越大，喘振频率越低，振幅越大。一些机器的排气管网容量非常大，此时喘振频率甚至小于1Hz。

二、喘振的故障特征

压缩机发生喘振的主要特征是：

（1）压缩机接近或进入喘振工况时，缸体和轴承都会发生强烈的振动，其振幅要比正常运行时大大增加，喘振频率可参考式 $\dot{x} = a\cos(\omega t - \varphi)$ 计算，一般都比较低，通常为1～30Hz；

（2）压缩机在稳定工况下运行时，其出口压力和进口流量变化不大，所测得的数据在平均值附近波动，幅度很小。当接近或进入喘振工况时，出口压力和进口流量的变化都很大，会发生周期性大幅度的脉动，有时甚至会出现气体从压缩机进口倒流的现象。

（3）压缩机在稳定运转时，其噪声较小且是连续性的。当接近喘振工况时，由于整个系统产生气流周期性的振荡，因而在气流管道中，气流发出的噪声也时高时低，产生周期性变化；当进入喘振工况时，噪声剧增，甚至有爆声出现。

第三节　旋转失速与喘振的诊断方法

旋转失速与喘振故障的诊断依据如表9－1和表9－2所示。

表9－1　旋转失速与喘振的振动特征

序号	特征参量	故障特性	
		旋转失速	喘　振
1	时域波形	各成分叠加波形	低频成分明显的叠加波形
2	特征频率	ω_s 及 $\omega - \omega_s$ 的成对次谐波	1～30Hz的低频成分
3	常伴频率	组合频率	1×
4	振动稳定性	波动或波动幅度较大	大幅度波动
5	振动方向	径向	径向
6	相位特征	不稳定	不稳定
7	轴心轨迹	杂乱、不稳定	紊乱
8	进动方向	正进动	正进动

表9－2　旋转失速与喘振的振动敏感参数

序号	敏感参数	随敏感参数变化情况	
		旋转失速	喘　振
1	随转速变化	明显	明显

续表

序号	敏感参数	随敏感参数变化情况	
		旋转失速	喘　振
2	随油温变化	不变	不变
3	随介质温度变化	变化	变化
4	随压力变化	很明显	很明显
5	随流量变化	很明显	很明显
6	随负荷变化	很明显	很明显
7	其他诊断方法	①出口压力波动； ②流量波动	①振动剧烈，有周期性； ②进出口压力、流量波动大，甚至有倒流的现象； ③声音异常，有吼叫声

当机器的旋转脱离团激励转子发生旋转失速时，旋转失速角频率 $\omega_s \approx 1/2\omega$，因而 ω_s 有可能由于接近转子的固有频率而发生共振。另一方面，旋转失速的振动特征往往由于 $\omega_s \approx 1/2\omega$ 而易与油膜涡动或油膜振荡故障混淆，给诊断工作造成困难。在此提出这两种不同故障的甄别方法如表 9－3 所示。

表 9－3　甄别旋转失速与油膜振荡的主要方法

区别内容	旋转失速	油膜振荡
振动特性频率与工作转速的关系	振动特性频率随转子的工作转速变化	油膜振荡发生后，振动特性频率不随工作转速变化
振动与机器进口流量的关系	振动强烈程度随流量改变而变化	振动强烈程度不随流量变化
压力脉动频率的特点	压力脉动频率与管网容积有关，非常低	压力脉动幅值很小或不存在，频率与转子固有频率很近
轴振动与机壳振动情况	轴振动不太高时，机壳振动已十分明显	轴振动十分剧烈，但机壳振动有时却并不十分大

第四节　旋转失速与喘振的故障原因与治理措施

旋转失速与喘振的故障原因与治理措施如表 9－4 所示。

表 9-4 旋转失速与喘振的故障原因及治理措施

序号	故障原因分类	故障原因	治理措施
1	设计原因	①各级流道设计不匹配； ②整机流量设计不匹配； ③工作点离喘振限过近	①开大回流阀，保证入口流量和压力； ②调整机组转速，严格遵循降速先降压，升压先升速的操作原则； ③检查调整入口冷却器，保证入口不超过允许值； ④检查入口滤网，流道，清理堵塞的异物； ⑤保证出口畅通，出口压力不高于设计值； ⑥对无害介质，打开出口放空阀； ⑦修改设计，增加入口的预旋或更换转子
2	制造原因	①叶轮流道宽度误差大； ②叶片角度不符合图纸要求	
3	安装维修	①入口过滤网堵塞； ②异物堵塞流道	
4	操作运行	①气源不足； ②入口流量过低； ③入口温度过高； ④没有遵守降速先降压，升压先升速的操作原则	
5	状态劣化	①管道阻力增大； ②入口分离器堵塞； ③进出口阀门失灵，造成堵塞	

第五节 旋转失速与喘振故障诊断实例

【例 9-1】 某厂的一台压缩机是生产的关键设备，因生产过程工艺条件的改变，气体流量由正常生产时的 29.6km^3/h 降至 28km^3/h 时，机组发生异常振动，呈危险报警状态。其工作转速为 13825r/min 时，振动信号的频谱图及轴心轨迹如图 9-3 和图 9-4 所示。

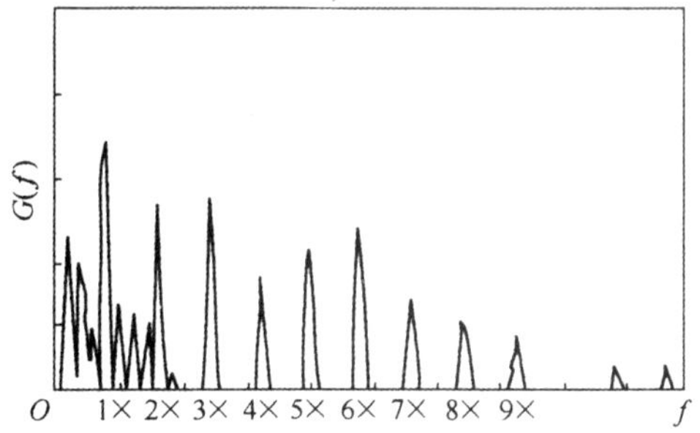

图 9-3 频谱图

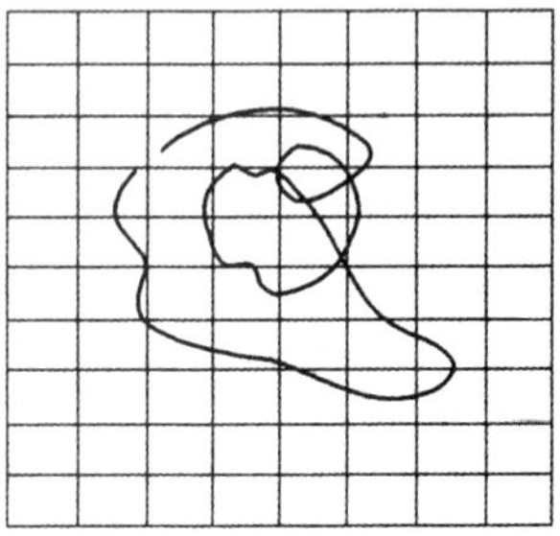

图 9-4 轴心轨迹

机组振动基频为：$f = 13825 \div 60 = 230.4\text{Hz}$

为进行故障分析，将图 9-3 中主要谐波列出，如表 9-5 所示。

表9-5　图9-3中频谱图各谐波频率及产生原因

谐波位置点	1	2	3	4	5	6	7	8	9	10	11	12
谐波频率	57.6	115.2	172.8	230.4	288	345.6	403.2	460.8	691.2	921.6	11520	1382.4
产生原因	f_s	$f-2f_s$	$f-f_s$	1×	$f+f_s$	$f+2f_s$	$2f-f_s$	2×	3×	4×	5×	6×

分析可知，频率57.6Hz是由4个旋转脱离团形成的特征峰值，即$f_s=f/4=57.6$Hz。其他各次谐波分别为倍频成分及和频与差频的组合频率。

诊断意见：该压缩机是在流量低于正常条件的非设计工况下运行，其轴心轨迹紊乱，呈不规则状态，而其频谱中有明显成对出现的次谐波以及组合频率等。

该机组的工作转速基频为$f=230.4$Hz。旋转失速频率$f_s=57.6$Hz，它是由4个气体脱离团形成的特征峰值，其成对出现的特征频率为：$f-f_s=230.4-57.6=172.8$Hz和$f+f_s=230.4+57.6=288$Hz，其余各谐波为具有非线性特征的组合频率。根据以上主要征兆，诊断该机组的异常振动原因为旋转失速。

治理措施：建议打开回流阀，增加压缩机入口流量，以消除旋转失速。

生产验证：打开回流阀后，频率为57.6Hz、115.2Hz及172.8Hz，288Hz的各次谐波全部消失，机组运行平稳，恢复正常运行。

【例9-2】 某大化肥厂尿素装置上使用的二氧化碳压缩机组由汽轮机和压缩机组成，压缩机为2缸，4段，13级。高压缸为2段共6级叶轮；低压缸为2段共7级叶轮。低压缸工作转速6546r/min，高压缸工作转速13234r/min，中间通过齿轮增速箱连接。机器正常出口流量应为29400m^3/h。但投产后不久，因流量下降至额定流量的66%左右，机器四段的轴振动达58μm，而且高压缸机壳和四段出口管道振动剧烈，甚至把高压导淋管振裂。当开大“四回一”防喘阀以后，振幅可下降至50μm，然而机器剧烈振动的现象还难以消除。频谱分析显示，一个55Hz的低频成分及其倍频成分占有显著地位，且其幅值随通频振幅的增大而增大，转速频率成分幅值则基本保持不变。

从频谱图上看出，55Hz低频成分是引起机器振动的主要因素。分析四段轴振动信号和四段出口气流压力脉动信号随工程的变化过程，可得到该机故障原因的信息。

诊断意见：图9-5为高压缸四段轴振动和气流压力脉动的频谱图(压力脉动信号直接从4段出口管线上用压力传感器测取)。当四段出口压力为11MPa时，振动测点指示的通频值为37μm，频谱图上除了转速频率219Hz成分外，无明显的低频成分出现，压力脉动的信号也比较小，如图9-5中的(a)和(b)。在升压过程中，当测点通频振幅增至47μm时，轴振动频谱图和压力脉动信号频谱图上均出现55Hz的低频及其倍频成分，如图9-5中的(c)和(d)；继而在小流量区域出口压力升到14MPa以上时，通频振幅达60μm，55Hz的低频及其倍频成分则始终存在；当压缩机背压降低，流量上升后，通频振幅下降至一定值，55Hz低频成分随之消失。由以上的变工况试验可见，55Hz低频成分是随出口压力升高和流量下降而出现的，又随背压下降和流量增加而消失，因此诊断它是压缩机高压缸旋转失速所产生的一种气体动力激振频率，这一振动频率严重地危及机器的安全运转。

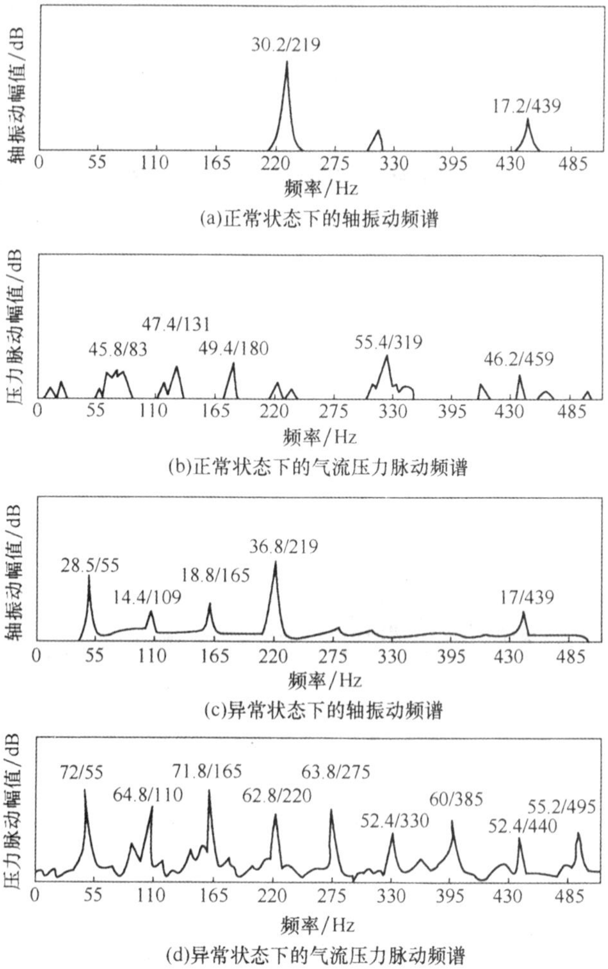

(a)正常状态下的轴振动频谱

(b)正常状态下的气流压力脉动频谱

(c)异常状态下的轴振动频谱

(d)异常状态下的气流压力脉动频谱

图 9－5　高压缸四段轴振动和气流压力脉动频谱

治理措施：通过加装“四回四”管线(即从四段出口加一旁通管至四段入口，调节“四回四”或“四回一”的阀门(加于上述管线间)，适当增加四段气量。

生产验证：四段轴振动由原来的高振幅下降至 22μm，机器强烈振动情况也随之消失。

【例 9－3】　设备简图及测点分布图如图 9－6 所示。

现场观察发现，该风机从启动到故障停机历时相对较短，初期风机运行平稳，随着时间的延续，振动逐渐增大，现场可明显感觉到机壳振动加剧，噪声增大。选择测点 1 的数据，进行频谱分析，如图 9－7 所示。频率成分 $f=135$Hz 非常突出，计算知 f 与风机轴承 SKF22230 的外圈故障频率相吻合，有非常明显的谐波成分，同时受到转频 $f_r=16.88$Hz 的调制，与风机轴承外圈松动的故障特征相一致。

但根据现场的观察和分析，该风机多次启停机，其故障特征都是在风机稳定运行一段时间后，振动开始逐渐增大。因此，虽然风机轴承可能有外圈松动的故障，但跳闸停

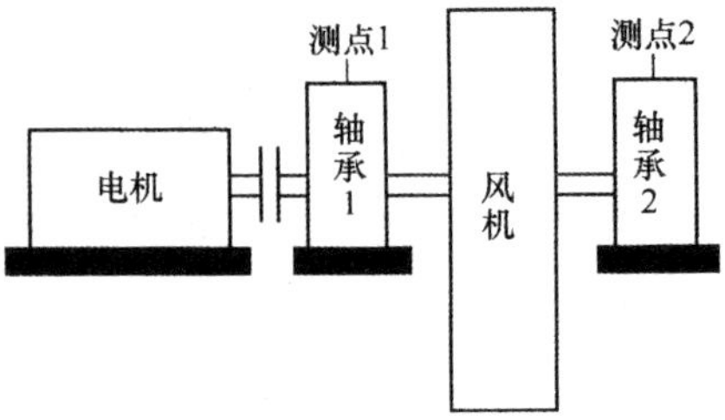

图9－6　风机1简图及测点分布图

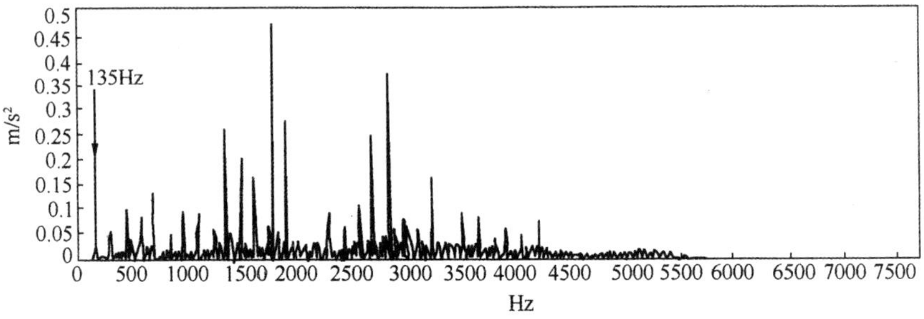

图9－7　测点1信号频谱图

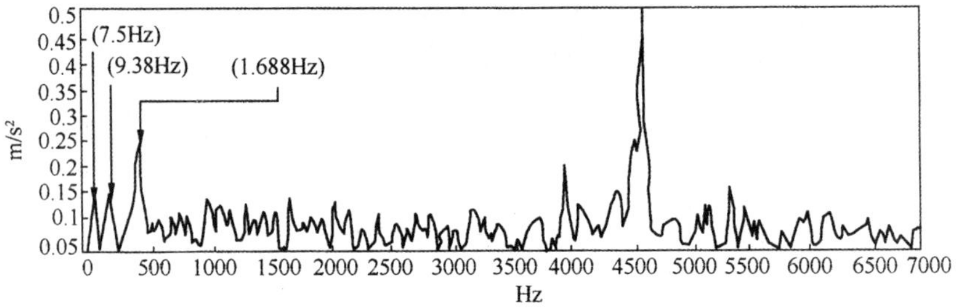

图9－8　共振解调谱及其局部放大图

机不是由轴承外圈松动故障引起的。因为机械故障一般在风机达到稳定运行速度以后就会暴露出来，不会随时间的推移而迅速加剧。从流体的角度去分析故障的原因，如风机的旋转失速。对于旋转失速故障，在频谱上应出现 ω_s 和 $(\omega-\omega_s)$ 两个成分。频谱对周期性的冲击信号效果不明显，尤其是低频的冲击，通常淹没在噪声和其他故障的振动特征中，一般在频谱图上难以分辨，直接从图9－7的幅频谱中很难找出风机旋转失速的故障特征。

诊断意见：选择测点1的数据，进行共振解调分析，由图9－8可知，频谱中存在频率分别为 $f_1=7.5\text{Hz}$ 和 $f_2=9.38\text{Hz}$ 的低频振动，且频率 $f_1+f_2=16.88\text{Hz}$，与风机的转频（$f_r=16.88\text{Hz}$）相等，且 $f_1=0.44f_r$ 符合旋转失速的故障特征频率范围，因此可以诊断风机 1 发生了旋转失速。至于轴承外圈松动故障，究其原因，是旋转失速产生异常振动破坏了轴承的装配，导致外圈松动故障。

处理措施：进风口流量减小是造成风机旋转失速的常见原因。检查后发现：风机 1 的管道直径为 1m 左右，在距离风机 1 气体入口约 1m 处有一较大的弯道。根据管网的设计经验，为保证气流顺畅，气流入口距离弯道的距离应大于 1.5 倍管道直径。该管网的设计显然违背这一原则。由于风机 1 入口吸引力较大，而后续气流因为弯道的存在不能及时补充上来，致使气体流量小于风机的设计流量，造成旋转失速。而风机 2 的入口前面有一段相对较长的气体缓冲区，可以保证相对稳定的气流供应，所以能正常地工作，没有发生旋转失速故障。按照风机管网设计理论，将风机 1 进风口处的弯道去除。

生产验证：弯道改造后，风机的振动趋于平稳，恢复正常工作。

【例 9－4】 DH－80 离心式压缩机由一功率为 5000kW 的同步电动机通过联轴节直接驱动压缩机。增速齿轮机械中间的大齿轮，同时分别与两个小齿轮啮合，分别驱动低速轴转子和高速轴转子进行高速运转。在每个转子的两端都分别装有一只叶轮，依次称为一级叶轮、二级叶轮、三级叶轮和四级叶轮。当空气进入压缩机后，依次通过这些叶轮增压后输出。该试验中，分别在转轴的垂直、径向方向上安装电涡流位移传感器，拾取位移信号，同时在增速器轴承处壳体上布置加速器传速器，拾取加速度响应信号。DH－80 离心式压缩机的结构简图及测点布置图如图 9－9 所示。整个运行期间工作参数如表 9－6 所示，表 9－7 为压缩机的振动基本参数。

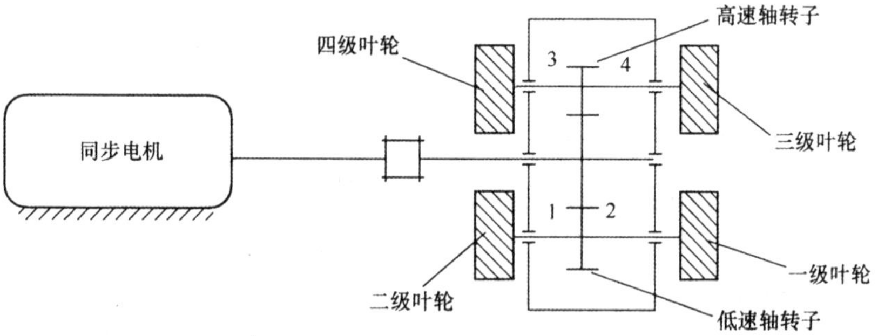

图 9－9　DH－80 离心式压缩机结构简图及测点分布图

表 9－6　运行件工作参数

<table>
<tr><th rowspan="2">轴类</th><th rowspan="2">转速/(r · min⁻¹)</th><th rowspan="2">齿轮齿数</th><th colspan="2">叶轮片数</th><th rowspan="2">增压器叶片数</th></tr>
<tr><th>长叶片</th><th>短叶片</th></tr>
<tr><td rowspan="2">低速轴</td><td rowspan="2">7763.4</td><td rowspan="2">38</td><td colspan="2">18</td><td rowspan="2">25</td></tr>
<tr><td>9</td><td>9</td></tr>
<tr><td rowspan="2">高速轴</td><td rowspan="2">9521.4</td><td rowspan="2">31</td><td colspan="2">18</td><td rowspan="2">23</td></tr>
<tr><td>9</td><td>9</td></tr>
<tr><td>驱动轴</td><td>1504.2</td><td>96</td><td colspan="2">—</td><td>—</td></tr>
</table>

表 9－7　压缩机的振动基本参数

轴类	转频/Hz	齿轮啮合频率/Hz	叶轮片通过频率/Hz		导叶片通过频率/Hz
低速轴	129.39	4916	2328.5	1164.3	3234.8
高速轴	158.69	4916	2826.4	1428.3	3967.3
驱动轴	25.072	2406	—	—	—

振动位移的测试高达 76μm，接近自动停车值 80μm，且居高不下。测试时发现低速轴半频成分十分明显，各测点啮合频率的振动幅值均大幅度增加，高速轴叶轮叶片通过频率振动幅值增大了许多。停机前测试发现，一级轴承处的振动位移频谱图（图 9－10）中存在低速轴转频的半倍频（64.45Hz），且其峰峰值（48.97μm）是转频（127.20Hz）峰峰值（7.86μm）的 6 倍多，对于旋转机械这种半频振动为严重的机组失稳故障。

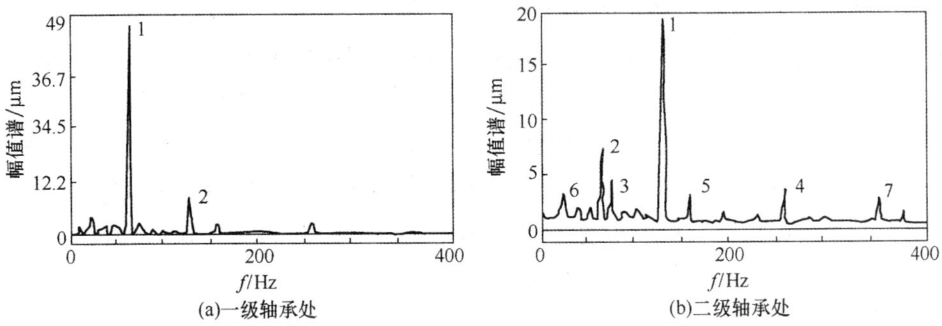

图 9－10　一、二级轴承处轴振动位移频谱图（停机前测试）

压缩机停机过程轴振动位移测试分析：

图 9－11 为停机过程的一级轴承处轴振动位移的三维功率谱阵。

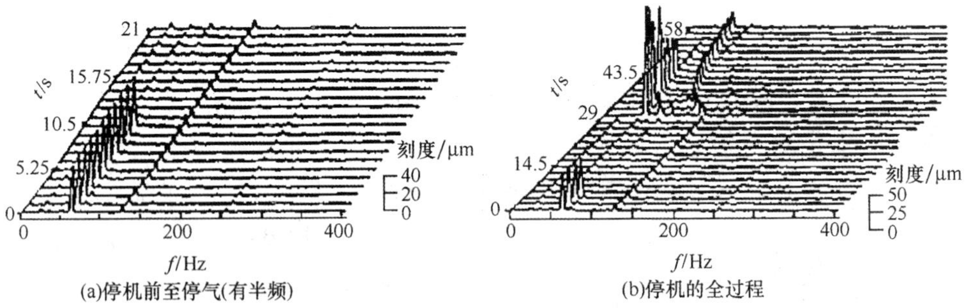

图 9－11　停机过程一级轴承处轴承振动位移的三维功率谱阵分析

由图 9－11（a）可以看出，停机前频谱图上存在明显的半频成分。当关气后半频突然消失，刚开始停机降速时，在半频附近有大的冲击，随后在半频附近的一个频带中有幅值较大的频率成分，此后半频又消失，转速缓慢下降至停机。由图 9－11(b) 可清楚地看出，半频在停气至停主电机的一段时间内消失。

诊断意见：旋转机械半频失稳的故障形式一般可能是油膜涡动、油膜振荡、气流涡动和脉动、气流不稳定等。通过研究和分析发现，本次故障的原因不是油膜涡动和油膜振荡，其理由如下：

（1）油膜涡动是一种转子失稳故障，其频率成分一般不严格等于转频的 1/2，而是比转频的一半还要低一些，一般为转频的 40%～60%，并且振动幅值一般不会比转频成分的振动幅值大很多，而在本次故障中半频成分严格等于转频的 1/2，振动幅值是转频成分振动幅值的 6 倍多。

（2）当油膜涡动发生时，只有激起转子的某阶临界转速或某阶固有频率，才会出现较明显的半频成分振动。从机组降速和升速过程的三维功率谱阵分析中，发现并没有出现转子的某阶临界转速或某阶固有频率，如图 9－11、图 9－12 所示。

（3）一般情况下，当油膜涡动发生时，升高轴承油温后，轴位移的振动幅值要下降，即转子失稳故障要有所改善，但振动测试发现，升高轴承油温后一级轴承轴位移的振动幅值并没有下降，反而升高，其余各级轴承的轴位移振动幅值有所下降。

经诊断后确认为旋转失速引起的故障，停机开箱检修发现：

（1）空气滤清塔石棉加强带有三根脱落，有被打碎的加强带碎块进入叶片，靠中心处粘在叶片上，且不均匀分布于叶片周围，其中有厚度达毫米级的小碎块积结在三个相邻叶片的根部，从叶轮中刮出很多小碎片。

（2）小齿轮的高低速轴均发现了由于偏载而产生的单侧磨损亮带，亮带占整个齿面宽度的 1/3 多，亮带出现在同侧，低速轴齿轮出现在靠近一级叶轮一侧，高速轴齿轮出现在靠近三级叶轮一侧。

处理措施：检修时清除了叶轮和气道上的异物，因生产需要及齿轮故障在短期很难排除，未对齿轮故障进行处理。检修后开机发现低速轴半频成分消失，说明机组的半频失稳故障消失，但齿轮故障的内因未排除，振动情况虽稍有改善，但机组的高频啸叫声仍存在，并未减弱。

生产验证：为了检验诊断结果是否正确，对压缩机的升速过程进行了测试。

压缩机升速过程轴振动位移测试分析：

从图 9－12 压缩机升速过程中一级轴承处振动位移的三维功率谱阵分析，升速过程可描述为以下几个阶段：

（1）升速刚开始时，振动幅值随转速的升高而缓慢升高。

（2）转速升高到一定程度，机组进入由于气体失速而产生的不稳定工作区，这种气体失速可能是由于机组进气

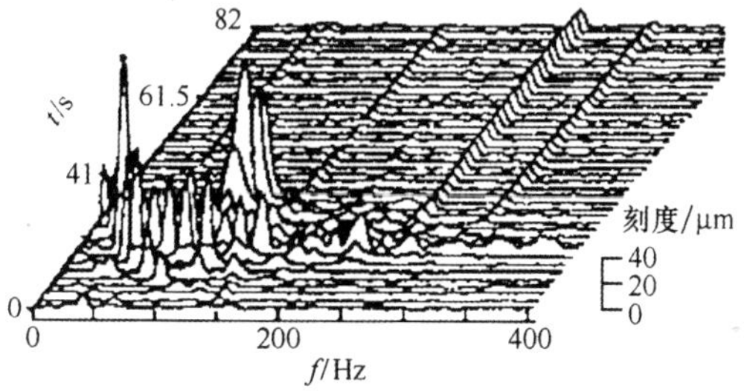

图 9－12　升速过程中一级轴承处轴承振动位移的三维功率谱阵分析

量的波动而引起的，在刚开机时机组处于一种不稳定工况，使气体流动情况不稳定，而这种气体失速是机组在开机过程中的正常表现。

（3）随着转速的继续升高，进气量的进一步增大，气体失速又转变为另一种气体失稳状况——喘振。喘振间隔大约为 1Hz 左右，从图 9－12 可以看出这种低频成分的存在。图中出现的一系列山峰状的频率成分也是由于喘振而造成的，这种喘振现象是在机组开机过程中的一种正常表现。图 9－12 中出现的幅值很大的频率成分是由上述两种失稳情况所导致的。压缩机在设计制造时，一般都设法使机组的开机过程避开不稳定工作区，但实际工作情况很复杂，在开机过程中这种机组不稳定工况常不可避免，故以上两种不稳定工况为机组的正常表现。

（4）随转速的进一步升高，机组进入稳定工作区，振动幅值基本稳定。稳定后发现低速轴转频的半频成分消失，主要表现仅为转频。这表明，检修后气体旋转失速造成的机组失稳现象消失，这说明了前面的诊断结果是正确的。表 9－8 为检修前后轴振动位移频谱上低速轴转频和半频成分变化的对比。

表 9－8　检修前后轴振动位移频谱上低速轴转频和半频成分变化对比

频率/Hz	峰－峰值/μm							
	一级		二级		三级		四级	
	修前	修后	修前	修后	修前	修后	修前	修后
转频(128)	7.9	12.7	19.6	8.46	7.47	10.4	8.91	10.7
半频(64)	49.0	消失	6.28	消失	1.69	消失	2.33	消失

第十章　转轴裂纹的故障机理与诊断

石油化工行业的旋转机械一般转速都非常高，载荷也较大，长期运转后，转轴上易出现横向疲劳裂纹，导致断轴的严重事故。

相对而言，转轴裂纹的故障发生概率比其他故障小得多，但因能产生轴裂纹的潜在原因很多，如各种因素造成的应力集中、复杂的受力状态、恶劣的工作条件和环境等，加之裂纹对振动响应不够敏感(深度达 1/4 直径的裂纹，轴刚度变化仅为 10% 左右，临界转速的变化也只有 5% 左右)，则有可能发展为断轴事故，危害极大。因此，对轴裂纹诊断知识的学习很有必要。

第一节　转轴裂纹的故障机理

转轴裂纹对振动的响应与裂纹所处的轴向位置，裂纹深度及受力情况有关。视裂纹所处部位应力状态的不同，裂纹会呈现出 3 种不同的形态。

一、闭裂纹

当裂纹区处于压应力状态时，轴裂纹始终处于闭合状态。例如，转子重量不大、不平衡离心力较小或不平衡力正好处于裂纹的对侧时就是这种情况。闭裂纹对转轴振动影响不大，难以察觉。

二、开裂纹

当裂纹区处于拉应力状态时，轴裂纹始终处于张开状态。开裂纹会造成轴刚度不对称，使振动带有非线性性质，伴有 2×、3× 等高频成分，随着裂纹的扩展，1×、2× 等频率的幅值也随之增大。

三、开闭裂纹

当裂纹区的应力是由自重或其他径向载荷产生时，轴每旋转一周，裂纹就会开闭一次，对振动的影响比较复杂。理论分析表明，带有裂纹的转子，其振动响应可分别按偏心和重力两种影响因素考虑，之后再作线性叠加。由于偏心因素的影响，振动峰值会出现在与两个不对称刚度相应的临界转速之间；而重力因素的影响结果，是在转速约为无裂纹转轴的临界转速时，出现较大峰值。

裂纹的张开或闭合与裂纹初始状态、偏心、重力大小及涡动速度有关，同时也与裂纹深度有关。若转子是同步涡动，裂纹会只保持一种状态，即张开或闭合，这与其初始态有关。在非同步涡动时，裂纹在一定条件下也可能会一直保持张开或闭合状态，但通常情况下，转轴每旋转一周，裂纹都会有开有闭。在这种情况下，裂纹越深，其在一周内张开的时间越长，会超过二分之一周期长度，同时裂纹张开的时间也会越晚。这可以作为判断裂纹深度的一个定性标准。

第二节　转轴裂纹的故障特征

由上述分析知，转轴裂纹的出现及其对转子振动的影响比较复杂，其主要特征是：

（1）转轴上一旦存在开裂纹，转轴的刚度就不再具有各向同性，振动带有非线性性质，出现旋转频率的2×、3×等高倍频分量。裂纹扩展时，刚度进一步降低，1×、2×等频率的幅值也随之增大。以上特征与不平衡故障有相似之处，但相位角会发生不规则波动，这一点与不平衡故障时相角稳定有差别。

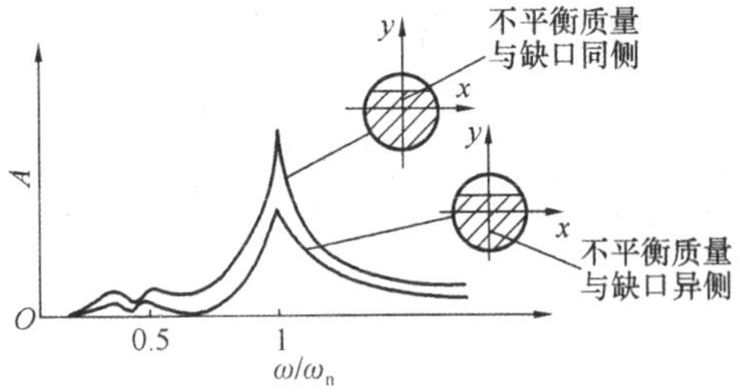

图10－1　轴上有开裂纹时的振动响应

（2）开、停机过程中，会出现分频共振，即转子在经过1/2、1/3等临界转速时，由于相应的高倍频（2×、3×）正好与临界转速重合，振动响应会出现峰值，如图10－1所示。

（3）轴上出现裂纹时，初期扩展速度很慢，径向振动值的增长也很慢，但裂纹的扩展速度会随着裂纹深度的增大而加剧，相应地也会出现1×及2×频的振幅迅速增加的现象，同时1×及2×频的相位角也会出现异常的波动。

第三节　转轴裂纹的诊断方法

转轴横向裂纹的主要诊断依据如表10－1和表10－2所示。

表10－1　转轴横向裂纹的振动特征

序号	特征参量	故障特性	备　注
1	时域波形	叠加波形	升降速过程在1/2、1/3临界转速时会出现分频共振
2	特征频率	2×，3×等高次谐波	
3	常伴频率	1×频	
4	振动稳定性	不稳定	
5	振动方向	径向，轴向	
6	相位特征	不规则变化	
7	轴心轨迹	双椭圆或不规则	
8	进动方向	正进动	

表 10－2　转轴横向裂纹的振动敏感参数

序号	敏感参数	随敏感参数变化情况	备　注
1	随转速变化	不明显	启、停机过程明显
2	随油温变化	不变	
3	随介质温度变化	不变	
4	随压力变化	不变	
5	随流量变化	不明显	
6	随负荷变化	不规则变化	
7	其他诊断方法	①非线性振动，过半临界点时 2× 谐波有共振峰值； ②恒定转速下，各阶谐波幅值不稳定，相位变化，尤以 2× 突出； ③转子振动大时，动平衡困难，多次试重也达不到要求	

第四节　转轴裂纹的故障原因与治理措施

转轴横向裂纹的故障原因及治理措施如表 10－3 所示。

表 10－3　转轴横向裂纹的故障原因及治理措施

序号	故障原因分类	故障原因	治理措施
1	设计原因	①转轴强度不足； ②有应力集中台肩； ③应力较高处有键槽，开孔等	①一般不建议维持运行，特殊情况下可在短期内监护运行； ②立即更换转轴中小型转轴，不建议修复后使用； ③对大型汽轮发电机组可以磨去裂纹后修复
2	制造原因	①材质不良，有原始缺陷； ②热处理不符合要求，有微裂纹； ③原始缺陷未检出	
3	安装维修	①检修时未探伤或未检查到缺陷； ②野蛮检修造成损伤	
4	操作运行	①频繁启动，升速，加负荷过快导致超载； ②长期振动大，导致疲劳损伤	
5	状态劣化	长期运行产生疲劳裂纹	

第五节　转轴裂纹故障诊断实例

【例 10－1】　某大型高速泵在运行过程中轴振动逐渐增大，同时出现 2 倍频及 3 倍频等高倍频谐波分量，且相位变化。

分析诊断：根据该泵的振动特征，查阅其结构图纸，初步怀疑异常振动的原因可能是由于转轴裂纹造成的。为了进一步确认异常振动的原因，在操作人员配合下对该泵进行了降速和升速试验，观察转子通过半临界转速时的频谱特征和相位变化。其主要特征如下。

（1）频谱图中振幅在 2×、3× 谐波处有共振峰值，如图 10－2 所示，为该测点当前信号谱图结构与 6 个月前的对照。

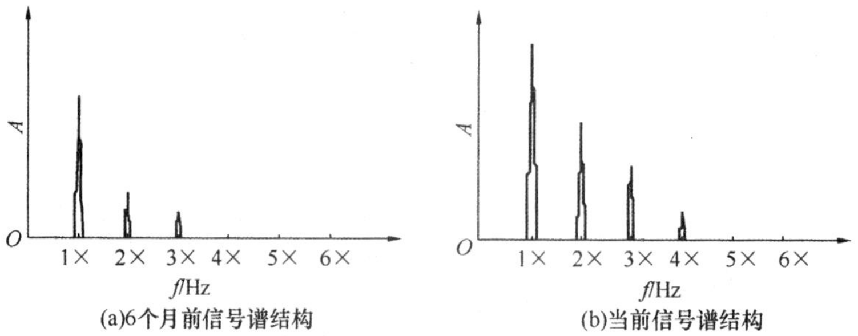

图 10－2　当前信号谱结构与历史信号谱比较

（2）转速通过 1/2 临界转速时有共振峰值出现，如图 10－3 所示。

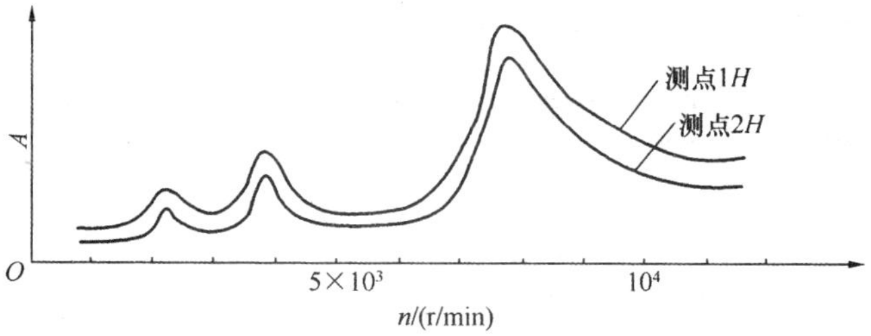

图 10－3　升速过程振动趋势图

诊断意见：根据上述特征，特别是转子在降速和升速过程中通过半临界转速时的振动特征，可以确认高速泵转子产生了裂纹，必须立即停机进行检查，更换转子。

生产验证：根据诊断意见，对高速泵有计划地进行了停机检修，检查发现转轴裂纹深度已达 2/5。

更换合格的转子后再次开车，高速泵轴振动趋于正常，避免了一次断轴的重大事故。

【例 10－2】 某厂 101－J 机组检修之后投入运行时，该机的低压缸出口端水平和垂直两个方向的振值严重超标，水平方向已达 65μm，垂直方向已达 51μm，利用监测诊断系统发现该振动一倍频和二倍频分量均较大，从现象来看很像由不对中引起的振动，仿照以往出现这种情况且严重超标时的做法，采取停车解体检查，经过对启机过程数据追忆分析，将低速信号与高速信号对比，再将该缸两侧的振动信号的波形图、频谱图、三维谱图、轴心轨迹（如图 10－4～图 10－7 所示）作对照分析，发现该振动有以下几个特点：（1）水平和垂直两个方向的波形具有规律分布的尖峰及凹坑；（2）径向振动中二倍频分量较大；(3)工作转速远离一阶临界转速；(4)径向振动中高倍频分量不随转速发生变化；(5)径向振动在水平和垂直两个方向上位置不随转速发生变化；(6)径向振动中尖峰位置相对水平和垂直两个方向固定不变。

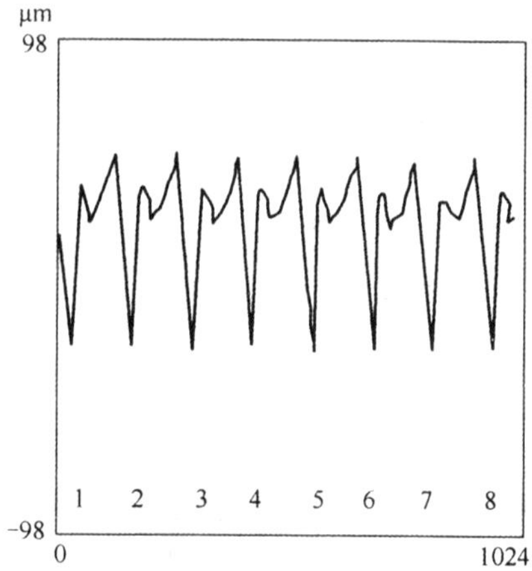

图 10－4　波形图(透平转速为 6787r/min)

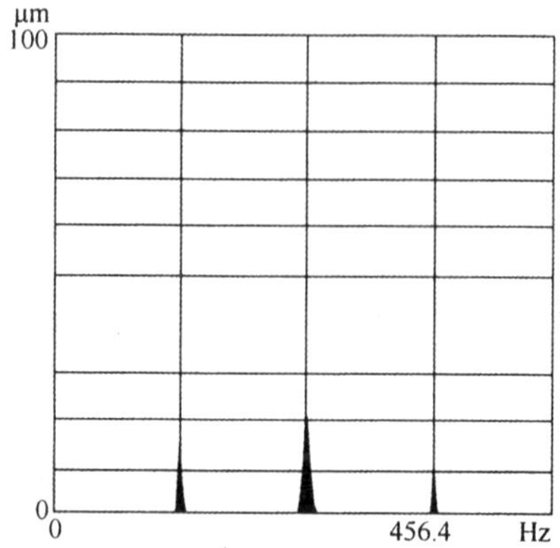

图 10－5　频谱图(透平转速为 6746r/min)

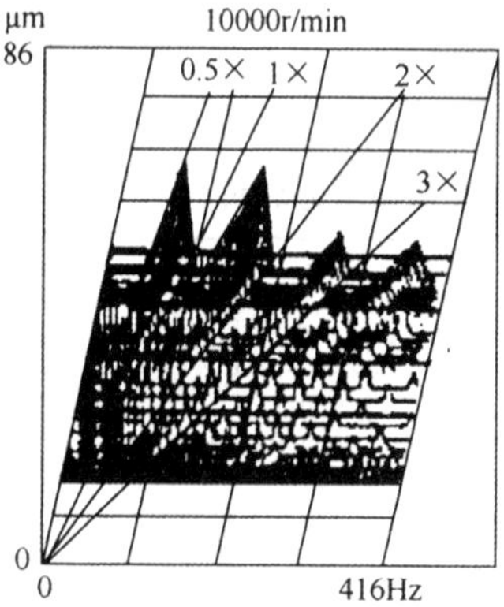

图 10－6　三维谱图

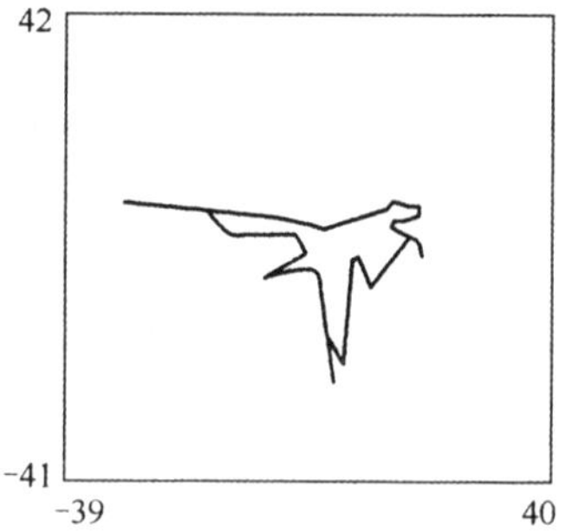

图 10－7　轴心轨迹

诊断意见：经过分析，诊断为该振动是因为轴上有划痕造成，而非机组振动引发，该缺陷部位如图 10－8、图 10－9 所示，经计算该缺陷最大凹度为 25μm，最大凸度为 5μm，它可引起 25～30μm 的振动误差，如果总振动量减去该值，实际测量振动值为 35μm，振动值在允许范围内，决定继续开车，不停机检查实践证明该结论是可信的，达到工作转速后，该机一直正常运行。在第二个检修周期开机检查时发现，探头所对的轴表面确实有撬过的痕迹。

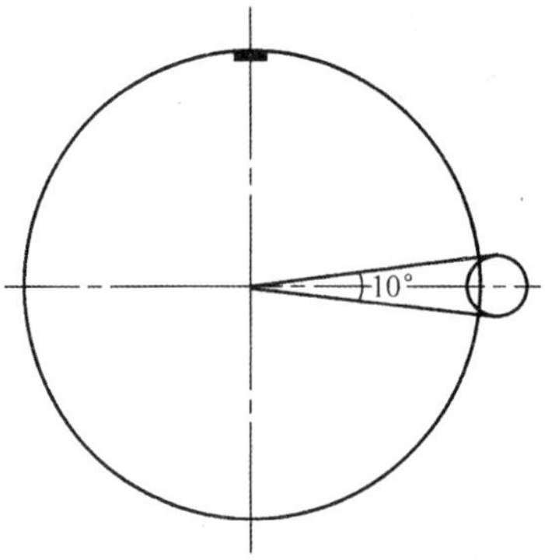

图 10－8　缺陷离键相位槽的位置

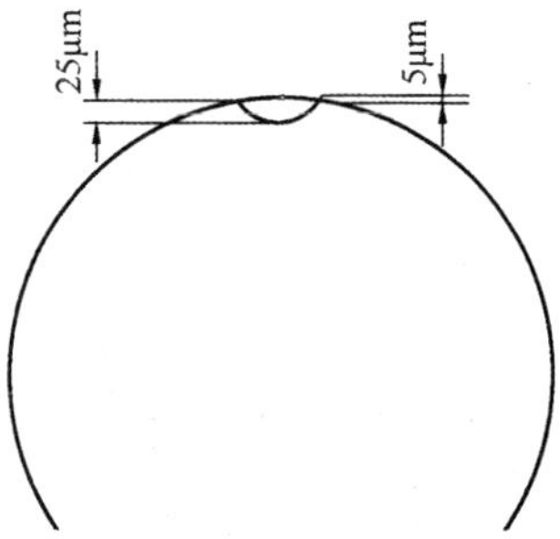

图 10－9　缺陷程度示意图

【例 10－3】 某 600MW 发电机组正常工况下振动情况：发电机及轴系各阶设计临界转速详如表 10－4 所示。

表 10－4　转子临界转速　　r/min

阶　数	1	2	3	4	5
发电机弯曲振动临界转速	745	2155	5160	—	—
轴系扭转振动临界转速	891	1465	1635	2755	6480

某次大修前后转子各轴瓦轴振详见表 10－5。

表 10－5　机组大修前后轴振动幅值汇总表　　μm

时间	1#	2#	3#	4#	5#	6#	7#	8#	9#	10#	11#
98 年 7 月	23	5	45	43	76	69	45	61	66	4	56
99 年 10 月	32	0	69	50	35	95	59	94	80	26	21

机组异常振动的诊断意见：发电机转子裂纹发现及处理过程汇总于表 10－6。

表 10－6　发电机转子裂纹发现及处理过程汇总表

日期月日	时间时分	轴振动幅值/μm				事　件
		8#	9#	10#	11#	
4.5	12:17	—	75/72	32/27	80/19	02 年 1 月 29 日停机备用，4 月 5 日启动并网
4.9	5:00	—	95/76	72/30	—	9、10#轴瓦出现异常振动
4.9	8:00	—	130/125	80/30	—	调整氢温、风温，变真空、汽压、负荷试验，抑制异常振动无效。减负荷 9#、10#轴瓦振动幅值上升较快
4.9	17:00	—	171/155	133/80	—	
4.9	19:30	—	186/175	164/96	200/86	

续表

日期月日	时间时分	轴振动幅值/μm				事　件
		8#	9#	10#	11#	
4.9	12:25	—	121/192	185/104	—	机组解列前振动值
4.9	12:50	—	>500	>500	—	机组惰走，通过临界转速，转速达到零投盘
4.12		—	—	—	—	停机检查，9#瓦外油挡磨损，更换。机组热备用
4.18	8:50	03	59.3	101	77	机组起动升速，600r/min
4.18	9:02	75	499	484	343	735r/min，10#瓦轴振254μm保护动作停机
4.18	9:55	—	—	—		起动升速723r/min打闸停机
4.18	10:27	—	—	—	—	转速到零，投盘车
4.22		—	—	—	—	停机检查、试验，抽转子
4.25		—	—	—	—	在电机厂检查、试验。励侧跳动600μm
4.28	22:00	—	—	—	—	拔护环，发现裂纹
6.5		—	—	—		裂纹断口解剖前试验
6.18	10:00	—	—	—		裂纹断口解剖

3#机组于某年1月29日停机备用，4月5日12时17分起动并网。事故前机组运行正常，有功功率378MW、无功功率194MW、定子电流11.3A、定子电压19.2kV、发电机氢压397kPa、发电机内冷水温度41℃、发电机内冷水压力0.27MPa、励磁机风温36.5℃、发电机氢温38.6℃、轴向位移0.25mm、高压缸胀差2.68mm、低压缸胀差9.05mm、9#轴瓦轴振动幅值75μm/72μm(绝对振动/相对振动，下同)、10#轴瓦轴振动幅值32μm/27μm。4月9日5时00分，发现8#、9#、10#、11#轴瓦的轴振动均有所上升，其中9#轴瓦轴振动幅值由75μm/72μm上升到95μm/76μm，10#轴瓦轴振幅值由32μm/27μm上升到72μm/30μm。21时25分，9#轴瓦轴振动幅值以平均7.0μm/h 4.7μm/h的变化率上升185μm/104μm，其振动历时过程详如表10-7所示。

表10-7　发电机转子异常振动汇总表

时　间	9#轴瓦轴振绝对振动/相对振动			10#轴瓦轴振绝对振动/相对振动		
	幅值/μm	变化幅值/μm	变化率/(μm/h)	幅值/μm	变化幅值/μm	变化率/(μm/h)
5:00前	75/72	—	—	32/27	—	—
5:00	95/76	20.0/4.0	—	72/30	40.0/3.0	—
8:00	130/125	35.0/49.0	11.7/16.3	80/30	8.0/0.0	2.66/0.0
17:00	171/155	42.0/30.0	4.60/3.30	133/80	53.0/50.0	5.90/5.6
19:30	186/175	15.0/20.0	6.00/8.00	164/96	31.0/16.0	12.4/6.4
21:25	210/192	24.0/17.0	12.0/8.50	185/104	21.0/8.0	10.5/4.0
总变化幅值	—	135/120	—	—	153/77.0	—
平均变	—	—	7.0/7.0	—	—	7.0/4.7

9#轴瓦由5:00分至21:35分振动幅值变化135μm/120μm，在停机前变化率达到12.0μm/8.5μm，平均为7.0μm/h/7.0μm/h。10#轴瓦由5:00分至21:35分振动幅值变化153μm/77μm，其变化率呈现不断上升趋势，最大为12.4μm/6.4μm，平均为7.0μm/h/4.7μm/h。

针对机组振动的异常现象，曾采取调整发电机氢温和励磁机风温的偏差，变化真空，主汽压力、负荷等措施，但均无效。由于无法抑制机组的异常振动，决定停机检查。于某日21时25分与系统解列，机组惰走通过临界转速区时，9#、10#轴瓦轴振动幅值高达500μm。

停机后对发电机进行了全面检查，发现9#轴瓦外油挡严重磨损，分析认为振动异常为油挡碰磨所致，为此更换了油挡。机组于4月12日20时00分转为备用。

处理过程：

4月18日机组启动，8时50分汽轮机冲转，在升速过程中振动逐渐增大，当升速到发电机一阶临界转速区735r/min时，振动超标保护动作，汽轮机跳闸。升速过程中轴振动最大幅值9#轴瓦达499μm、10#轴瓦达484μm，详见表10－8。

表10－8　升速过程振动幅值(8:50)

转速/(r/min)	8#轴瓦/μm	9#轴瓦/μm	10#轴瓦/μm	11#轴瓦/μm
660	103	59.3	101	77
735	275	499	484	343

另外，又检测到一倍频、二倍频的幅值，如表10－9所示。

表10－9　机组起动过程倍频幅值汇总表(9:55)

转速/(r/min)	9#轴瓦/μm			10#轴瓦/μm		
	一倍频	二倍频	轴振	一倍频	二倍频	轴振
390	30	40	66.4	47	80	125
662	64	42	115	125	35	130
725	101	8	128	260	70	335

9#瓦在发电机一阶临界转速附近一倍频幅值为最大，约为101μm，二倍频为最小，约为8μm。10#瓦在发电机一阶临界转速附近一倍频幅值为最大，约为260μm，二倍频在1/2临界转速下为最大，约为80μm，其值约为大修后启动过程中，在相同转速下幅值的3倍。由于未能记录到该转速下的二倍频相位，因而仅能以二倍频幅值的变化做初步的判断，认为发电机转子结构有变化，有裂纹发生的可能或发电机转子存在严重缺

陷。为了进一步查清转子设备状态，寻找故障原因，因此停机进行彻底检查。经转子拔护环检查发现，在发电机励侧护环下转子本体与轴柄过渡圆角处存在裂纹，裂纹断面约为转子轴柄截面1/3。

【例10－4】 某热电厂4#机组是苏制BNT－602供热机组，发电机为氢冷。1959年投产。轴系示意图如图10－10所示。

多年来这台机组一直受振动问题的困扰。需要经常对发电机进行平衡，直至最后连平衡都无法奏效，并出现了一些特殊的振动现象。

此前的数年间，发电机多次振动增大，频率为基频，需要经常进行平衡。

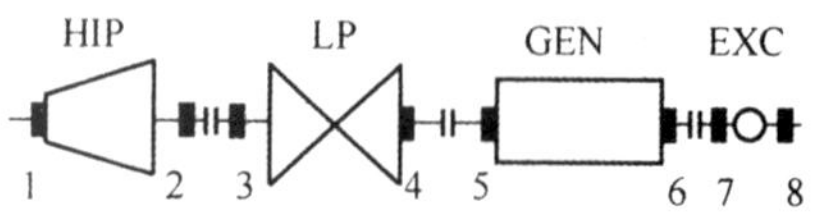

图10－10　轴系示意图

1999年大修后开机时，因发电机振动大，现场平衡过程发现转子上的不平衡质量太大，将转子返回制造厂平衡。制造厂在转子本体的平衡螺孔加质量超过10kg。

2002年11月大修后，因4#、5#轴承振动超标，在低压转子—发电机转子对轮加重1300g，使振动降低到低于50μm；2003年2月因发电机停机1次，开机后5#轴承振动达到97μm，为此在低压转子—发电机转子对轮又进行了1次平衡；2003年4月5轴承的振动又逐渐由46μm爬升到63μm。为此安排了一次小修，检查发现低压转子—发电机转子对轮存在偏差。调整中心后重新开机，5#瓦的振动达到113μm。为此又在发电机侧进行平衡，将5#瓦振动降低到37μm，在带负荷运行过程中振动变化不大（如表10－10所示）。

从发电机平衡槽内平衡质量的分布看，历次平衡（包括2005年6月后的平衡）加重方向是接近的。由于反复的平衡，槽内接近半周的范围已经布满了平衡块。可以看出，发电机转子沿某一个方向的平衡状态在不断恶化。但总体上看，在这个阶段振动受负荷影响不大。

表10－10　发电机停机平衡后的振动

负荷/MW	振动/μm		
	4#轴承	5#轴承	6#轴承
0	13	37	20
20	32	18	12
52	29	12	15

机组2005年3月大修，4月27日启动。临界转速（1100r/min）下5#、6#轴承的振动分别为81μm和93μm。定速后的振动分别为31μm和20μm。并网后40MW的振动分别为16μm和15μm。此后1个月的运行中，5#、6#轴承的振动大体维持在这个水平。

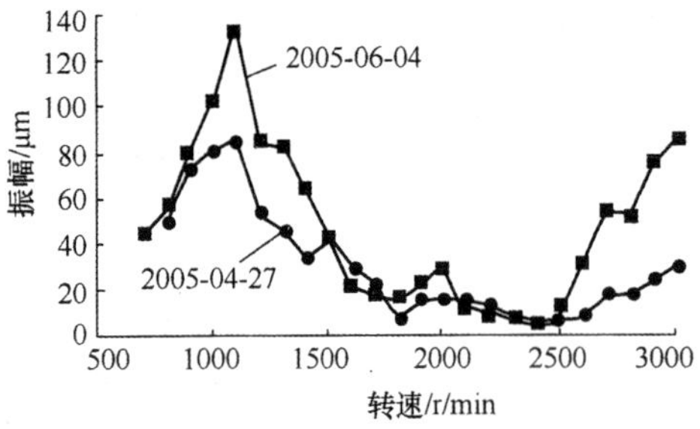

图 10－11　5#轴承升速特性

2005 年 5 月 26 日 23∶00 距离热电厂约 50km 的某电厂因短路故障导致该厂 4 台 330MW 机组同时跳机。这种事故给电网带来一定的冲击。然而事故发生后，电网内其他机组的振动都没有出现异常，唯有该机组发生异常。

事故后数小时内，5#轴承的振动逐渐由 20μm 上升到 60μm。打闸停机。

停机后复查汽轮机—发电机对轮中心，发现较大的变化。重新调整中心后 6 月 4 日开机。与停机前比较，无论是临界转速还是工作转速的振动都明显增大（如图 10－11、表 10－11 所示）。

表 10－11　振　动　数　据

测量日期	机组状态	振动(基频)/μm∠(°)			
		临界转速		定　速	
		5#轴承	6#轴承	5#轴承	6#轴承
2005－04－27	大修后启动	81∠114	93∠137	31∠173	20∠1
2005－06－04	临修后启动	132∠149	134∠220	88∠208	80∠22
2005－06－05	平衡后	63∠135	67∠195	24∠338	7∠115

为改进机组振动，在发电机侧平衡，合成后的平衡质量为：5#瓦侧 3254g∠321°，6#瓦侧 2404g∠321°，平衡后的振动如表 10－12 所示。

表 10－12　5#轴承热平衡数据

机组状态	时　间	最大负荷/MW	运行时间/h	振动(基频)/μm∠(°)		
				定速时	停机前	热变量
首次并网	2005－06－07	20	11	24∠338	68∠332	44∠329
第 1 次热平衡	2005－06－08	40	4	15∠215	64∠333	72∠344
第 2 次热平衡	2005－06－09	45	19	33∠182	61∠327	90∠339
第 3 次热平衡	2005－06－12	45	12	70∠135	58∠13	112∠341
第 4 次热平衡	2005－06－13	40	1	60∠178	52∠17	110∠7

动平衡结束后，6 月 8 日并网。并网后，5#轴承的振动随负荷增大。图 10 - 12 是一次运行期间的振动趋势。并网后振动随负荷增大。但是在低负荷连续运行了一夜之后，振动并没有恢复到最初的水平，继续保持在高位。

为了改善振动，进行了数次热平衡。但是随着启动次数的增加，热弯曲越来越大，平衡也难以奏效。6 月 13 日并网后仅运行了 1h，振动就超过 50μm，热变量就达到 110μm。

从历次测量看热变量(并网后振动与空载振动的矢量差)的相位大体稳定。

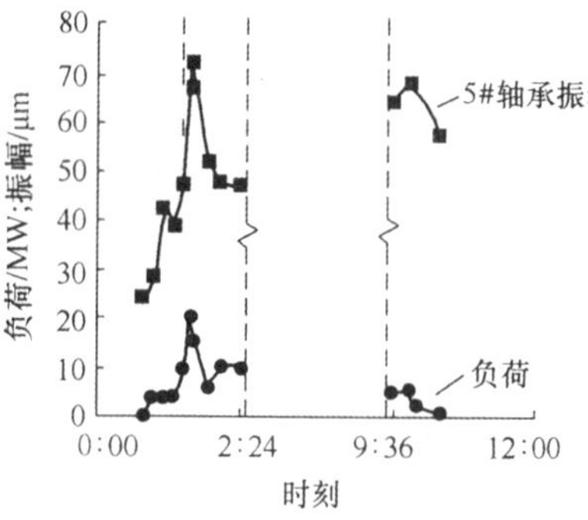

图 10 - 12　振动趋势

还有两次观察到振动随负荷的突变。例如 6 月 8 日 0:25，当负荷由 10MW 升至 20MW 时(整个过程约 2min)，5#轴承的基频振动由 47μm 增加到 72μm。振动随负荷的变化没有时间的滞后。

在第 4 次热平衡时，发现振动的实测值与预期值差别较大。将平衡质量取下，恢复到此前的平衡状态。但振动并没有恢复到此前的状态，5#轴承相位变化达 152°，振动变化量达 123μm(如表 10 - 13 所示)。

表 10 - 13　振　动　试　验

序号	日　期	时　间	机组状态		定速时振动(基频)/μm∠(°)	
					5#轴承	6#轴承
1	2005 - 06 - 12	19:20	并网后连续运行 12h		70∠135	17∠34
2	2005 - 06 - 13	20:25	对轮加重 1550g∠103°	振动预期值	115∠157	34∠35
				振动实测值	60∠178	26∠53
3	2005 - 06 - 14	18:58	取下加重，恢复至序 1 状态		57∠287	45∠96
振动变化量					123∠302	40∠118

注：振动变化量是指序 3 振动与序 1 振动的矢量差

诊断意见：在相当长一个阶段内，只是将该发电机的振动作为平衡问题处理。这种做法最初还有一定效果，每次平衡后机组能够维持运行一段时间。但后来，连平衡也无法奏效。说明有深层次原因。

归纳起来，该发电机振动的主要特点是：

(1) 振动和晃度增大，需要经常进行平衡，而且历次平衡的方向接近；

(2) 振动随负荷增大，这种增大有时表现为渐变的，有时表现为突变的；

(3) 到一定阶段后，振动失去再现性，即便进行平衡调整也不起作用。

在 2005 年 6 月之前，该发电机只具有第(1)项特点，此后这 3 个特点都表现出来。只有转子上存在裂纹时才有可能具备以上的振动特点。除此之外的任何故障不会同时具备以上特点。

转子的裂纹有一个发生和发展的过程，由量变而引起质变，在不同阶段表现的振动特点是不同的。

可以将转子裂纹的发展大体分为早期、中期和后期 3 个阶段，对它们的特点分述如下：

（1）早期，裂纹刚刚出现的阶段。裂纹深度较浅，尚不足以影响到转子的弯曲，因而振动的变化并不明显。有的机组在运行过程中并没有观察到异常，但在检修中发现了裂纹，原因就在于此。

（2）中期，裂纹已经发展到一定深度，使转子出现弯曲，从而反映出：

①转子的挠度不断增大。如果安装有轴振测点，可以从轴振在低速下的晃度值观察到这种变化。另外也可以从对轮的衰偏反映出来。

②由于转子弯曲，经常进行平衡；裂纹不断发展，弯曲不断增大，隔一段时间就需要重新平衡。

③裂纹大体沿一个方向发展，转子朝一个方向弯曲，这样历次平衡的方向也是接近的。

④这个阶段裂纹发展相对比较缓慢，每次平衡后机组可以维持运行一段时间。

从这台机组的振动看，在 2005 年 6 月之前大体属于这个阶段。

（3）后期，转子的裂纹已经比较深，而且发展速度加快。这个阶段有以下特点：

①振动随负荷增大，这种增大有时表现为渐变的，有时表现为突变的。当裂纹达到一定深度后，影响到转子沿轴线的热传导，使得裂纹附近转子截面的温度不均匀，引起转子的热弯曲。这时振动的增大表现为渐变，即在增加负荷的过程中振动逐渐增大。负荷增加使转子扭矩增大，扭矩的增大使裂纹开度增大，振动发生突变。

②对电网扰动敏感。电网扰动在转子上作用一个冲击扭矩。这个扭矩可以达到正常扭矩的数倍，而且是交变的，会加速裂纹的发展。就这台机组而言，2005 年 5 月 26 日的电网事故就起到这样的作用。

③振动失去再现性。当裂纹发展加速时，即便短时期内，转子的平衡状态也会发生明显的变化。在这种情况下，平衡也难以奏效。

从这台机组的振动看，2005 年 6 月之后大体属于这个阶段。

通过上述分析，可以判断这根发电机转子很可能存在裂纹。进一步的分析认为：裂纹部位很可能是在 5#瓦侧。因为转子晃度变化大的位置是在 5#瓦侧的汽轮机—发电机对轮，而且 5#瓦的振动明显比 6#瓦大。当时对该机组振动的看法及建议是：①发电机转子可能存在裂纹；②裂纹可能在 5#瓦侧的轴段；③建议机组立即停止运行并检查发电机转子。特别要注意排查裂纹，包括外观检查和探伤。

处理措施：2005 年 6 月中旬转子返制造厂。测量联轴器端面瓢偏超过 2mm，5#瓦轴颈晃度超过 1mm。用着色法检查，发现在转子前端的密封瓦油挡处（如图 10－13）存在裂纹。沿圆周方向裂纹长度约 910mm，占转子周长（1100mm）的 82.7%。用直径 8mm 钻头打 15mm 深的孔未见到裂纹根部，裂纹表面有油渗出（图 10－13）。由于转子已经无法修复，决定换用另外一根转子。机组于 2005 年 9 月重新投入运行，振动正常。

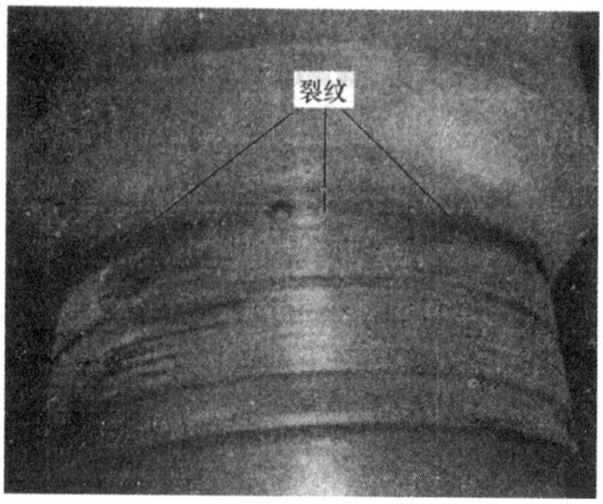

图 10－13　裂纹照片

注：图中的孔是在发现裂纹后钻的探测孔

第十一章　迷宫密封气流激振的故障机理与诊断

大型离心式压缩机组、蒸汽透平的轴端密封和级间密封常用迷宫式密封（又称梳齿密封）。气体在迷宫密封中的流动是一种复杂的三维流动。当转子因挠曲、偏磨、不同心或旋转产生涡动运动时，密封腔内的周向间隙将会不均匀，即使密封腔内入口处的压力周向分布是均匀的，在密封腔的出口处也会形成不均匀的周向压力分布，从而产生一个作用于转子上的合力，此激振力会导致转子运动失稳，发生异常振动。

第一节　迷宫密封气流激振的故障机理

如图 11－1 所示，在迷宫密封中，密封装置前后压力分别为 p_1 及 p_3，密封腔内的压力 p_2 取决于 p_1、p_3 及密封齿隙 δ_1、δ_2。假设由于制造及安装误差，转子在密封腔中倾斜时（$\delta_1 > \delta_2$），若转子因受初始扰动而处于涡动状态，转子与定子之间的密封间隙会发生周期性变化。当转子向着定子作径向运动时，密封腔的排出端和入口端间隙均缩小，但是排出端原来的间隙较小，因此相对间隙缩小率比入口端更大一些，这样密封腔中流入的气量大于流出的气量，由于气体的积聚而使腔中压力 p_2 升高，形成一个在图中向下作用于转子的力。当转子离开定子作径向运动时，密封腔排出端相对间隙比入口端扩大得更快，腔中流出气量大于流入气量，压力下降，形成一向上的作用力。因此作用在转子上的力是两者的叠加。

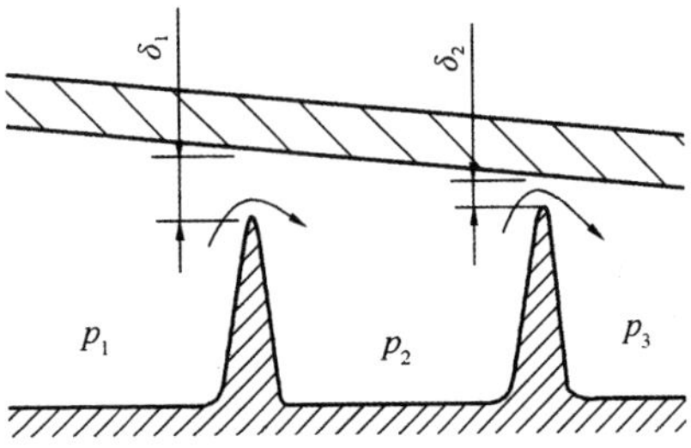

图 11－1　迷宫密封腔中气流压力变化

但是密封腔中的压力变化并不与转子位移同相位，而是滞后于转子位移一个 θ 角（如图 11－2 所示）。如果转子自身旋转速度为 ω，涡动角速度为 Ω，当转子从底部向左向涡动一个 θ 角时，由于压力变化滞后于转子位移，则气流压力在转子周向上的分布是底部最大，顶部最小，其合力为 F，则其分力 F_t 始终作用在转子的涡动方向上，此切向力即是加剧涡动的激振力。

在上述过程中，转子振动的位移 y 与密封腔中压力 p_2 的变化曲线在 $t = (1/4 \sim 3/4)T$ 的半周内，密封腔内压力 p_2 始终低于其平均值 p_m；反之，在另一半周内则始终高于其平均值 p_m。因此，在这一振动过程中，气流对密封装置是输入功的，密封装置的气体动力激振力为自激因素。

另外，气流流动时的惯性力远远超过摩擦力，由于气流进入密封腔后动能不能完全损失掉，还有一定的余速，这部分速度不仅使气流沿轴向流动，而且还以很大的圆周速

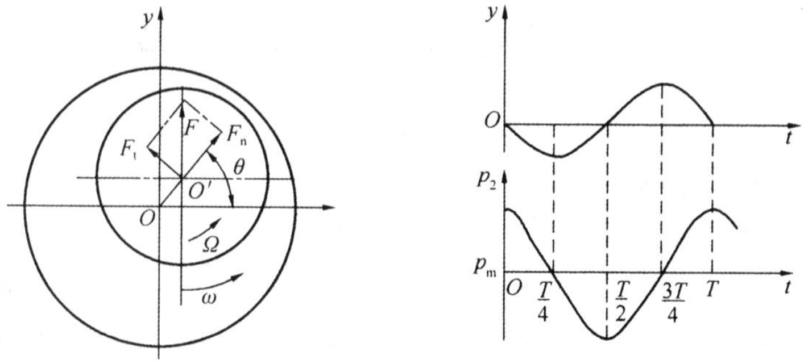

图 11－2　密封装置中的气体动力效应

度分量围绕转子转动，即形成“螺旋形”流动[图 11－3(a)]。如果密封腔内径向间隙不均匀，则气流在腔中从进口流向出口时随着截面间隙的不断变化，气流沿其流动方向上的压力也不断发生变化，因而在转子周围形成不均匀的压力分布，其合力 F 的方向垂直于转子的位移方向，与转子的旋转方向相同，此力激励转子作向前的正进动。

与此类似，常见的高速、高压旋转机械中，蒸汽透平是靠气流推动叶片转动的，离心式压缩机是由叶片推动气流旋转的，但二者有一点是相同的，即当转子发生弯曲时，叶轮会偏向内腔一侧，叶轮在内腔的间隙一边大，一边小，在这种情况下，气流加于叶片的圆周力在间隙大的一侧大于间隙小的一侧[图 11－3(b)]，各叶片所受周向力的总和除力偶外，还有垂直于轴 O' 的位移 OO' 的力 F_t，这个力使转子失稳而产生涡动。

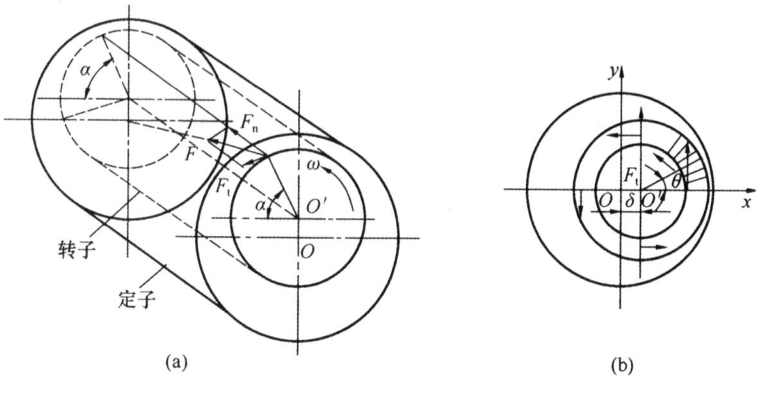

图 11－3　气体在密封腔内的旋转效应

由于 M_t 随介质压力及负荷的增加而增大，所以当介质压力及负荷增加而使 F_t 达到一阈值时，就可能产生自激振动。

第二节 迷宫密封气流激振的故障特征

密封和间隙动力失稳的振动特征与油膜振荡相似，根据其振动波形、频谱、轴心轨迹、进动方向及相应变化等很难区分。两者的主要区别是敏感参数不同。密封及间隙动力失稳对机器工作介质的压力及负荷变化很敏感，当负荷或压力达到某一阈值时，突然失稳，发生强烈振动。而油膜振荡则对负荷或压力不敏感，只对转速敏感，当工作转速达到某一阈值(一般为工作转速大于一阶临界转速的 2 倍)时，突然失稳发生强烈振动。

第三节 迷宫密封气流激振的诊断方法

迷宫密封气流激振故障的诊断依据如表 11－1 和表 11－2 所示。

表 11－1 迷宫密封气流激振的振动特征

序号	特征参数	故障特性	备注
1	时域波形	含有低频成分的叠加波	负荷达某一阈值时有突发
2	特征频率	<0.5×的次谐波	
3	常伴频率	$1\times(1/n)\times$、$n\times$	
4	振动稳定性	不稳定，突发强烈振动	
5	振动方向	径向	
6	相位特征	不稳定	
7	轴心轨迹	紊乱、扩散	
8	进动方向	正进动	

表 11－2 迷宫密封气体激振的振动敏感参数

序号	敏感参数	随敏感参数变化情况	备注
1	振动随转速变化	有影响	与油膜振荡不同
2	振动随油温变化	不变	
3	振动随介质温度变化	有影响	
4	振动随压力变化	明显达到某一阈值时突然变化	
5	振动随流量变化	有影响	与油膜振荡不同
6	振动随负荷变化	很敏感，达到某一阈值时突然变化	与油膜振荡不同
7	其他识别方法		

第四节 迷宫密封气流激振的故障原因与治理措施

迷宫密封气流激振的故障原因与治理措施如表 11－3 所示。

表 11－3　迷宫密封气流激振的故障原因及治理措施

<table>
<tr><th>序号</th><th>故障原因分类</th><th>故障原因</th><th>治理措施</th></tr>
<tr><td>1</td><td>设计原因</td><td>密封结构参数设计不合理</td><td rowspan="5">①正确安装轴封；
②调整并保证转子与轴封的同心度；
③按规程操作，不得超压，超负荷；
④改进轴封结构</td></tr>
<tr><td>2</td><td>制造原因</td><td>①制造误差导致密封间隙不均匀；
②转子与缸体不同心</td></tr>
<tr><td>3</td><td>安装维修</td><td>转子或密封安装不当，导致间隙不均匀</td></tr>
<tr><td>4</td><td>操作运行</td><td>①操作不当，升降速过快；
②升降压过快；
③超负荷运行</td></tr>
<tr><td>5</td><td>状态劣化</td><td>①轴弯曲，轴封磨损；
②瓦磨损，导致轴封间隙不匀</td></tr>
</table>

第五节　迷宫密封气流激振故障诊断实例

【例 11－1】 某厂的一台高压离心空气压缩机由蒸汽透平和高、低压缸组成，高压缸轴端密封采用迷宫密封，为尽量减少气体泄漏，采用了较长的密封装置，如图 11－4 所示。

机组投运初期，机组负荷约为 95% 左右，振动比较正常。后因装置挖潜提产需要，机组经常在 100% 负荷下工作，经常出现突发性剧烈振动，特别是轴承壳体振动异常高。每次振动异常后，稍降负荷振动便会下降到正常水平，而一旦恢复高负荷运行，便又会出现上述异常振动，时间上无规律。

诊断意见：根据上述振动征兆，确认发生强烈振动的原因为轴端梳齿密封动力失稳所产生的激振力激发造成失稳导致的。

处理措施：为了消除压缩机的异常振动，将轴端密封改为图 11－5 所示的结构，扩大齿距，并从扩压器至密封中间部位沿圆周开了 8 个孔，直接引出压力气流，减缓密封内转子四周的压力脉动，缓解转子产生涡动的自激力。

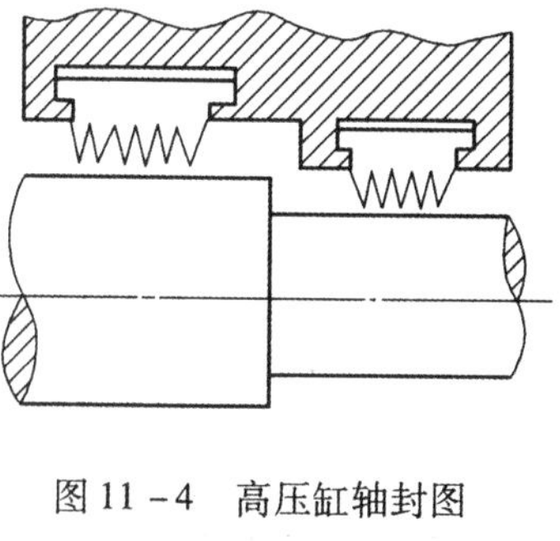

图 11－4　高压缸轴封图

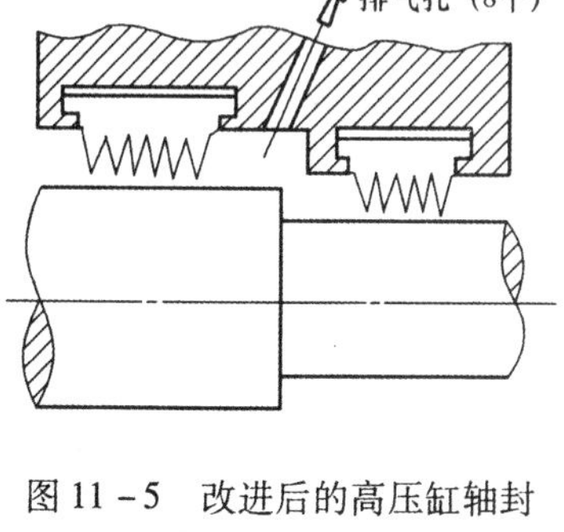

图 11－5　改进后的高压缸轴封

生产验证：采取这一措施后，压缩机高压缸的突发强烈振动基本上未再发生。

【例 11－2】 某石化公司化肥厂的合成气压缩机低压缸曾发生过多次破坏性振动，

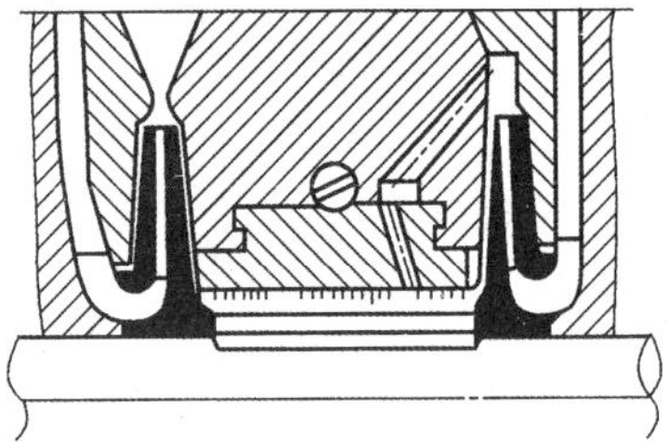

图 11－6　扩压器与密封体之间开孔

振动的一个可能原因是迷宫密封中的气流激振。该机低压缸由两段组成，两段叶轮背向排列，两段出口位置均布置在缸体中间。为防止段间在 4MPa 压差下产生的气体泄漏量过大，转子的中间位置上设有较长的段间迷宫密封，如图 11－6 所示。

诊断意见：转子发生强烈振动的原因，经分析后认为：

（1）转子两端支承，密封布置在挠度最大的地方，该处密封力激起的转子涡动幅度最大；

（2）由于一段出口叶轮的气流具有很大的圆周分速度（计算为 211m/s），进入密封前的气流就带有强烈的预旋，气流在径向间隙不均匀的迷宫内旋绕，将在周向上产生不均匀的压力分布，从而引起较大的激振力。

（3）该转子本身跨距大，刚性不足，工作转速接近其一阶临界转速的 2.5 倍。而且段间密封长度长，密封激振力对转子振动的影响十分显著。

处理措施：该厂随后改进了密封结构，密封齿数由 38 齿改为 22 齿；扩大了齿距；并从扩压器至密封中间部位沿周向开了 8 个 ϕ6mm 的孔，直接从扩压器引进一股气流至密封体内，用以减缓密封腔内周向上产生的周期性压力脉动。另外，在密封进口端等间距开了 36 个 5mm × 10mm 轴向槽，以阻挡进入密封体气流的切向分量。

生产验证：采取这一措施后，机器的不稳定情况有所改善，证明密封中的激振力对机器振动有较大影响。

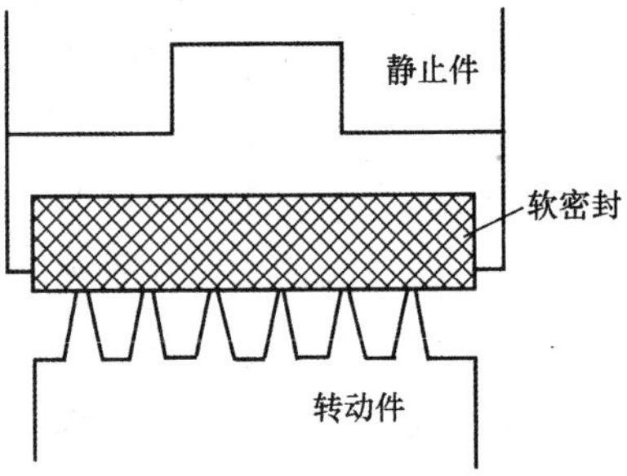

图 11－7　软密封示意图

【例 11－3】　101－J 离心压缩机是 30 万吨合成氨装置中的关键设备。该型压缩机的级间密封、叶轮进口环密封、平衡盘密封以及轴端密封等采用的是梳齿迷宫密封。在扩容改造中，该公司应用的技术之一是“软密封”技术，如图 11－7 所示。

密封静止件是由聚四氟乙烯加填充剂组成，转动件为钢齿，并较大幅度地减小了密封间隙，如表 11－4 所示。

表 11－4　改造前后密封间隙值

部位 \ 直径间隙/mm	低压压缩机		高压压缩机	
	改　前	改　后	改　前	改　后
级间密封	3.048	0.66～0.76	1.01～1.11	0.25～0.35
叶轮进口环密封	1.32～1.42	0.50～0.61	1.01～1.11	0.25～0.35

改造后的运行情况：

（1）改造后压缩机的效率和流量均得到改善，机组在低负荷时运转平稳。出口压力增大到 3.2MPa（表压）时，高压缸出口端轴的径向振动达到 72μm；出口压力降到 2.8MPa（表压）时，振值降到 40μm 以下。几次试验都是压力上升，机组振动增大。频谱分析的结果表明，振动频率主要是 1/3 倍频。

（2）改造后的机组在运行中发生了强烈的自激振动，烧毁了可倾瓦轴承，软密封磨损严重。更换新轴承后，机组重新投入运行，没有再发生振动。然而由于软密封磨损较大，密封间隙扩大，泄漏量增大，机组的效率和流量都没有达到设计要求。

诊断意见：上述两家工厂发生的振动问题，归纳起来有如下特征：①振动与介质的压力有关，压力越高，振动越大；②振动频率不高于转速频率；③转速越高，振动越大；④密封间隙增大，振动消失。

可见，改造后的压缩机发生振动，不是由常见的不平衡、轴承油膜振荡及对中不良所造成的。事实上，该型压缩机扩容改造时，为了减小密封的泄漏损失，提高效率，减小了梳齿密封的间隙，形成了密封腔中的气流激振，导致了转子的振动。

处理措施及生产验证：将迷宫密封改为蜂窝阻尼减振密封。蜂窝密封有效地抑制了气流在密封腔中的周向流动，在高压差、小密封间隙时，仍能保证机组的稳定运转，从而降低了泄漏损失，提高了机组的效率。

第十二章　常用旋转机械的点检方法

现代化设备的广泛应用，虽然大幅度地提高了生产效率和经济效益，但同时也对设备管理提出了新的要求。如何管好这些先进的设备，关键是确定一个与现代化设备管理相适应的现代化设备维修管理方式。沿用了近半个世纪的“计划预修制”虽然对建立我国的设备管理制度和保障设备安全稳定运行起到了积极的作用，但已无法满足现代企业对设备管理的要求，设备管理体制改革已是大势所趋，势在必行。通过对设备运行参数变化以及发展趋势的监查，不但能帮助维修人员在第一时间找到故障根源，对降低设备故障率和减少故障损失等也都具有重要的作用。因此，实行设备点检定修制是实现现代化设备管理的一条成功之路。

第一节　点检的基础知识

一、点检的含义

为了维持生产设备的原有性能，通过人的感官(视、听、嗅、触)或用简单的工具、仪器，按照预先设定的周期和方法，对设备上的规定部位(点)进行有无异常的预防性周密检查的过程，以使设备的隐患和缺陷能够得到早期的发现，早期预防，早期处理，这样的设备检查称为点检。

二、点检的目的

点检的目的是要防故障于未然，即通过对设备的检查和诊断，尽早发现不良的部位，判断并排除不良的因素，进而确定故障修理的范围和内容，并且编制出精确、合理的备品配件供应计划和设备维修计划，从而保持设备性能的高度稳定，提高设备效率。

三、点检的分类

点检按周期和业务范围可分为日常点检、定期点检(专业点检)和精密点检。

日常点检是在设备运行中由操作人员完成，日常点检的内容包括：检查、清扫、加油、紧固、调整、简单维修、更换等内容。通过日常点检检查，及时发现设备异常现象，消除隐患，避免设备在不正常状态下继续工作，延缓设备的劣化。

定期点检是由专职点检员完成，它的内容包括：设备非解体定期检查，设备解体检查，劣化倾向检查，设备精度测试及系统精度检查、调整，油品定期成分分析及更换、添加，零部件更换及劣化部位修复等内容。

精密点检是由点检员配合专业技术人员来完成，用精密检测仪器、仪表对设备进行综合性测试、调查或在不解体的情况下运用诊断技术、特殊仪器及工具或特殊方法测定设备的振动、应力、温度、裂纹、变形等物理量，并通过对测得的数据对照标准进行比较、分析，定量地确定设备的技术状况和劣化倾向程度，以判断其进行维修或调整的必要性。

四、点检的主要环节

（1）确定设备检查点

将设备的关键部位或薄弱环节列为检查重点，并合理的确立检查点的部位和数量，是开展好点检工作的关键。关键部位和薄弱环节主要是指设备的结构、工作条件、生产工艺以及在运行管理中的重要部位和参数要点等。设备检查点选择得过多或过少，都不能达到实施点检的预期目的。

（2）确定点检项目

确定设备点检项目就是要确定各检查点的作业内容，如温度、压力、振动、泄漏以及磨损情况等。确定点检项目时，不但要考虑在生产中的重要性以及设备的结构和特点，还应考虑点检人员的技术水平以及修理、检测工具的配套状况。点检项目确定以后，需将其列入点检项目表中。

（3）制定点检判定标准

制定点检判定的标准主要是依据设备的技术要求和实际运行情况等，它是判定和衡量各检查项目技术状态是否正常的主要依据。为提高点检工作效率和方便点检员工作，在制定判定标准时要尽量做到量化，如要制定出磨损周期、扭紧力矩、压力、润滑量、振动值、温度上下限值、可燃气体泄漏量、参数停机报警设定值等确切数值。

（4）确定点检周期

确定点检周期应根据检查点在保证生产或安全运行上的重要性，以及设备维修保养和运行操作手册的相关要求，结合故障发生频率以及部件磨损情况和磨损趋势、检修经验等，通过对设备的运转、维修和故障记录等情况进行全面的分析和研究，确定出一个切合实际的点检周期。点检周期的最后确定，需要有一个摸索和试行的过程。

（5）确定点检方法和编制点检表

制定点检的操作方法和作业条件非常重要，它能使作业程序更趋标准化和规范化。例如，采取凭感官检查还是使用检测仪器检查，解体检查还是整体检查，停机检查还是在运行中检查等都应有明确的规定。点检人员应根据各自点检内容和分工的不同，执行不同的点检方法和标准。

（6）确定点检人员

日常点检一般是由设备操作者和生产调度员负责完成的，因为他们对设备的技术性能和参数状况都比较熟悉，易于在第一时间发现参数变化或故障征兆；他们也是推行设备全员管理的基础层。定期点检一般是由设备员和机长负责完成的。精密点检由于工作内容复杂、作业量大和操作技术要求较高等，为保证点检质量和工作效率，一般由专业技术人员或专职点检员负责完成。

五、点检员所需的技能

精密点检的点检员必须掌握一定的技能，这是体现专业点检水平的一个重要方面，如判断设备劣化程度的准确性、修复劣化的水平，寻找设备故障点的速度和准确度，以及排除故障和恢复设备正常运行所需时间的长短等等。而现场设备的运行情况又是千变万化，交叉复杂，因此，点检员必须凭借自己所具有的知识、技术、经验以及逻辑思维，在生产现场发现设备所存在的问题和切实解决这些问题，点检员所具备的这种能力就称为点检技能。

点检技能由两方面组成：第一，前兆技术。所谓前兆技术，就是通过设备点检，从稳定中找出不稳定的因素；从正常运转的设备中找出异常的萌芽；发现设备的劣化，并密切跟踪劣化的发展，找出其规律；并做好设备劣化异常的早期发现和早期处理，不让其扩展为设备故障的技术。第二，故障的快速处理技术。这是在设备故障发生后，迅速分析和判断故障发生的部位，制定排除故障的方案并组织实施，尽快排除故障，或采用紧急应变措施，让设备恢复工作，使生产继续进行的技术。机电一体化设备的投入使用，要求点检员在提高自身点检技能的同时，还要触类旁通，扩展自己的知识面，熟悉相关专业的一些基本技能，以求得“边缘区域前进一步”，使点检员在搞好专业设备点检的同时，对专业分界面两侧的设备点检也搞得很好。

第二节　常用旋转机械的点检方法

本章中常用旋转机械包括泵、风机、空压机等流体机械。其点检方法大体分为应用设备单体要素进行点检，或将这些单体要素组合起来进行综合点检。其中包括对设备性能进行点检，方法一般是指检查设备的压力、流量等。多设备单体要素的点检方法也是非常必要的，因此请充分理解和掌握这些方法。泵、风机、空压机的五官点检方法。分别如表 12 – 1 ~ 表 12 – 3 所示。

表 12－1　泵的五官点检方法

五官分类	项　目	内容(方法)	点检时间	现象	标准	原因、目的	应该采取的措施	重点(注意事项)
目测	1. 检查压力 (1)压力表	·检查泵的吸入侧压力和排出侧压力 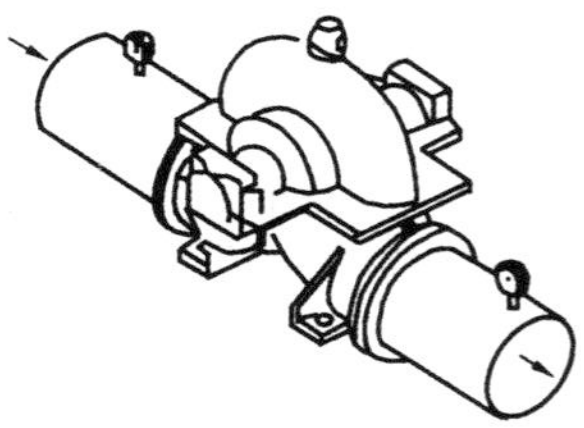	运转时	·吸入侧压力低	·在规定的压力范围内	·吸入阀开度不够 ·过滤器堵塞 ·背压阀堵塞或开度不够	·阀门全开 ·清洗过滤器 ·分解修理背压阀	·压力表的开关的紧固情况不同，也会引起压力变动，因此，应压紧在同一位置上 ·对规定压力应在相同的条件下测定 ·也有可能是导管堵塞，对压力表也要检查 ·压力表不能有振动，故应采取防止振动的措施(刚开始使用时，压力表指针有可能会缓慢上升) ·为了与正常值作比较，应事先划一个标记 ·水温越高，越容易发生气蚀，故吸入侧压力越高越好 ·确认停止时压力表的指针是否能返回到“0”(还要检查压力表的文字板和指针是否松动)
				·排出侧压力低	·在规定的压力范围内	·吸入压力低 ·叶轮口环磨损	·与吸入压力低的处理方法相同 ·分解检查	
				·排出侧压力上升	·在规定的压力范围内	·放出阀的开度不够 ·放出管道堵塞	·调整阀门开度 ·修理管道	
				·排出侧压力不稳定	·在规定的压力范围内	·吸入了空气 ·因管道破损等引起放出量增大	·检查空气的吸入部 ·检查管道系统	
		·确认启动时的压力	运转时	·排出侧压力上不去	·在规定的压力范围之内	·背压阀有泄漏	·将背压阀分解修理	
	(2)滤网	·检查滤网的入口侧和出口侧的压力表，确认它们的压差 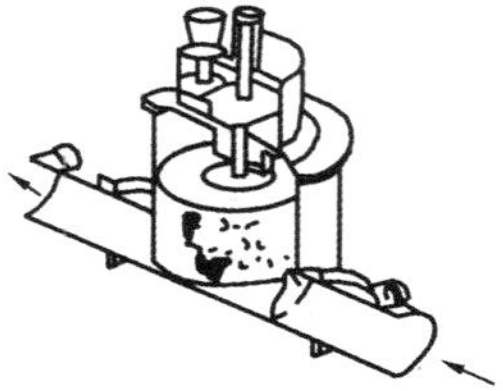	运转时	·压差大	·在规定的压差范围之内	·滤网堵塞	·清洗滤网	·压差开关要经常请电气点检人员一起进行检查 ·转动改变一下滤网的位置，可延长使用寿命 ·在自动滤网逆洗时，检查排出水管的排水中有无杂物 ·关闭排放阀，检查关闭时压力是否正常
				·压差为零	·在规定的压差范围之内	·滤网破损	·修理或更换滤网	

续表

五官分类	项　目	内容(方法)	点检时间	现象	标准	原因、目的	应该采取的措施	重点(注意事项)
目测	2. 检查温度 (1) 轴承温度	·有温度计的话，看温度计	运转时	·在规定温度以上	←请参照轴承一项→			
触感		·无温度计时，用手触感	运转时	·在规定温度以上				
目测	(2) 填料箱的温度	·是否有水气出来	运转时	·有水气出来	·无水气出来	·密封压盖过紧	·调整紧固力	·在放入或更换密封压盖垫圈时注意不能单边紧固或紧固过紧(在打开吸入阀时，先放掉少量的水) ·在发生漏水时，分3～4次确认发热和漏水量 ·在机械密封时，从机械密封处没有漏水 ·掌握各个部件正常时的温度 ·轴承本体排水管有堵塞时，水有可能进入轴承，故应检查排水管有无堵塞 ·如密封水外部漏水多的话，水有可能进入轴承，故应进行调整，使水不发生飞溅 ·掌握不同季节的冷却器水温差，将其设定在一个适当的容许范围值内
		·密封压盖是否漏水	运转时	·泄漏量大	·水巴达巴达滴下来	·密封压盖垫圈不良 ·轴衬磨损 ·密封压盖紧固不够	·打开点检 ·调整紧固力	
触感		·用手触感填料箱	运转时	·在规定温度以上	·在规定温度范围之内	·紧入过多 ·片边紧固	·调整紧固力 ·更换垫圈	
	(3) 流体温度	·用手触感罩壳	运转时	·在规定温度以上	·在规定温度范围之内	·冷却器能力差	·冷却器分解修理(清洗)	
目测	(4) 冷却器温度	·检查冷却器的出口侧和入口侧的温度计温度 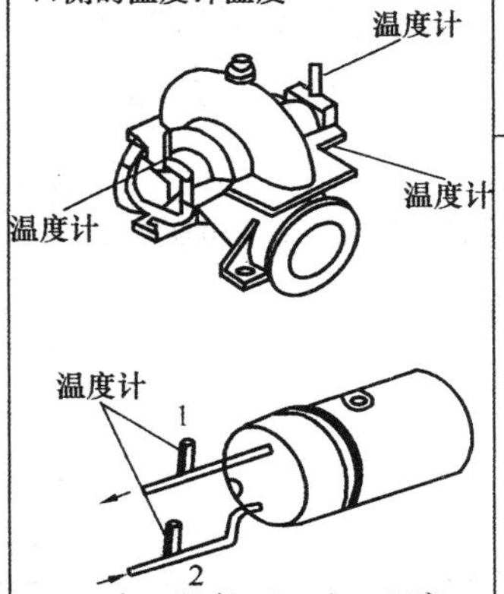 1—出口温度；2—入口温度	运转时	·水温不高	·在规定温度范围之内	·冷却水不够 ·管子堵塞 ·管子破损	·调整冷却水水量 ·清扫，清洗 ·装盲板	
					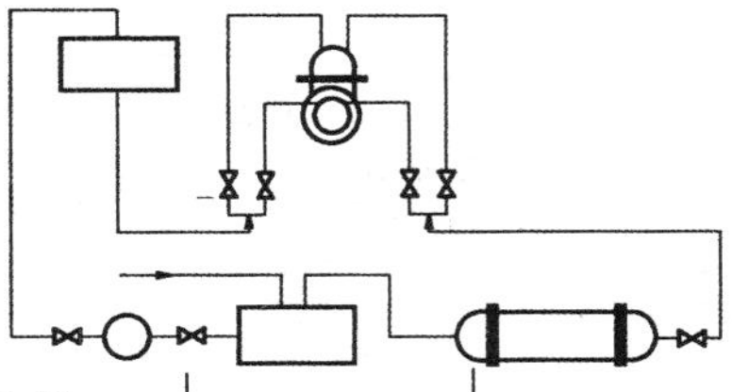 (参考) (高炉热风阀冷却水泵系统图)			

续表

五官分类	项　目	内容(方法)	点检时间	现象	标准	原因、目的	应该采取的措施	重点(注意事项)
目测	3. 检查电流 电流表	·读出电流表上的指针 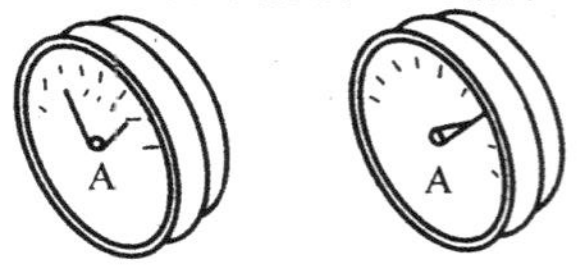 指针的晃度大　绝对值大（或小）	运转时	·比规定值高	·在规定的电流范围之内	·包括轴承在内的驱动系统如发生故障，负荷就会变大	·点检驱动系统	·电流发生异常，不一定都是机械原因，也可能是电气原因，应予以注意 ·即使泵在运转，在并列设置的泵中，也有可能某台泵因逆止阀不良发生了反转 ·在逆列设置时也可能会因逆止阀不良而发生反流 ·电流值下降时有可能电流急剧下降也可能是慢慢地下降
目测	3. 检查电流 电流表	·读出电流表上的指针 指针的晃度大　绝对值大（或小）	运转时	·指针的晃动大	·在规定的电流范围之内	·吸入空气而引起气蚀	·点检空气吸入处	·电流发生异常，不一定都是机械原因，也可能是电气原因，应予以注意 ·即使泵在运转，在并列设置的泵中，也有可能某台泵因逆止阀不良发生了反转 ·在逆列设置时也可能会因逆止阀不良而发生反流 ·电流值下降时有可能电流急剧下降也可能是慢慢地下降
目测	3. 检查电流 电流表	·读出电流表上的指针 指针的晃度大　绝对值大（或小）	运转时	·比规定值低	·在规定的电流范围之内	·逆止阀未打开 ·吸入口堵塞 ·吸入了空气 ·叶轮磨损	·检查各种阀门的开度 ·清洗滤网 ·点检空气吸入处 ·打开点检	·电流发生异常，不一定都是机械原因，也可能是电气原因，应予以注意 ·即使泵在运转，在并列设置的泵中，也有可能某台泵因逆止阀不良发生了反转 ·在逆列设置时也可能会因逆止阀不良而发生反流 ·电流值下降时有可能电流急剧下降也可能是慢慢地下降
目测	4. 检查流量 流量计	·读出流量计的流量显示 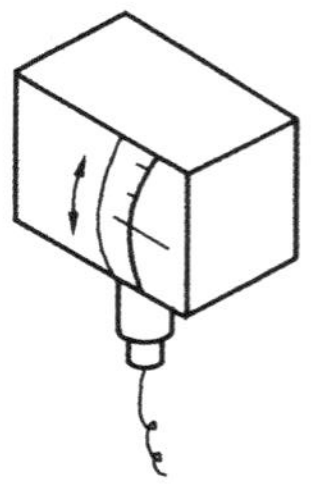	运转时	·流量小	·在规定的流量范围之内	·泵异常 ·管道堵塞 ·滤网堵塞 ·转速低	·点检泵 ·修理清扫 ·清扫滤网 ·检查运转速度是否小	·确认在停止时，流量计的指针是否为“0”

表 12－2　风机的五官点检方法

五官分类	项　目	内容(方法)	点检时间	现象	标准	原因、目的	应该采取的措施	重点(注意事项)
目测	1. 检查压力 (1) 压力表	·观察风机的吸入侧压力表	运转时	·吸入侧压力低	·在规定压力范围之内	·过滤器堵塞 ·挡板开放不良 ·挡板不好	·清扫过滤器 ·检查连接棒 ·检查连接棒	·吸入侧压力与大气压力相等时无压力显示 ·罗茨风机的转子有磨损时吸入侧压力会较低 ·V 型皮带驱动时，如有打滑，转速会降低 ·确认在停止时，压力表的指针是否为“0”(并应检查表的文字板和指针是否有松动)
		·观察风机的排出压力表 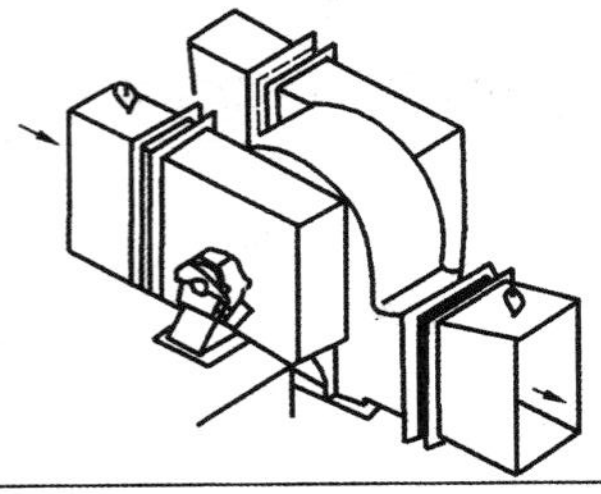	运转时	·排出侧压力低	·在规定压力范围之内	·转速低 ·吸入侧压力低	·委托电气点检检查 ·参见吸入侧压力一项	
	(2) 供油泵的排出压力	·观察供油泵的排出侧压力表 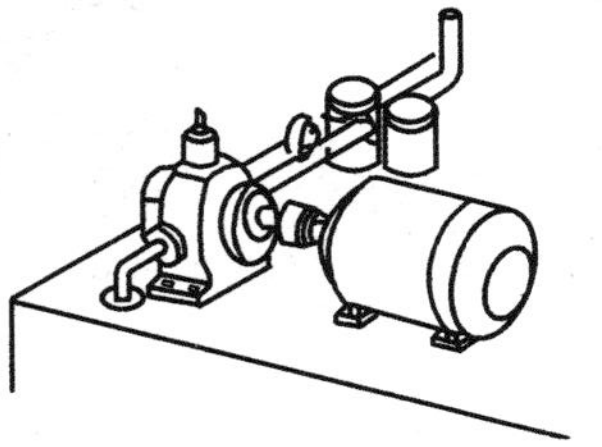	运转时	·压力异常	·在规定压力范围之内	·修理释放阀	·修理释放阀	·为能与正常值作比较，在压力表上做好标记 ·有时压力虽达到了设计值，但排出量仍明显少，故应予以注意 ·A、B 的压差大的话，可判定为是过滤器堵塞 ·在冬季黏度低的状态下运转时，由于油的黏度较高，压力有可能上升过高，或压力变动较大
				·压力低	·在规定压力范围之内	·滤网堵塞 ·泵不良	·清扫滤网 ·分解和修理泵	
				·压力上升	·在规定压力范围之内	·压力设定不良 ·配管堵塞 ·过滤器堵塞	·调整释放阀 ·清扫和修理管道 ·清扫过滤器	
				·喘动不匀	·在规定压力范围之内	·吸入了空气 ·油量不够	·重新紧固法兰球 ·更换密封 ·加油	
	(3) 轴承部的供油压力	·观察轴承入口侧的供油压力表 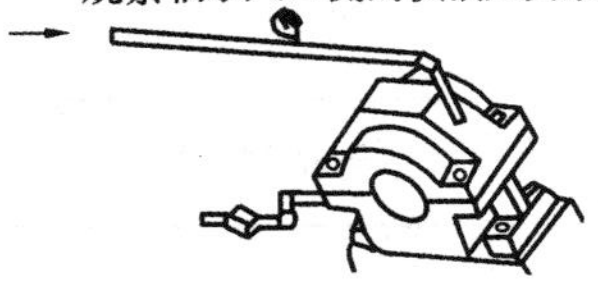	运转时	←与供油泵的排出侧压力检查内容相同→				

续表

五官分类	项　目	内容（方法）	点检时间	现象	标准	原因、目的	应该采取的措施	重点（注意事项）
目测	（4）冷却水压力	观察冷却器入口侧和出口侧的压力表 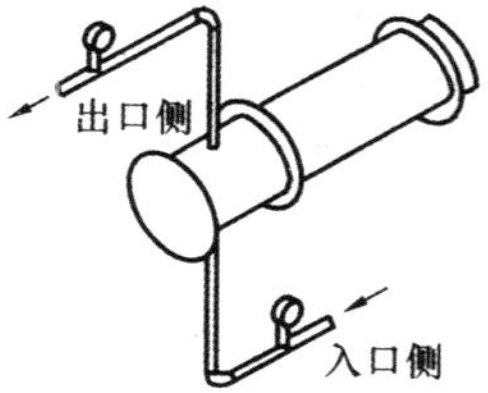 	运转时	·压差大	·在压差的规定范围之内	·管道堵塞 ·管道破裂 ·泵不良	·修理清扫装上塞子	
	2. 检查温度 （1）轴承温度	·读出 D. S.（驱动侧）和 W. S.（工作侧）的温度计温度	运转时	←参见“轴承”一项的内容→				
触感		用手接触轴承测温度 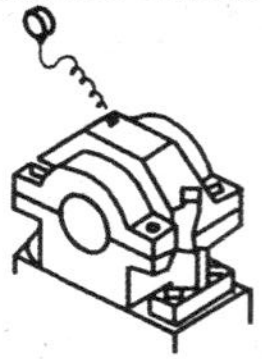	运转时					
目测	（2）油槽内润滑油的温度	·读出温度计的指针温度 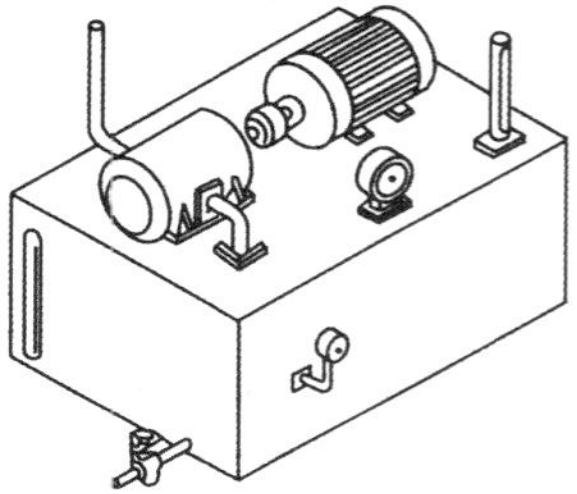	运转时	·温度上升	·在规定的温度范围之内	·冷却器的能力低	·与冷却器一项的内容相同	·定期对油进行分析检查

续表

五官分类	项　目	内容(方法)	点检时间	现象	标准	原因、目的	应该采取的措施	重点(注意事项)
触感	3. 检查振动情况 (1) 风机本体	·用手触感风机罩	运转时	·异常振动	·应无振动	·风量不够 ·不平衡	·关小吸入挡板 ·开大放出挡板 ·测定 MC 以后再判定	
	(2) 轴承	·用手触感检查	运转时	←参见轴承一项→				
目测	(3) 联轴器	·观察联轴器的振动情况	运转时	←参见轴联轴器一项→				
触感	(4) 基础螺栓	·用手触感检查 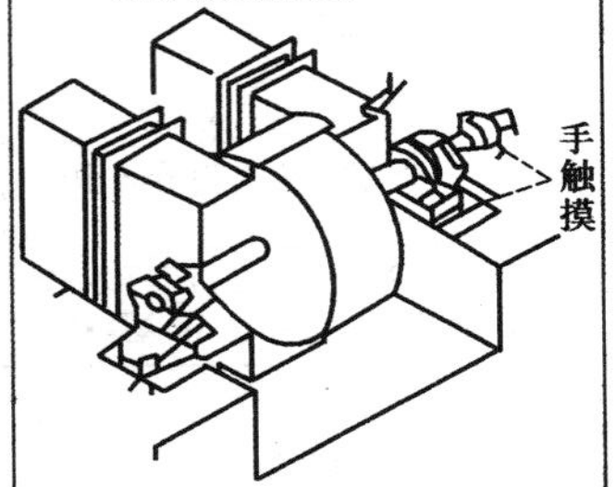 	运转时	·螺栓振动大	·应无振动	·螺栓松动 ·基础不好	·紧固螺栓	·在点检基础螺栓时，也应当确认一下水的波动 ·加油管道发生振动； ·从基础传到风机底部的振动
目测	4. 检查油量和流量 (1) 油槽	·检查油槽的油量 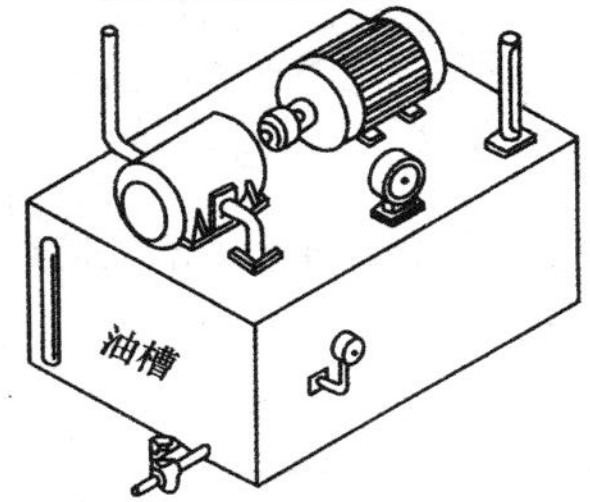 	运转时及停止时	·油量减少	·在上限、下限范围之内	·漏油	·加油 ·检查漏油处	·掌握好运转时和停止时的油位差
				·油槽油量增加	·在上限下限范围之内	·冷却器的冷却水浸入	·检查冷却器管道	

续表

五官分类	项　目	内容(方法)	点检时间	现象	标准	原因、目的	应该采取的措施	重点(注意事项)
目测	(2) 油环	·检查油环的飞溅状态 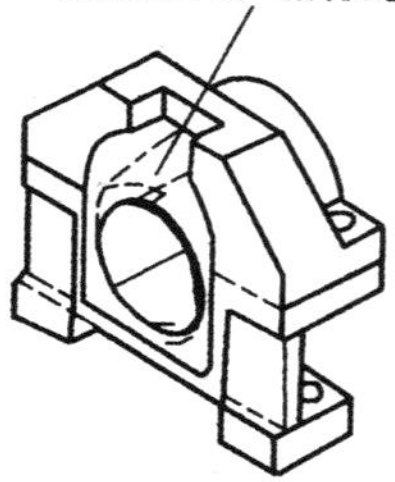	运转时	←——参照轴承一项——→				
	(3) 润滑点	·检查润滑点的流量 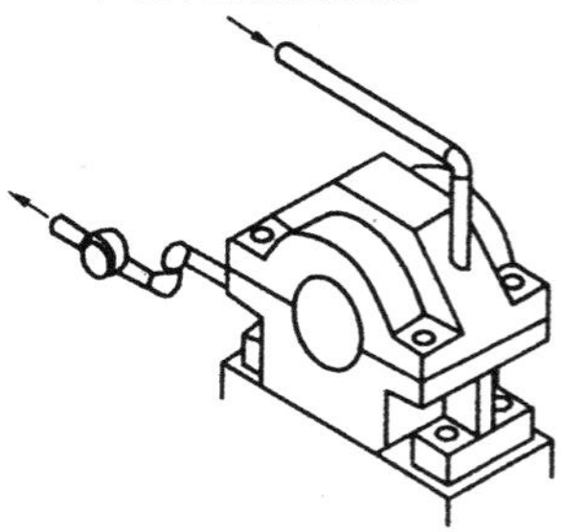	运转时	←——参照轴承一项——→				
	5. 检查流量 电流表	·读出电流表的电流显示 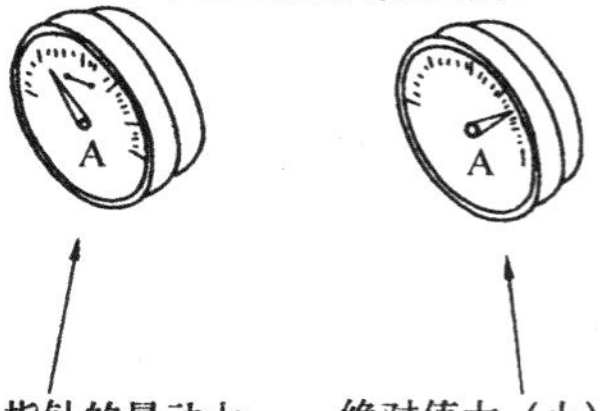	运转时	·比规定值大	·在规定电流值范围之内	·包括轴承在内的驱动有故障时负荷较大	·点检驱动系统	·有时电流表能反映出装置整体方面的异常 ·电流异常不一定是机械方面的原因，也可能是电气方面原因，故应予以注意 ·在电流表上对规定范围值做好标记，以便防止看错
				·指针的晃动大	·在规定电流值范围之内	·喘动不匀	·关小吸入挡板开度 ·开大放出挡板开度	
				·比规定值低	·在规定电流值范围之内	·吸入挡板的开度不够 ·叶轮磨损	·调整挡板 ·打开点检	

续表

五官分类	项　目	内容(方法)	点检时间	现象	标准	原因、目的	应该采取的措施	重点(注意事项)
听音	6. 检查声音 (1) 风机本体	· 在风机罩壳上听声音	运转时	· 呜呜声	· 正常声	· 因风量不够引起喘动	· 关小吸入挡板 · 开大放出阀开度	· 如把排出挡板关得过小，则容易产生喘动不匀
	(2) 轴承	· 用听音棒听声音	运转时	←参见轴承一项→				
	(3) 联轴器	· 确认联轴器上是否存在异常声音	运转时	←参见轴联轴器一项→				
	(4) 基础螺栓	· 用榔头敲打螺母头部 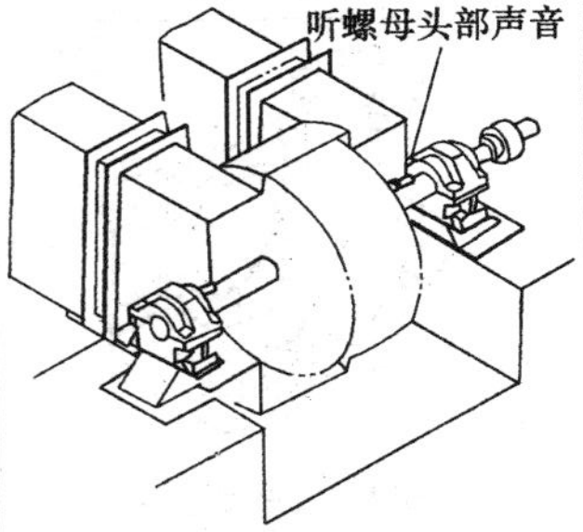	运转时 停止时	· 迟钝的声音	· 大的声音(咔、咔)	· 螺栓松动 · 螺栓折损 · 混凝土裂开	· 紧固螺柱 · 更换螺栓	· 特别要注意基础混凝土的开裂 · 在用点检榔头不能确认松动情况时，可以用单面榔头轻轻敲打

表 12－3　空压机的五官点检方法

五官分类	项　目	内容（方法）	点检时间	现象	标准	原因、目的	应该采取的措施	重点（注意事项）
目测	1. 检查压力 （1）1 段排出压力表	·观察 1 段排出压力表 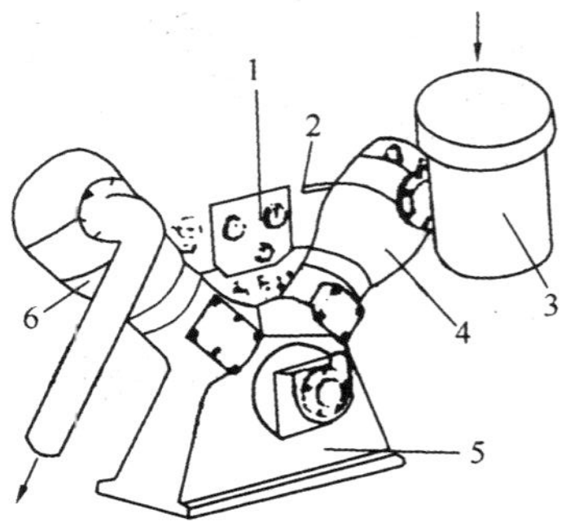 1—内部冷却器；2—1 段排出压；3—空气过滤器；4—1 段油缸；5—油泵；6—2 段油缸	运转时	·1 段压力低	·在规定的压力范围之内	·低压吸入排出阀或弹簧破损 ·内部冷却器泄漏 ·低压侧活塞环损伤 ·高压侧吸入阀的膜破损	·分解点检	·确认在停止时压力表的指针是否能回到“0”（同时检查文字板和指针是否松动） ·确认导管中空气是否泄漏 ·确认导管是否堵塞 （检查发现故障阀的顺序 ①触感吸入阀，比较一下温度（温度高为不好） ②用听音棒听音进行比较）
				·1 段压力高	·在规定的压力范围之内	·高压阀或弹簧破损 ·高压吸入排出阀的垫圈不良 ·高压侧油缸头盖的垫圈不良 ·高压侧活塞损坏	·分解点检	
	（2）2 段排出压力表	·观察 2 段排出压力表	运转时	·压力只能上升到 2 段压力	·在规定的压力范围内	·使用量超过了压缩机容量 ·V 型皮带打滑 ·管道联轴器的空气泄漏 ·三向开关有泄漏 ·压力开闭器或控制阀故障 ·三向电磁阀故障 ·高压侧活塞环故障	·调查使用情况 ·将 V 型皮带张紧 ·听泄漏声音 ·分解点检	·掌握卸荷的时间 ·夏天时由于使用量增大，排出侧压力有可能不足（调查使用量）

续表

五官分类	项　目	内容(方法)	点检时间	现象	标准	原因、目的	应该采取的措施	重点(注意事项)
目测	(2) 2段排出压力表	·看2段排出压力表	运转时	·压力上升到规定的2段压力以上安全阀打开	·在规定压力范围内	·阀联动装置管道的空气泄漏 ·高压侧低压侧的膜都发生破损，因此，阀门不能联动 ·压力开闭器或控制阀故障 ·三向电磁阀故障	·听泄漏声音 ·分解点检	·掌握好安全阀、压力开闭器的设定压力
	(3) 油泵油压表	·观察油压表 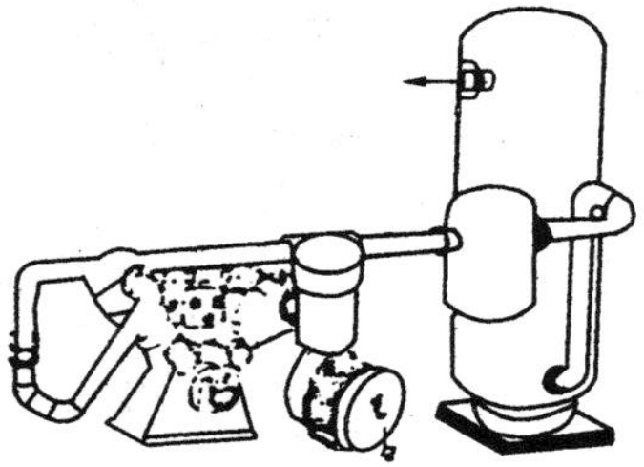	运转时	·油压低	·在规定压力范围之内	·曲柄罩内油量不够 ·曲柄罩内的油滤网堵塞 ·管线中漏泄 ·连杆各部位磨损造成泄漏严重 ·油泵不良 ·过滤器脏	·加油 ·清扫滤网 ·紧固接头 ·分解点检 ·清扫	·检查是否存在漏油 ·油压表是非常重要的，应仔细检查
			运转时	·油压过高	·在规定压力范围之内	·释放阀前面的配管堵塞 ·释放阀堵塞 ·释放阀弹簧过强	·清扫 ·清扫 ·调整弹簧	

续表

五官分类	项　目	内容(方法)	点检时间	现象	标准	原因、目的	应该采取的措施	重点(注意事项)
目测	2. 检查温度 (1) 1段排出温度计	·观察1段的排出温度计 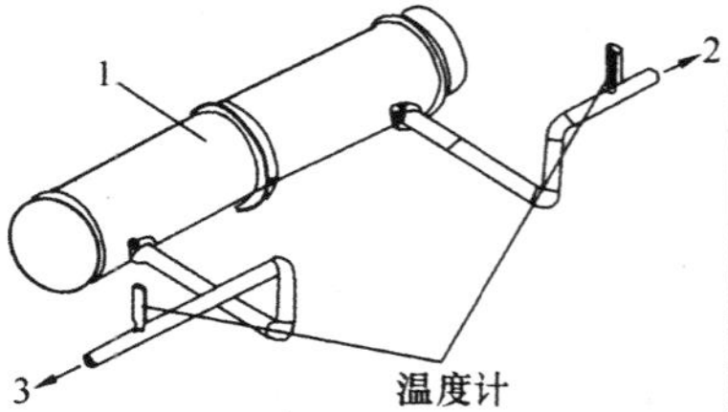 1—内部冷却器；2—1段排出；3—2段入口	运转时	·1段油缸的温度过高	·在规定的温度范围之内	·冷却水温度过高 ·活塞或油缸导块有缺陷 ·排出阀板或弹簧折损 ·阀门上附上了碳等 ·油缸的油润滑不良 ·油缸内侧附有杂物 ·活塞环破损 ·冷却水控制动作不良或阀门入口过滤器堵塞	·检查水泵 ·检查冷却水量 ·检查去除碳的加油量 ·调整注油量	·注意环境温度 ·检查排放分离器是否动作正常
	(2) 2段入口温度计	·观察2段入口温度	运转时	·2段入口温度过高	·在规定温度范围之内	·内部冷却器的冷却水量不够 ·内部冷却器配管内有水垢附着	·检查水量 ·清扫	·当1段排出温度与2段入口温度没有温度差时，则内部冷却器的性能就会降低

续表

五官分类	项　目	内容(方法)	点检时间	现象	标准	原因、目的	应该采取的措施	重点(注意事项)
目测	(3) 2段排出温度计	·观察2段排出温度计 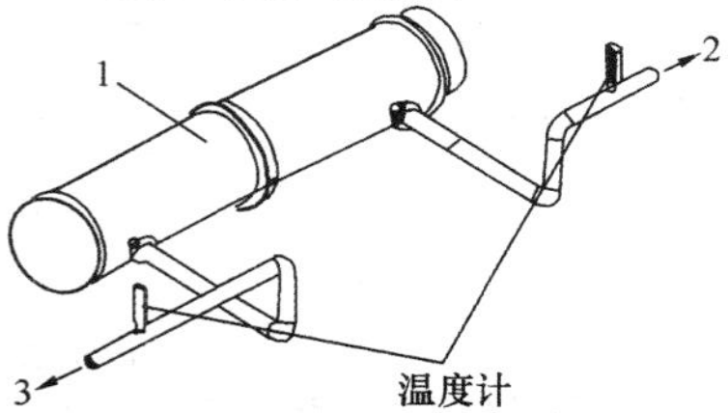 1—后冷却器；2—后冷却器出口；3—2段放出	运转时	·高压油缸的温度过高	·在规定温度范围之内	·冷却水温度太高 ·放出阀板或弹簧折损 ·阀门等上面附上了碳 ·油缸润滑不良 ·油缸内有杂物 ·活塞杆填料异常 ·活塞环破损 ·冷却水控制阀动作不良	·检查冷却水量 ·去除碳、清扫、检查注油量 ·调整加油量(加油式) ·清扫，点检空气清洁器，如果是气体即点检吸入分离器 ·重新调整紧固螺母(加油式) ·点检填圈环(无加油式)	·检查排水分离器的动作是否正常 ·由于管道等是热的，因此不得用空手触感
	(4) 后冷却器出口温度计	·观察后冷却器的出口温度计	运转时	·后冷却器的出口温度高	·在规定温度范围之内	·冷却器的冷却水量不足 ·附着水垢	·检查水量 ·清扫	·当2段垫片温度和后冷却器出口温度没有差别时，则说明后冷却器的性能太低

续表

五官分类	项　目	内容(方法)	点检时间	现象	标准	原因、目的	应该采取的措施	重点(注意事项)
听音	3. 检查声音 (1) 油缸周围	·用听音棒听阀门活塞和十字头的声音 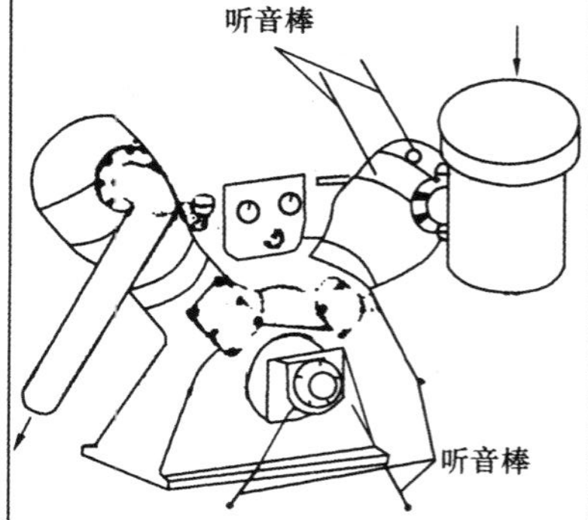 	运转时	·撞击声	·无撞击声	·压住阀门的螺栓松动 ·阀门板或阀门弹簧折损 ·阀门填圈损坏 ·活塞和油缸的间隙大 ·油缸内吸入了杂物 ·吸入卸载波动 ·活塞环破损 ·吸入排出阀破损	·分解点检	·平时经常听阀门的正常运转声音，在不正常情况时才能立即发现
	(2) 曲柄室内	·用听音棒听曲轴轴承和内部的声音	运转时	·异常音	·无异常音	·曲轴轴承不良（Brg 轴承） ·各个部件有磨损 ·帽子螺栓或螺母松动	·分解点检	
	(3) 油泵	·用听音棒听轴承和齿轮的咬合音	运转时	·异常音	·无异常音	·轴承不良 ·齿轮磨损或缺损	·分解点检	

续表

五官分类	项　目	内容(方法)	点检时间	现象	标准	原因、目的	应该采取的措施	重点(注意事项)
目测	4. 检查电流表 电流表	·观察电流表的指针  	运转时	·比规定值高	·在规定值范围之内	·油缸烧坏 ·曲轴轴承不良	·打开点检	·电流表往往可以反映出装置整体异常 ·电流异常不一定都是机械方面的原因，也应考虑是电气方面的原因，应予以注意 ·在仪表上做好规定范围的标记，以便防止看错
				·指针的晃动大		·V型皮带打滑 ·膜破损	·张紧V型皮带 ·打开点检	
				·比规定值低		·空气过滤器堵塞	·清扫过滤器	
	5. 检查油量 （1）吸入过滤器	·观察吸入过滤器的油流量计 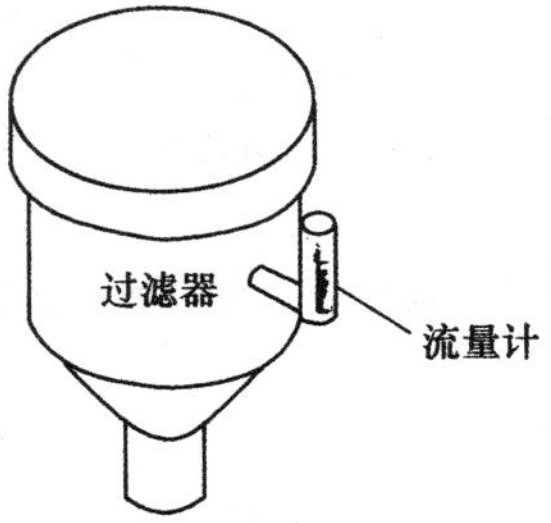 	运转时	·跌到下限下面	·在上限，下限之间	·消耗 ·因龟裂而产生泄漏	·补充加油	·有可能会因玻璃上的污物而看错，应予以注意 ·注意导管的堵塞 ·消费量比平常大时，应检查过滤器是否有问题 ·加油时应注意不要搞错油种，不要让垃圾混入

续表

五官分类	项　目	内容（方法）	点检时间	现象	标准	原因、目的	应该采取的措施	重点（注意事项）
目测	（2）曲柄室内	·观察曲柄室内的油流量计 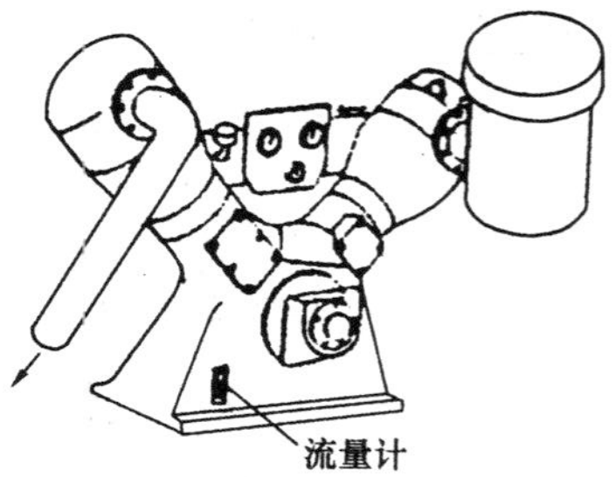	运转时	·跌到下限下面	·在上限，下限之间	·活塞环磨损	·补充加油	·在负荷运转时油位会下降，故应事先在停止时确认油位
	（3）气筒加油器	·观察加油器内的油流量计 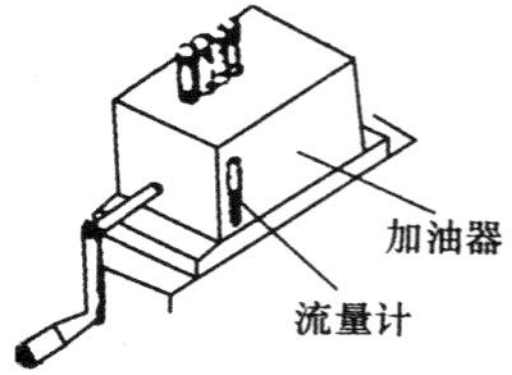	运转时	·跌到下限下面	·在上限，下限之间	·消耗	·补充加油	·确认油缸的注油情况 ·经常周期性地补充油量（周期缩短时说明内部有异常）

续表

五官分类	项　目	内容(方法)	点检时间	现象	标准	原因、目的	应该采取的措施	重点(注意事项)
触感	6. 检查振动 (1) 本体	·用手触感罩壳	运转时	·异常振动	·应无振动	·耳轴销磨损 ·曲柄磨损 ·曲柄轴轴承磨损	·分解点检	
	(2) 轴承	·用手触感轴承部	运转时	←参见轴承一项→				
听音	(3) 基础	·用榔头敲打基础螺栓听声音 	运转时	·迟钝的声音	·发出大的声音	·螺栓松动 ·螺栓折损 ·混凝土裂开	·紧固螺栓 ·更换螺栓	·在用点检榔头很难确认松动情况，可以用单面榔头轻轻敲打进行确认 ·特别要注意基础混凝土是否开裂
触感	7. 其他 V 型皮带	·检查 V 型皮带的张紧情况 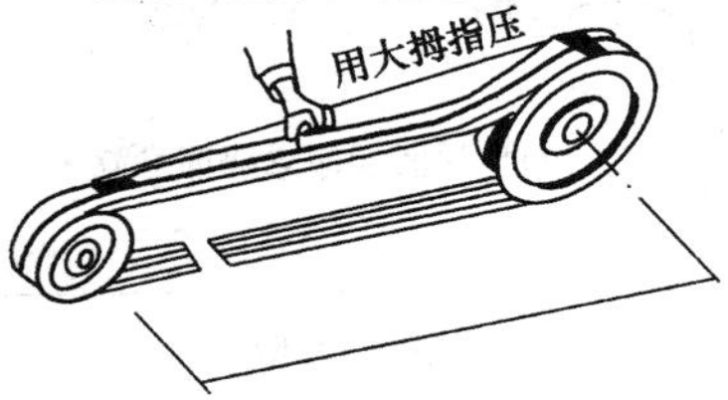 	运转时	·上下有偏差	·无偏差	·V 皮带拉长	·张紧 V 型皮带	·更换 V 型皮带时必须全部换掉 ·购买时必须批量购买(如分别购买的话，则会有尺寸差)
			停止时	·沟底面磨光	·不碰到底面	·V 型皮带轮磨损	·研磨或更换 V 型皮带	

续表

五官分类	项　目	内容(方法)	点检时间	现象	标准	原因、目的	应该采取的措施	重点(注意事项)
目测	1. 检查压力 (1) 排出压力表	·观察排出侧的压力表 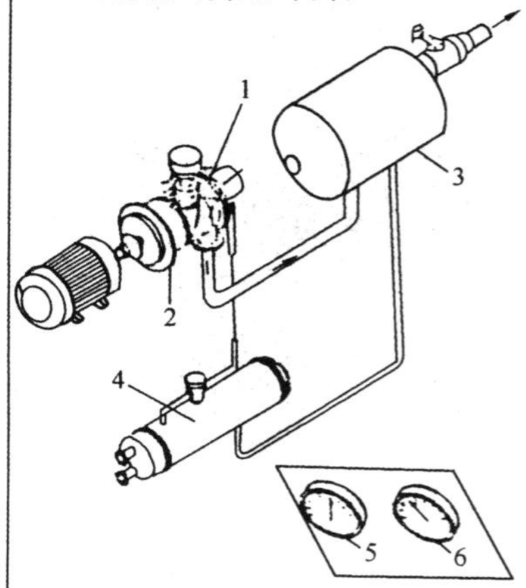 1—吸入过滤器；2—压缩机；3—油回收器；4—油冷却器；5—排出压力；6—油压表	运转时	·在排出侧空气压力范围之内	·在规定压力范围之内	·保压阀的设定压力不良 ·吸气调整阀的设定不良	·分解，调整 ·再次调整设定	·如果保压阀设定太低，通过油回收器的空气流速会加快，油回收的能力就降低，油回收器内的油减少，从而引起大事故，因此要充分注意保压阀的设定 ·确认在停止时，压力表的指针是否为“0”(同时检查表的文字板，指针是否松动)
				·排出空气压力高	·在规定压力范围之内	·吸气调节阀设定压力不良 ·吸气调整阀膜破损 ·压力操作配管漏	·再次调整设定 ·更换膜 ·修补配管	

续表

五官分类	项　目	内容(方法)	点检时间	现象	标准	原因、目的	应该采取的措施	重点(注意事项)
目测	（2）供油压力表	·观察油泵的供油压力表 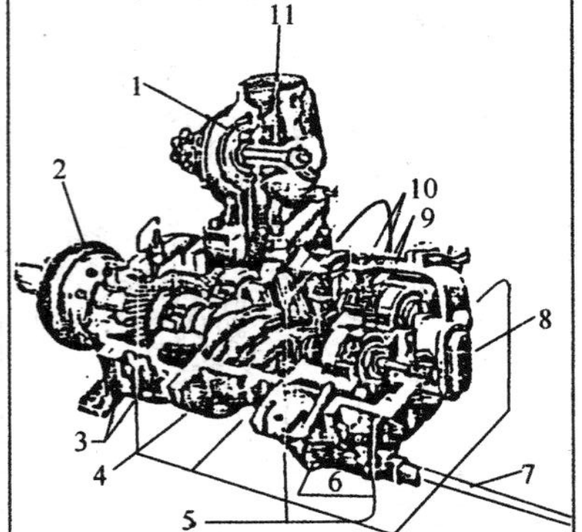 1—容量调节阀；2—轴联轴器；3—加速齿轮；4—罩壳；5—从油回收器和油过滤器出来；6—逆止阀；7—压缩空气和油；8—油泵；9—轴承；10—平衡活塞；11—吸入空气	运转时	·供油压力低	·在规定压力范围之内	·油泵调节阀的设定不好或弹簧破损 ·供油系统的阻力增大 ·油润滑量减少 ·泵内吸入了空气 ·油温过高 ·油泵故障 ·油回收器，油位低	·分解点检 ·清洗油过滤器 ·清洗油冷却器 ·清扫供油管 ·清扫油过滤器 ·点检油位 ·调整温度调节阀的设定 ·补充加油	·确认油泵入口转动部件是否都顺利运转
				·油压高	·在规定压力范围之内	·罩壳加油孔堵塞 ·加油管或孔堵塞 ·油泵不好 ·释放的设定不良	·点检清扫 ·点检清扫 ·再次调整设定	

续表

五官分类	项　目	内容(方法)	点检时间	现象	标准	原因、目的	应该采取的措施	重点(注意事项)
目测	2. 温度检查 (1) 排出空气温度	·观察排出空气侧的温度计 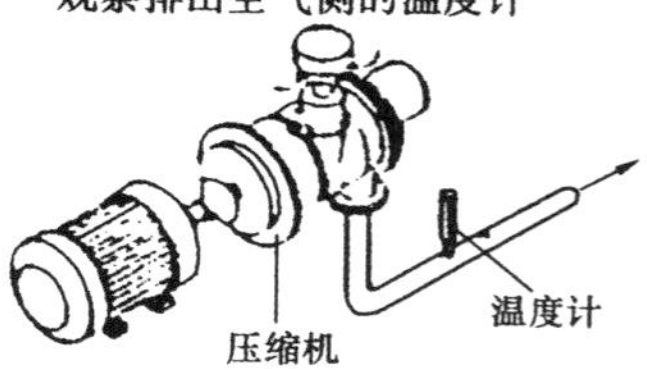 	运转时	·排出空气温度低	·在规定温度范围之内	·温度调节阀的设定不良	·调整设定温度	·有可能是莫杜特罗尔电动机(控制电机)和调节器的配线不良，应请电气点检人员一起参加检查(调节一般排出温度)
				·排出空气温度高	·在规定温度范围之内	·油冷却器能力低 ·冷却水不够 ·油质下降混入杂物 ·卸载设定过高 ·油回收器部件有堵塞 ·温度调节阀的设定不良	·清扫 ·增加加油量 ·换油 ·重新设定 ·更换零部件 ·重新设定	
	(2) 油冷却器温度计	·观察冷却水出入口侧的温度计 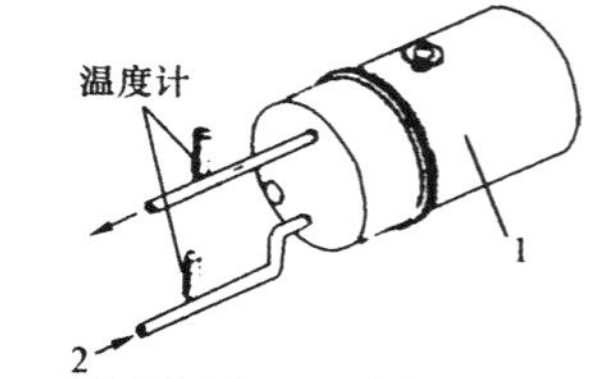 1—油冷却器；2—冷却水	运转时	·温差大	·在规定温度范围之内	·冷却水量不够 ·回收油温过高 ·管子堵塞 ·管子破损	·调整冷却水量 ·清洗堵塞零部件 ·清扫，清洗 ·装上盲板	·掌握季节之间的温度差，设定好不同季节的允许范围差

续表

五官分类	项　目	内容(方法)	点检时间	现象	标准	原因、目的	应该采取的措施	重点(注意事项)
听音	3. 检查声音 (1) 压缩机本体	·用听音棒听本体发出的异常声音 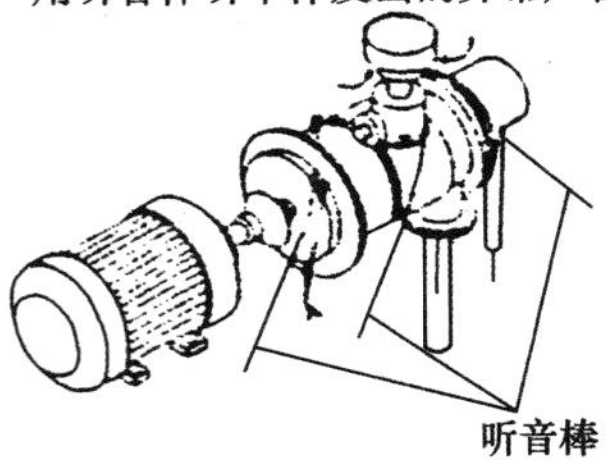 	运转时	·异常声音	·无异常声音	·油回收器内的油不够 ·油系统中的阻力大 ·油中含杂物 ·压缩机咬入杂物 ·轴承不良 ·转子不良	·点检油回收器的油位 ·点检油过滤器和油冷却器 ·点检油过滤器和油冷却器 ·点检油过滤器 ·点检油中的杂物 ·确认转动情况的进行分解修理 ·测定 MC 后进行精密诊断 ·测定 MC 后进行精密诊断	·应当进行倾向管理，掌握好正常数值，异常数值
	(2) 油泵	·用听音棒听油泵的异常声音 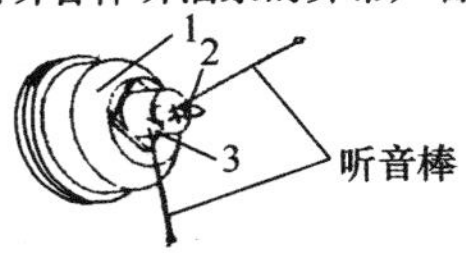 1—油泵；2—轴承；3—齿轮	运转时	·异常声音	·无异常声音	·因吸入空气而引起气蚀 ·油泵轴承不良 ·油泵齿轮磨损或缺损	·给油回收器中填充油 ·测定 MC 后进行精密诊断 ·测定 MC 后进行精密诊断	·排出压力降得太多时，也会发生此种情况，故绝对不能进行这样的运转

续表

五官分类	项　目	内容(方法)	点检时间	现象	标准	原因、目的	应该采取的措施	重点(注意事项)
目测	4. 检查电流 电流表	·读出电流表数值  指针的晃动大　　绝对值大(小)	运转时	·比规定值大	·在规定电流值范围之内	·润滑油劣化 ·转动部分异常劣化	·换油 ·测定MC后再判定	·电流表往往能反映出设备整体的异常情况 ·电流异常不一定都是机械原因，也可以考虑是电气原因，应予以注意 ·在仪表上预先作好规定范围值的标记，以便防止看错 ·检查好在停止时仪表指针是否能回“0”位 ·电流值超过时，往往是因设备部件堵塞
				·指针晃动大	·在规定电流值范围之内	·油回收器的阻力大 ·电压低	·修理清洗油回收器的部件	
				·比规定值低	·在规定电流值范围之内	·吸入吐出过滤器堵塞	·清洗吸入和放出过滤器	
				·过电流继电器动作	·过电流继电器不动作		·测定电流值 ·转动压缩机	

续表

五官分类	项目	内容(方法)	点检时间	现象	标准	原因、目的	应该采取的措施	重点(注意事项)
目测	5. 检查油量和流量 (1) 吸入过滤器	·观察吸入过滤器的油流量计 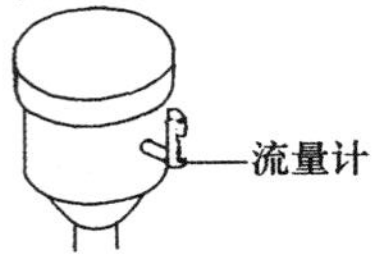	运转时	·跌破下限	·在上限和下限之间	·消耗 ·因龟裂引起泄漏	·加油	·玻璃污染后有可能会看错，应予以注意 ·注意导管的堵塞
	(2) 油回收器	·观察油回收器的油流量计 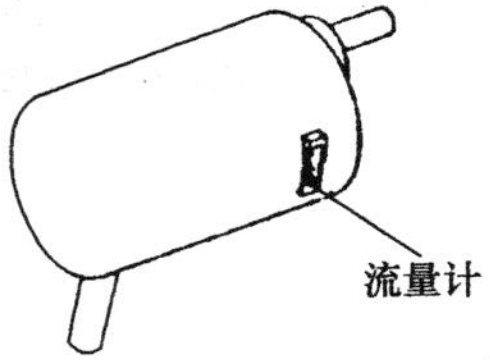	运转时	·跌破下限	·在上限和下限之间	·油回收器的回路过滤器堵塞 ·油回收器部件劣化	·清扫，修理	·掌握停止时和运转时油位的变化情况 ·预先确定加油的周期，如消耗量增加，则说明有部件发生了破损(也可能是冷却器配管破损) ·将定期地采样油，进行检查(防止出现焦油状的渣)
	(3) 油冷却器的冷却水	·观察冷却水出口侧的流量 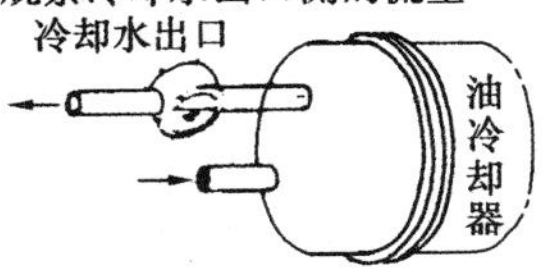	运转时	·流量少	·在规定流量范围之内	·管子堵塞 ·管子破损 ·冷却水量不够	·修理，清洗 ·装盲板	·玻璃污染后有可能会看错，应予以注意 ·在正常流量的位置上先做好标记，以便能很快地分辨出异常值 ·检查断水继电器的状态

续表

五官分类	项　目	内容(方法)	点检时间	现象	标准	原因、目的	应该采取的措施	重点(注意事项)
触感	6. 检查振动 (1) 本体	·用手触感罩壳	运转时	·异常振动	·应无振动	·磨损	·打开，点检	
	(2) 轴承	·用手触感轴承部	运转时	←参见轴承一项→				
目测	(3) 联轴器	·观察联轴器的晃动	运转时	←参见轴联轴器一项→				
听音	(4) 基础	·用榔头敲打基础螺栓	运转时	·迟钝的声音	·高音	·螺栓松动 ·螺栓折损 ·混凝土开裂	·紧固螺栓 ·更换螺栓	·在用点检榔头很难确认松动情况，故应用单面榔头轻轻敲打检查 ·特别要注意基础混凝土的开裂

第三节　常用联轴器的点检方法

联轴器主要包括齿轮联轴器、轮胎联轴器、滑动联轴器、链联轴器、十字销子、法兰联轴器及挠性联轴器等。联轴器属于旋转体，与其他机械设备一样，其一般点检方法是检查联轴器在运转过程中发出的异常声音。联轴器处于工作状态时，检查其上所有项目较困难；但联轴器处于静止状态时，一些项目必须进行检查，如裂纹检查等。下面分别介绍使用五官检查上述联轴器异常音、温度、裂纹、加油状况、磨损等的方法，如表 12－4～表 12－11 所示。

表 12－4　齿轮联轴器的五官点检方法

五官分类	项　目	内容（方法）	点检时间	现象	标准	原因、目的	应该采取的措施	重点（注意事项）
目测	1. 键的检查	·观察松弛、脱出 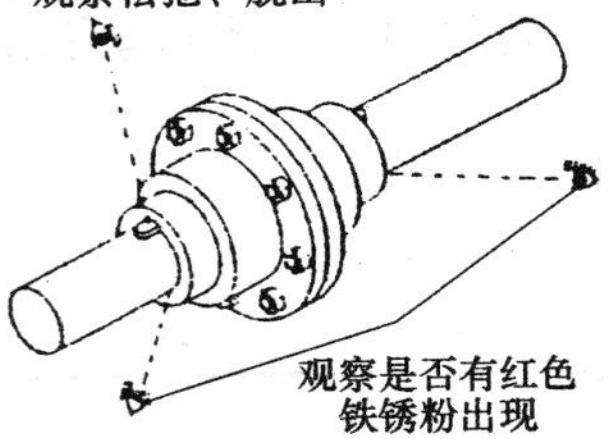 	停止时	·轴和联轴器轮壳嵌合处有红色铁锈 ·油渗出 ·键发光	无松动	·轴和联轴器轮壳的嵌合太弱 ·键嵌合太弱 ·对中不准 ·键脱出 ·键沟磨损	·选定合适的嵌合值 ·制作更换合适的键 ·轮壳内径对中 ·制作和更换合适的键 ·修正键的沟槽	
	2. 检查外筒	观察外筒的振动 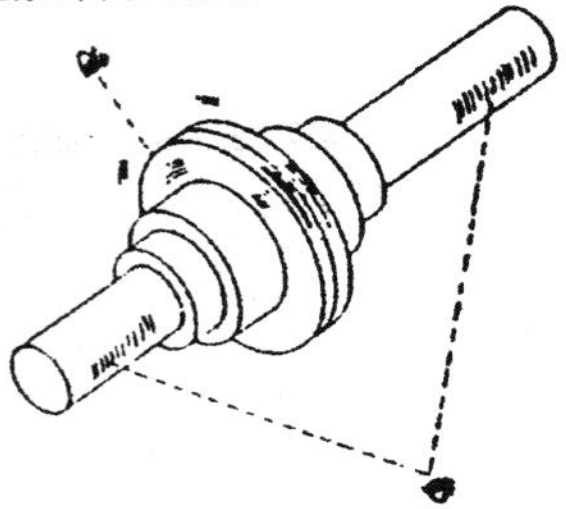	运转时	·晃动，跳动	·无晃动	·螺栓松动 ·齿轮磨损	·再坚固 ·打开检查	·磨损大的话，有时会发出异常声音 ·打开检查松动时，有时候虽然磨损了却没有松动，因此要撞击一下再转动看看
	3. 检查驱动轴，从动轴	观察传递的延迟 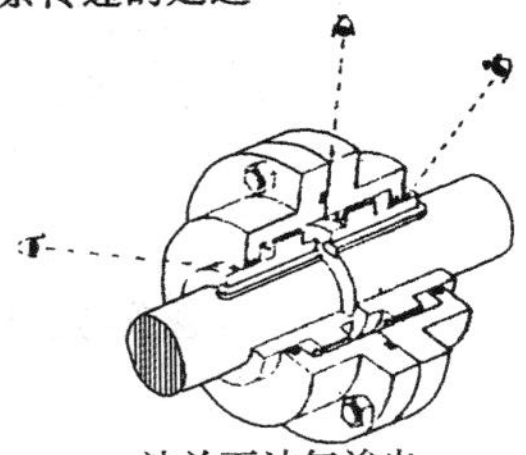 法兰面油气渗出 1—密封处油渗出；2—有否铁锈；3—观察供油状况；4—密封处油渗出（是否存在铁锈）	启动停止时（负荷变动时）	·从动轴的起转比驱动轴慢	·无传递偏移	·齿轮磨损	·打开检查	·传递偏移需要进行瞬间确认，故要非常小心地进行观察。另外有轻微的撞击就会出现，因此日常的点检是非常重要的 ·垫圈不好时，在联轴器周围会有油飞散出来 ·如加油口只有一个时，加干油要加到在另一侧的密封口有油渗出为止
	4. 检查密封		停止时	·内齿轮轮壳和外齿轮轮壳的密封部没有油气	·有油气 ·无铁锈	·密封不良 ·供油不足	·检查密封，垫圈 ·加油	

续表

五官分类	项　目	内容(方法)	点检时间	现象	标准	原因、目的	应该采取的措施	重点(注意事项)
听音目测	5. 检查联轴器螺栓	·用检查榔头敲打螺母 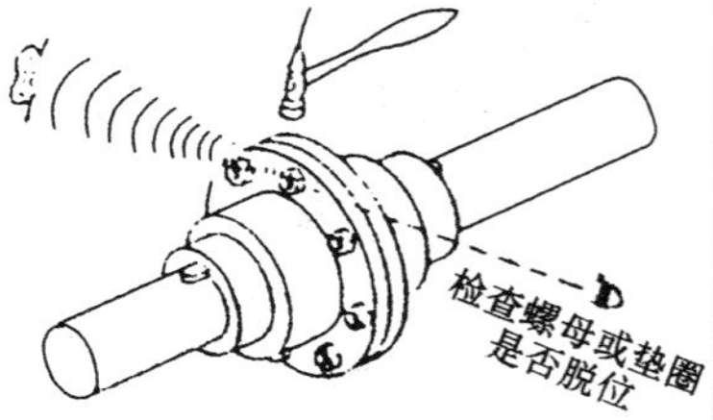 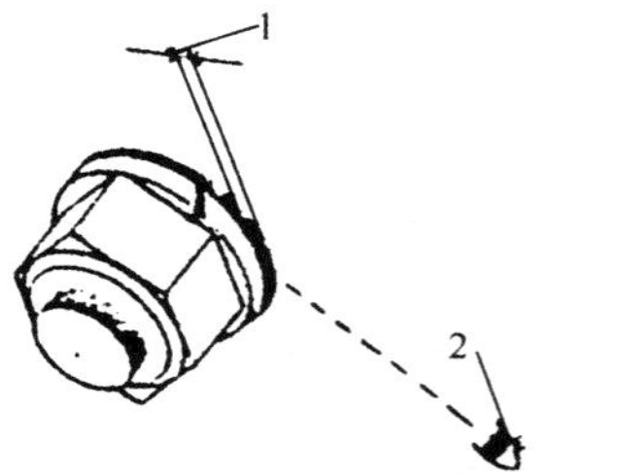 1—脱位；2—检查脱位痕迹和移动痕迹	停止时	·螺栓松动时会发出迟钝的异音 ·垫圈没有完全压入 ·有脱位的痕迹	·正常的金属声音 ·螺栓、螺帽都可靠地紧固	·螺母松动 ·螺栓和孔磨损 ·使用了小直径的螺栓	·紧固螺母 ·更换螺栓螺母	·在联轴器的安装螺栓中，只要有一根松动，就会在该联轴器螺栓直径和孔径之间产生间隙，可以这样进行判断 ·联轴器旁边也有可能有螺栓螺母脱落

续表

五官分类	项　目	内容(方法)	点检时间	现象	标准	原因、目的	应该采取的措施	重点(注意事项)
触感	6. 检查齿轮	·用手拨动检查齿轮是否松动 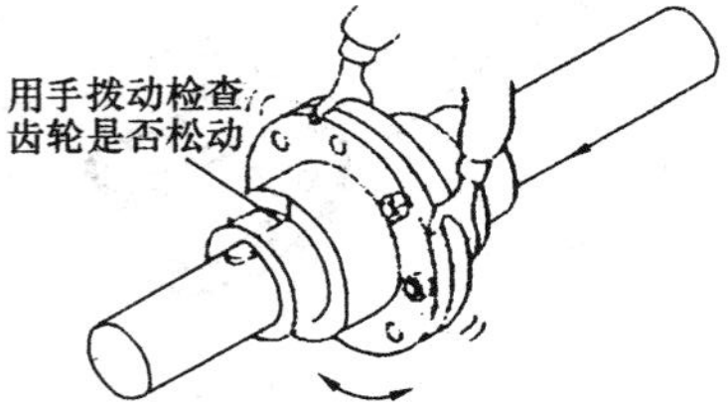	停止时	·松动变大	·齿隙大小	·齿轮磨损	·打开检查	·在检查松动时，有时即使发生了磨损，但仍没有发生松动，因此应对它打击一下再转动 ·在内筒和外筒上做个标记再转动 ·在组装大尺寸的时候，内外筒上预先做一个对合标记，这样比较容易确认是否松动
目测	7. 检查磁中心	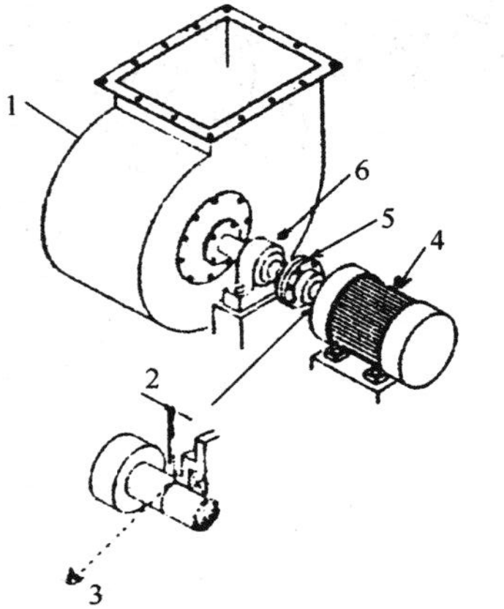1—风机；2—没有偏斜；3—检查中心标记偏差；4—电动机；5—联轴器；6—轴承	运转时	·出现中心偏移	·中心标记符合	·齿轮磨损；轴向力侧移动不良	·打开检查	·齿轮联轴器不良的话，会出现磁中心偏移

表 12－5 轮胎联轴器的五官点检方法

五官分类	项 目	内容(方法)	点检时间	现象	标准	原因、目的	应该采取的措施	重点(注意事项)
听音 目测 触感	1. 检查键	·检查松动，脱位 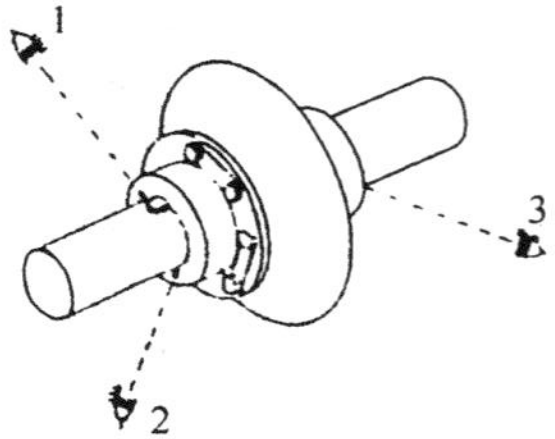 1—键脱开松动；2—出现红铁锈粉；3—检查是否无红铁锈粉	停止时	·在轴和联轴器轮壳的嵌合部因腐蚀产生出红色铁锈	·无松弛	·轴和联轴器轮壳的嵌合不良 ·键的嵌合不良	·选定适当的嵌合值 制作适当的键，更换	·要使键在侧面比在顶部更起作用
目测 触感	2. 检查轮壳(在轮壳的键沟端部进行龟裂检查)	·检查龟裂(键沟端部) 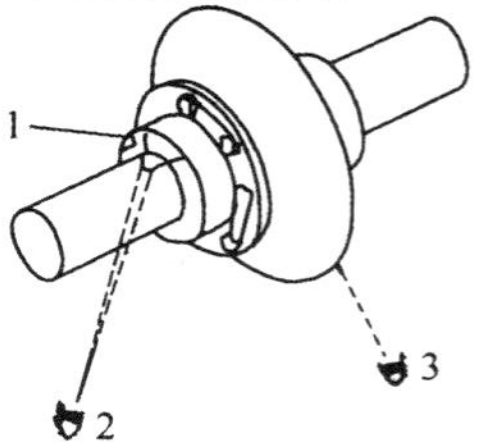 1—龟裂；2—检查键沟角部；3—检查轮胎	停止时	·在键沟端部有龟裂 ·轮胎表面因长年累月而发生劣化开裂 ·鼓起	·无龟裂 ·无开裂 ·无鼓起	·紧固量太大 ·过紧 ·油引起	·更换 ·更换 ·更换	·如紧固力矩大，当轮壳材质是 FC(泡沫混凝土)的话，特别容易破损 ·存在撞击的地方，不使用 FC 材料与安全盖之间的接触 ·这个面对齐时是最合适的紧固力矩 ·紧固力矩不能超过橡胶的耐压力 ·要均匀地紧固

续表

五官分类	项　目	内容(方法)	点检时间	现象	标准	原因、目的	应该采取的措施	重点(注意事项)
目测	3. 检查轮胎	·检查晃动情况 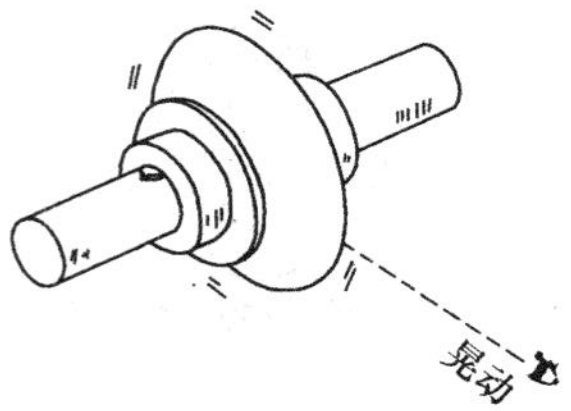 	停止时	·在旋转的轮胎上产生了晃动	·无晃动	·年代太长 ·膨胀 ·中心不良	·更换 ·进行重新对中心	·长期使用以后，橡胶会老化，弹性降低，容易破损(规定一个合适的更换时间) ·偏心量为联轴器尺寸的 0.5% 以内(水平、上下方向)
	4. 检查联轴器螺栓	·检查止动板折裂情况 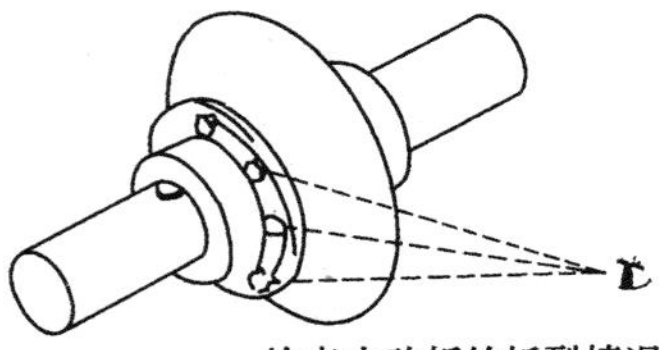 检查止动板的折裂情况	停止时	·折弯部加长 ·折弯部脱位	·折弯部与螺栓头部紧贴着	·螺栓松动 ·板子折裂部疲劳	·更换	·使用止动板另一侧的角度

表 12－6　小型滑动联轴器的五官点检方法

五官分类	项　目	内容（方法）	点检时间	现象	标准	原因、目的	应该采取的措施	重点（注意事项）
目测	1. 检查联轴器	·检查轴的晃动	运转时	·联轴器能看到晃动（伴有异常声音）	·无晃动	·滑块磨损	·更换滑块	·由于会造成二次事故，故应在早期加以处理 ·还会磨损主轴等
	2. 检查滑块	·检查磨损 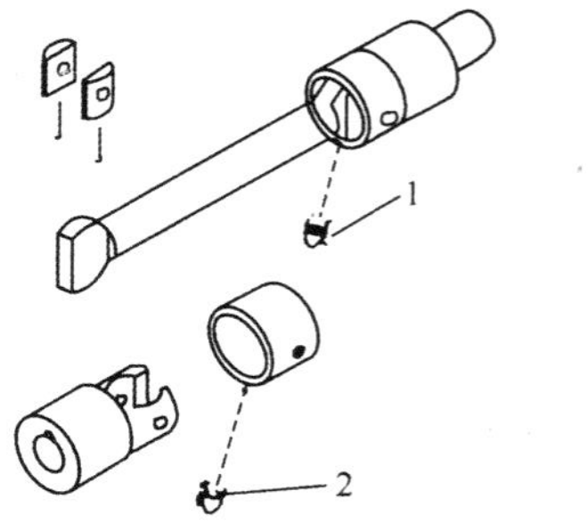 1—检查磨损；2—套筒上有异常轴向力时发生变形	停止时	·在轴和挡块之间的间隙超过了规定	·在规定间隙以内	·滑块磨损	·更换滑块	·销子等的内部情况不易判断，应该定期地打开进行点检
听音	3. 检查供油情况		停止时	·主轴和滑块的接触部位没有油气，则发出咔拉咔拉声	·应有油气	·供油不足	·加油脂	

续表

五官分类	项　目	内容(方法)	点检时间	现象	标准	原因、目的	应该采取的措施	重点(注意事项)
听音	4. 检查轴承	·听轴承部声音 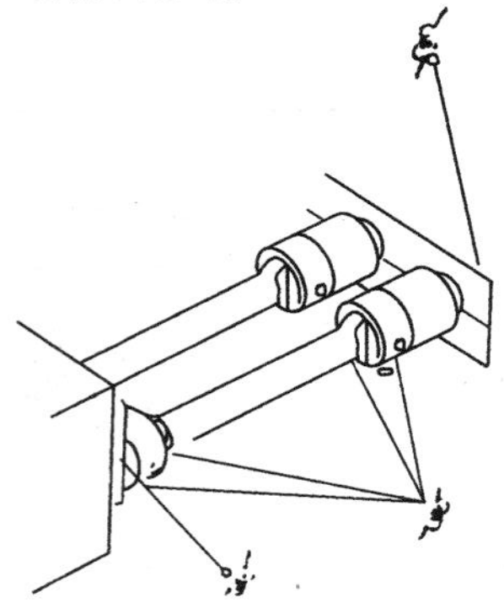	运转时	·如果滑块磨损的话，在转动中，周期性地发生咔嗒咔嗒的异常音	·无异常声音	·滑块磨损开裂	·更换滑块 ·检查间隙	·在启动、停止时仔细观察的话，可发现传递延迟
触感	5. 检查滑块	·用手握住主轴转动，检查松动情况 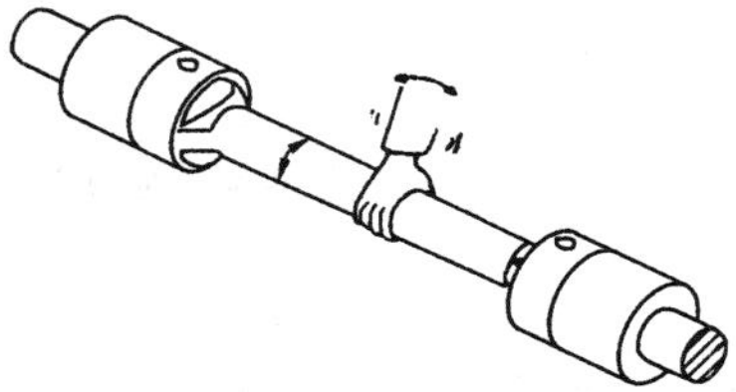	停止时	·用手握住轴转动，就会发现间隙变大	·在规定范围之内	·滑块磨损	·更换滑块	

表 12－7　大型滑块型联轴器的五官点检方法

五官分类	项　目	内容（方法）	点检时间	现象	标准	原因、目的	应该采取的措施	重点（注意事项）
目测	1. 检查主轴	·检查主轴是否晃动 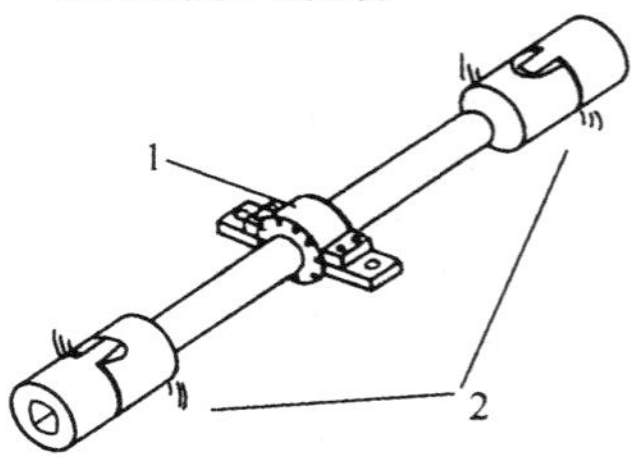 1—确认托架上是否存在晃动；2—确认在驱动侧和工作侧是否存在主轴晃动	运转时	·主轴边晃动边转动	·因设备而异，因此要把握好该设备的基准	·滑块磨损 ·挡块销的裂损 ·主轴弯曲 ·轮叉磨损 ·皮带扣部开放磨损	·更换滑块 ·更换销子 ·更换主轴 ·计划更换轮叉	·辊子侧（WS：工作侧）的联轴器孔如发生磨损的话，在主轴上会发生晃动，故应好好检查 ·如果 DS（驱动侧）和 WS（工作侧）外部的晃动大的话，主轴有可能会发生弯曲
	2. 检查滑块	·检查滑块的间隙 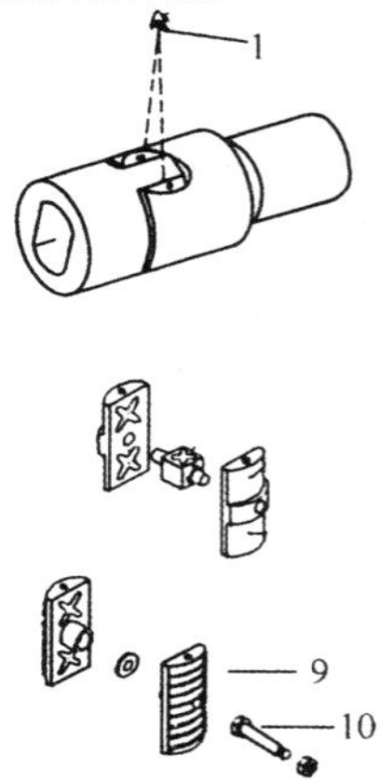 1—目测间隙；2—销子磨损；3—轮壳磨损；4—负荷面磨损；5—板牙磨损；6—反面磨损；7—滑块磨损；8—销子裂损；9—螺丝磨损；10—螺栓裂损	停止时	·间隙大	·在规定间隙以下	·滑块磨损 ·负荷面磨损，反面磨损 ·凹坑处磨损	·更换滑动	·主轴反面，联轴器轮叉发生磨损，间隙有可能会变大，所以应加以测定 ·皮带扣部有时会打开，也请进行测定 ·滑块有可能发生裂损而掉落下来，因此反面也要点检 ·磨损量大的话，主轴皮带扣的端部会接触到联轴器的轮叉，从而使对方发生磨损，因此绝对不能超过基准值 ·对于间隙管理，方考虑总间隙

续表

五官分类	项　目	内容(方法)	点检时间	现象	标准	原因、目的	应该采取的措施	重点(注意事项)
目测	3. 检查帽形轴承	检查传递轴承帽子的动作 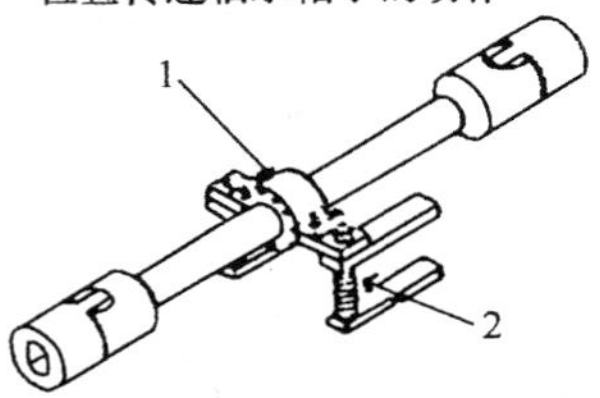 1—检查帽子的动作；2—弹簧折损 ·检查弹簧的安装情况	运转时	·帽子在动	·帽子牢固地固定在下轴承上	·螺栓松动	·重新紧固螺栓	·台架安装异常也会引起中心下降
			停止时	·运载轴承的中心下降	·运载轴承没有中心下降	·弹簧折损	·更换弹簧	
		·检查轴承的间隙 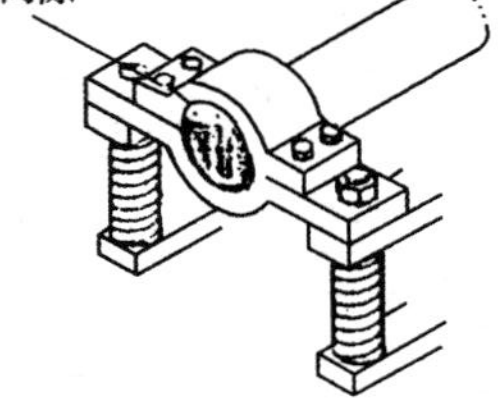 	运转时	·主轴和运载轴承罩壳的间隙发生变化	·主轴和运载轴承一起动作	·轴承磨损	·更换轴承	
			停止时	·上间隙和下间隙差别大	·上间隙和下间隙基本相同	·轴承磨损	·更换轴承	

续表

五官分类	项　目	内容(方法)	点检时间	现象	标准	原因、目的	应该采取的措施	重点(注意事项)
目测	4. 检查供油情况	·确认润滑状况 是否冒烟 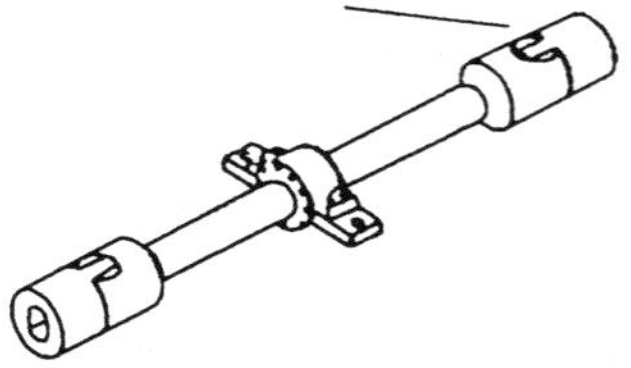	运转时	·冒烟 ·BC 粉掉落下来	·不冒烟 ·无 BC 粉掉落	·断油	·加油或检查加油装置	·辊子口径大或者明显小时也会发热 ·或者负荷明显地大，长时间运转时，也会造成发热，应予以注意
	5. 检查裂纹	·检查主轴的皮带扣上是否存在裂纹 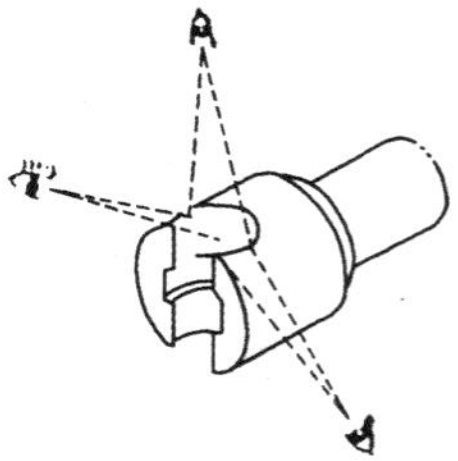 换一个角度不停地看	停止时	·皮带扣处有细线状的油渗出	·无线状的油渗出	·产生了裂纹	·进行比色检查	·在反负荷侧也容易产生裂纹，应予以检查 ·变换角度观察同一个位置有时能看到 ·表面形状，脏物，铁锈等成线状的话，要注意进行观察

续表

五官分类	项目	内容(方法)	点检时间	现象	标准	原因、目的	应该采取的措施	重点(注意事项)
目测	5. 检查裂纹	·检查联轴器的轮叉处是否存在裂纹 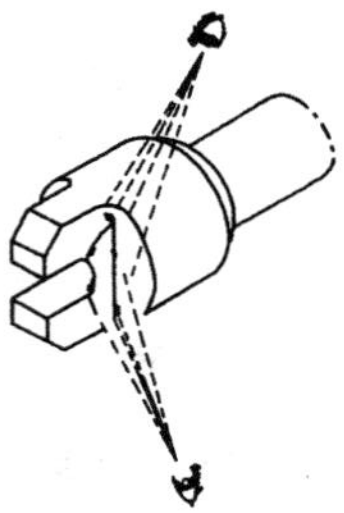	停止时	·轮叉的角部有细线状的油渗出	·无线状的油渗出	·产生了裂纹	·进行比色检查	·在反负荷侧也容易产生裂纹，应予以检查 ·变换角度观察同一个位置有时能看到 ·表面形状，脏物，铁锈等成线状的话，要注意进行观察
		·对主轴的皮带扣处进行比色检查 ·  	停止时	·出现红线	·无红线	·产生了裂纹	·更换主轴	·反负荷侧和内侧也要进行比色检查 ·根据需要用 UST(超声波探伤)检查深度 ·进行比色检查，应在干净地擦掉铁锈和油之后再进行

续表

五官分类	项　目	内容（方法）	点检时间	现象	标准	原因、目的	应该采取的措施	重点（注意事项）
目测	5. 检查裂纹	·对联轴器的轮叉部分进行比色检查 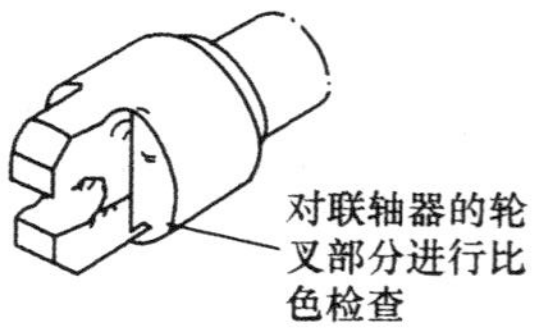 	停止时	·出现红线	·无红线	·产生了裂纹	·更换联轴器	·现象：例如不将之吹薄的话，细微裂纹不会露出来，应予以注意 ·存在怀疑时，再进行一次比色检查或进行磁粉探伤
听音	6. 检查异常音	·听运转时的声音 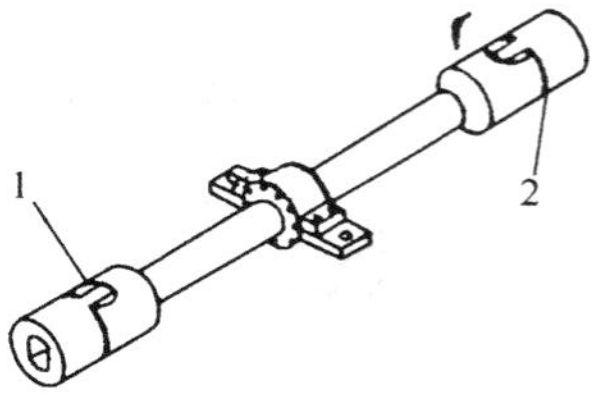 1—咚咚咚；2—咔嗒咔嗒咔嗒	运转时（无负荷时）	·周期性有敲打物体的声音	·运转平稳声音小	·滑块磨损 ·销子折损 ·轮叉磨损 ·皮带扣打开	·更换主轴 ·更换销子 ·计划更换轮叉 ·更换主轴	·辊子上升距离过分的大或小时或者在过负荷时，容易出现两物相碰声音 ·MC 尼龙滑块特别会出现两物相碰声音，而且声音大
			运转时（负荷时）	·物体相碰的声音（嘎吱嘎吱）	·无物体相碰声音	·润滑不良		

续表

五官分类	项　目	内容(方法)	点检时间	现象	标准	原因、目的	应该采取的措施	重点(注意事项)
触感	7. 检查温度	·确认主轴和滑块的温度 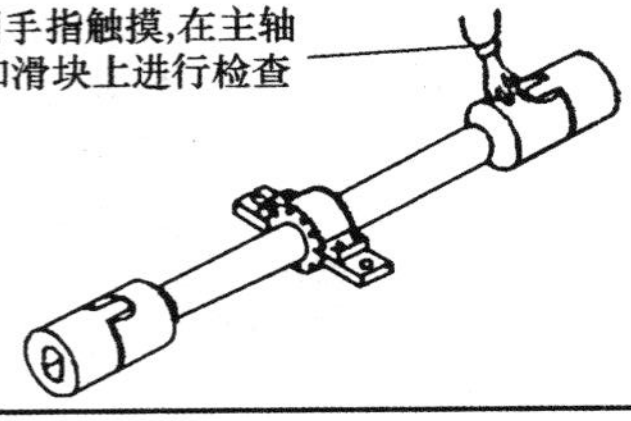 	停止时	·热	·环境温度+40℃以下	·润滑不良	·加油	

表 12－8　链联轴器的五官点检方法

五官分类	项　目	内容(方法)	点检时间	现象	标准	原因、目的	应该采取的措施	重点(注意事项)
目测	1. 链子检查	·检查键是否松动，脱出	停止时	·轴和联轴器轮壳嵌合部出现红色铁锈粉	·无松动	·轴和联轴器轮壳的嵌合太松 ·键嵌合太松 ·中心偏移	·选定合适的嵌合值 ·制作合适的键子以更换 ·轮壳内径对中	
目测 触感	2. 盖子检查	·检查盖子的紧固螺栓是否松动	运转时 停止时	·盖子晃动 ·从对合面中出现干油红锈	·盖子无松动 ·螺栓无松动 ·没有干油和红锈出现	·中心偏移 ·螺栓松动 ·盖子变型	·联轴器对中，重新紧固螺栓 ·更换盖子	·盖子螺栓松动，盖子脱落，链子的油飞溅，链轮的寿命明显减少
目测 触感	3. 密封垫圈检查	·检查密封垫圈是否脱出	停止时	·垫圈脱出	·不从盖子对合面中脱出来	·螺栓松动	·更换垫圈	·盖子紧固螺栓松动，往往会损坏垫圈
目测	4. 供油状况的检查	·检查是否存在油渗出	停止时	·轮壳和盖子内侧的密封部没有油脂，故生出铁锈	·在反密封侧应有油气	·供油不够	·定期加油并检查密封垫圈	·加油时，打开外盖，将罩子内滞留的老油擦去，再用手填充干油

续表

五官分类	项　目	内容(方法)	点检时间	现象	标准	原因、目的	应该采取的措施	重点(注意事项)
听音	5. 检查转动音	·听转动时的声音	运转时	·发出咔啦咔啦，嘎叽嘎叽的声音	·无声音	·盖子紧固螺栓松动 ·断油	·停止运转，紧固螺栓 ·打开盖子加干油	·正常情况下无转动声音。有声音发出时，应判断为有异常情况，在停止时进行点检
	6. 检查键	·用点检榔头检查松动情况	停止时	·有迟钝的声音	·无松动	·键和键沟磨损 ·轴和轮壳嵌合太浅	·选定适当的嵌合值 ·制作适当的键并更换 ·轮壳内径加工	
触感	7. 检查盖子	·将盖子上下开启，检查磨损情况	停止时	·在盖子上有松动	·盖子上无松动	·盖子紧固螺栓松动 ·对中不良 ·盖子磨损	·重新紧固盖子的紧固螺栓 ·调整对中	·盖子有磨损的话，干油将发生飞散
	8. 检查链轮	·固定一边的轴，用手拨动进行检查	停止时	·无松动	·一般活动1～2mm	·因加油量不足产生不正常磨损	·打开检查	·松动大时，折下链子，检查链轮的磨损

表 12－9　十字销子的五官点检方法

五官分类	项　目	内容（方法）	点检时间	现象	标准	原因、目的	应该采取的措施	重点（注意事项）
目测	1. 检查轴承罩	·检查轴承罩的对合面	停止时	·在与焊接架的对合面上出现红锈	·无红锈	·因振动产生螺栓松动	·重新紧固螺栓	·检查在紧固螺栓时是否用规定的力矩来紧固的
	2. 检查花键部		运转时	·转动时发生晃动	·无晃动	·润滑油断油引起磨损	·打开检查 ·检查齿的厚度	·周期性地切实地加好油脂 ·在齿厚的 1/3 之内
	3. 检查轴承罩	·检查轴承罩的变形、龟裂、破损情况	停止时	·罩子变形有龟裂	·无变形龟裂和损伤	·润滑油不足引起针状轴承磨损，破损	·整套更换	·很多情况下，因针形轴承破损，又会引起罩子、盖子的第 2 次破损。因此，应切实地做好加油脂工作
	4. 检查供油情况	·检查油脂气的情况	停止时	·在花键部，密封部没有油气生锈 ·十字销处没有油气	·有油脂气 ·没有生锈	·供油不够 ·密封垫圈劣化	·定期加油及检查密封垫圈	·要定期地给花键部加油，给十字销针形轴承加干油 ·掌握正常音是什么样的，可以在低速时听音

续表

五官分类	项　目	内容(方法)	点检时间	现象	标准	原因、目的	应该采取的措施	重点(注意事项)
听音	5. 检查转动声音	·检查转动时的声音	运转时	·发出异常声音	·与正常转动声音相比较	·花键磨损 ·十字销磨损 ·针形轴承损伤 ·轴承罩紧固螺栓松动	·定期加油 ·更换备件	·如发生十字销，针形轴承损伤会发出转动声音，因此要多听声音
	6. 检查轴承罩的紧固螺栓	·用点检榔头敲打螺栓	停止时	·当螺栓松动时会发生迟钝的声音	·发出尖锐的声音	·因振动引起螺栓松动	·再次紧固螺栓	·螺栓的紧固力很重要，可以使用力矩扳手紧固
触感	7. 检查十字销子的松动情况	·用手拨动检查是否松动	停止时	·手拨动会出现松动	·无松动	·十字销磨损 ·针形轴承磨损	·整套更换	·小的接头只要用手拨动，正反两面转动来点检是否松动 ·大的接头，使用杠杆或用吊车转动进行检查
	8. 检查花键	·大型接头用杠杆转动进行检查	停止时	·用手拨动会出现松动	·无松动	·十字销磨损 ·针形轴承磨损	·整套更换	·小的接头只要用手拨动，通过正反两面转动来点检是否松动 ·大的接头，使用杠杆或用吊车转动进行检查

表 12－10　法兰联轴器的五官点检方法

五官分类	项　目	内容(方法)	点检时间	现象	标准	原因、目的	应该采取的措施	重点(注意事项)
目测	1. 检查螺栓	·检查法兰的对合面	停止时	·法兰对合面脱开	·法兰对合面紧贴	·螺栓松动	·重新紧固螺栓	·可以每隔几根螺栓使用一根密配合螺栓，并预先在密配合螺栓上做好记号
	2. 检查键	·检查键是否松动和脱位	停止时	·轴和联轴器轮壳嵌合部有红铁锈粉	·无松动	·轴和联轴器轮壳之间的嵌合不好 ·键的嵌合不好 ·中心偏移	·选定合适的嵌合值 ·制作和更换合适的键 ·轮壳内径对中加工	
听音	3. 检查螺栓	·用点检榔头检查螺栓、螺帽	停止时	·螺栓松动时有迟钝的声音	·有尖锐的声音	·因振动造成螺母松动，或螺栓直径与孔径之间的间隙较大	·重新紧固螺栓或换成密配合螺栓	·在联轴器螺栓的安装中，只要其中有一根螺栓有松动就可以认为：该联轴器螺栓直接与孔径之间存在间隙
	4. 检查转动声音	·听运转时的声音	运转时	·发出咔嗒咔嗒等与平时不一样的声音	·正常时的运转声	·螺栓松动 ·轴承轮壳的嵌合不良 ·键不良	·再次紧固螺栓 ·计划更换备件 ·制作和更换键	·如果轴和轮壳的嵌合不良，法兰联轴器，容易产生松动
触感	5. 检查键	·用手拨动检查轴和联轴器轮壳的松动情况	停止时	·轴和联轴器轮壳之间出现松动	·轴和联轴器轮壳没有松动	·螺栓松动 ·轴承轮壳的嵌合不良 ·键不良	·再次紧固螺栓 ·计划更换备件 ·制作和更换键	·如果联轴器很大，可以使用杠杆前前后后稍微转动一下进行检查

表 12－11 挠曲联轴器的五官点检方法

五官分类	项 目	内容（方法）	点检时间	现象	标准	原因、目的	应该采取的措施	重点（注意事项）
目测	1. 检查螺栓	·检查螺栓是否松动	停止时	·螺栓松动 ·弹簧垫片翘起 ·螺母紧固处底座磨光	·无松动	·紧固不良 ·对中不良	·重新紧固螺栓 ·调整对中	·采取措施防止螺栓松动： 安装弹簧垫片； 在紧固了螺母之后，再装上销子铅丝等防止它转动 ·对于因螺栓伸长而造成的松动，可将螺栓换成延伸小的材质的螺栓
	2. 检查键		停止时	·键松动 ·键及键沟处有红色铁粉	无松动	·键磨损 ·键沟磨损 ·对中不良 ·嵌合不好	·更换键 ·修正键沟 ·调整对中 ·修正嵌合	
	3. 检查键沟		停止时	·出现键沟龟裂	·无龟裂	·键磨损 ·键沟磨损 ·对中不良 ·嵌合不好	·更换键 ·修正键沟 ·调整对中 ·修正嵌合 ·修补龟裂处	·在修补龟裂处时（焊接修补）应当考虑材质因素，再予施工

续表

五官分类	项　目	内容(方法)	点检时间	现象	标准	原因、目的	应该采取的措施	重点(注意事项)
目测	4. 检查联轴器缓冲材料	·检查联轴器缓冲材料的磨损情况	停止时	·缓冲材料磨损超过基准值	·在基准值以内的磨损	·磨损劣化中心偏移	·更换缓冲材料 ·修正对中	·在更换缓冲材料时，应全部同时予以更换 ·缓冲材料孔变形时，更换联轴器
听音	5. 检查螺栓		停止中	·螺栓松动时会发出迟钝的声音	·发出尖锐的声音	·螺栓松动	·重新紧固螺栓	·如是挠性联轴器，在法兰面上会有3mm以上的间隙，容易引起松动，故请放入开口销，防止其产生松动
目测	6. 检查键		停止中	·键松弛 ·键和键沟处会出现红色铁锈粉	·无松动	·键的磨损 ·键沟磨损 ·对中不良 ·嵌合不良	·更换键 ·键沟修正再生 ·调整对中 ·修正嵌合	·轴和联轴器轮壳的磨损严重时，作为应急措施，可以放入填块，进行烧嵌配合或重铸键等，但不能长期使用。最迟应在大约10～15天之后作好更换的准备
触感	7. 检查缓冲材料	·先固定好单面的轴，然后用手拨动进行检查	停止时	·松动超过基准	·松动在基准值内	·缓冲材料磨损 ·孔磨损	·更换缓冲材料 ·更换联轴器	·如缓冲材料插入处的孔磨损成了椭圆形的话，缓冲材料的寿命就会缩短

第四节　点检标准

点检标准一般是根据被点检的设备、环境、重要性、测定仪器而变化的，因此不能一概而定。同时对于所有标准在本章中也不可能包罗万象。因此，本章主要针对被广泛使用的点检方法，与常用旋转机械相关的点检标准如表 12－1～表 12－12 所示。

表 12－1　泵的对中心

<table>
<tr><th>序号</th><th>项　　目</th><th colspan="3">内　　容</th></tr>
<tr><td rowspan="6">1.</td><td rowspan="6">NSC</td><td>转速/(r/min)</td><td>圆周方向/mm</td><td>面方向/mm</td></tr>
<tr><td>10000～30000</td><td>0～0.005</td><td>0～0.005</td></tr>
<tr><td>3600～9500</td><td>0.01～0.02</td><td>0.005～0.01</td></tr>
<tr><td>2000～3600</td><td>0.02～0.03</td><td>0.01～0.02</td></tr>
<tr><td>1800 以下</td><td>0.03～0.05</td><td>0.02～0.03</td></tr>
<tr><td colspan="3">用振动测定可以进行微观检查</td></tr>
</table>

表 12－2　轴的弯曲

序号	项　　目	内　　容
1.	NSC	(1) 轴弯曲一般希望控制在 3/100mm 以内； (2) 轴振动一般也希望控制在 3/100mm 以内

表 12－3　大型转动机械的振动

序号	项　　目	内　　容
1.	ISO/DIS 3945 安装在现场的大型转动机械，当转速在 600 ～ 12000r/min 时，对振动标准的测定及评价（ISO 标准）	1. 测定位置 各轴承部的水平、垂直、轴方向 3 个方向 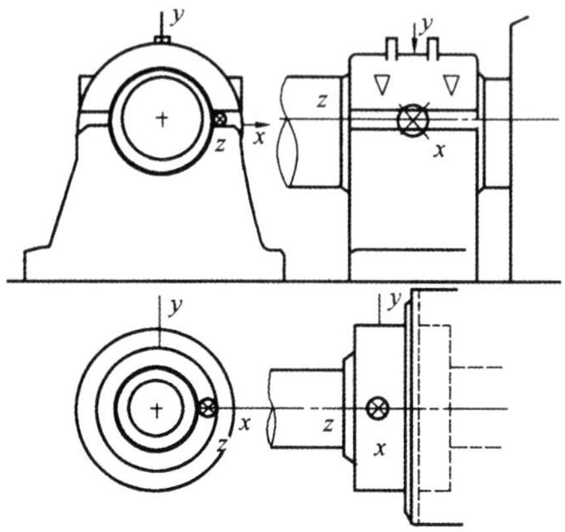

续表

序号	项　　目	内　　容
1.	ISO/DIS 3945 安装在现场的大型转动机械，当转速在 600 ~ 12000r/min 时，对振动标准的测定及评价(ISO 标准)	2. 测定项目 轴承部振动速度的 rms 值(振动) 3. 测定条件 大型转动机械转速在 600 ~ 12000r/min 之间 4. 测定方法 (1) 仪表的读取方法 振动速度 rms 值、mm/s 或者 in/s (2) 整理方法 ① 按机械的支撑方法可分为 2 种： 刚性支承 柔性支承 ②按支撑方法，将振动值分为 4 级进行评价 good　　好 satisfactory　　满足 unsatisfactory　　不满足 intermissible　　不允许 (3) 测定基准 ISO/DIS 3945 5. 检查用的设备 凡满足 ISO 2954—1975《旋转式和往复式机器的振动对测量振动烈度仪器的要求》的，例如机器检查器等 6. 参考及有关标准 ISO 2372—1974，ISO 2373—1974 ISO 2954—1975，ISO/DIS 3945

表 12 -4　机械的振动(600 ~ 12000r/min)

序号	项　　目	内　　容
1.	ISO 2372—1974 具有 10 ~ 200r/s 运转速度的机械的振动制订评价标准的基础(ISO 2372 现被 ISO 10816 取代)(ISO 标准)	1. 测定位置 如下图所示，测定轴承、台架、罩壳法兰面 3 个方向 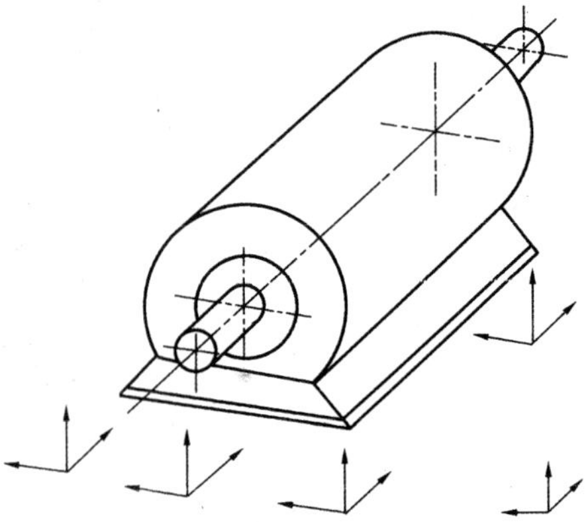

续表

<table>
<tr><th>序号</th><th>项　目</th><th>内　容</th></tr>
<tr><td>1.</td><td>ISO 2372—1974 具有 10 ~ 200r/s 运转速度的机械的振动制订评价标准的基础(ISO 2372 现被 ISO 10816 取代)(ISO 标准)</td><td>
2. 测定项目
(1) 3 个方向的振动速度值;
(2) 10 ~ 1000Hz 的振动频率范围
3. 测定条件
600 ~ 12000r/min 的运转速度范围
4. 测定方法
(1) 仪表显示的读法
读取振动速度的 rms 值
(2) 整理方法
①振动值用以下方法来区分
振动程度范围(10 ~ 1000Hz)
<table>
<tr><th rowspan="2">范围分类</th><th colspan="2">速度范围(振动速度的有效值)/(mm/s)</th></tr>
<tr><th>以　上</th><th>以　下</th></tr>
<tr><td>0. 11</td><td>0. 071</td><td>0. 112</td></tr>
<tr><td>0. 18</td><td>0. 112</td><td>0. 18</td></tr>
<tr><td>0. 28</td><td>0. 18</td><td>0. 28</td></tr>
<tr><td>0. 45</td><td>0. 28</td><td>0. 45</td></tr>
<tr><td>0. 71</td><td>0. 45</td><td>0. 71</td></tr>
<tr><td>1. 12</td><td>0. 71</td><td>1. 12</td></tr>
<tr><td>1. 8</td><td>1. 12</td><td>1. 8</td></tr>
<tr><td>2. 8</td><td>1. 8</td><td>2. 8</td></tr>
<tr><td>4. 5</td><td>2. 8</td><td>4. 5</td></tr>
<tr><td>7. 1</td><td>4. 5</td><td>7. 1</td></tr>
<tr><td>11. 2</td><td>7. 1</td><td>11. 2</td></tr>
<tr><td>18</td><td>11. 2</td><td>18</td></tr>
<tr><td>28</td><td>18</td><td>28</td></tr>
<tr><td>45</td><td>28</td><td>45</td></tr>
<tr><td>71</td><td>45</td><td>71</td></tr>
</table>
② 根据设备规模分为下列几种等级:
Ⅰ级: 约 15kW 以下的电动机以及与此相当的小型机械;
Ⅱ级: 15 ~ 75kW 的电动机以及在坚实基础上的约 300kW 以下的中型机械;
Ⅲ级: 具有高的固定振动数的坚固基础上的大型机械;
Ⅳ级: 具有低的固定振动数的轻量结构基础上的大型机械。
③ 判定基准
ISO 2372—1974
5. 检查用的设备
6. 参考及有关标准
ISO 2373—1974, ISO 2954—1975, ISO/DIS 3945
</td></tr>
</table>

表 12－5　离心泵，斜流泵以及轴流泵的振动

序号	项　目	内　容
1.	JIS-1 8301—1976 离心泵，斜流泵以及轴流泵的试验和检查方法	1. 测定位置 2. 测定项目　振动、异常声音 3. 测定条件 规定的运转状态 4. 测定方法 运转顺利，各个部件的振动轻微，不能有异常声音 参考如下图振动基准值 横轴泵：轴承中心的振动 立轴泵：电动机上部轴承中心的振动 离心泵，斜流泵以及轴流泵的振动 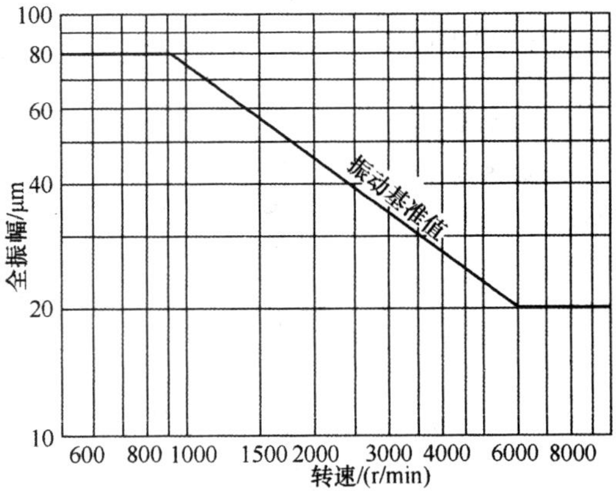 5. 检查用的设备 6. 参考 关于泵的振动的大小，不能一概而定。但是作为参考值总得有一个标准才比较方便。上图所示的只是参考图，并不一定要以此作为规定 有关标准 JIS B 8303—1976　供锅炉用水泵的试验及检查方法 JIS B 8304—1976　冷凝水泵的试验及检查方法

表 12-6 发电用的蒸汽透平机及发电机的振动

<table>
<tr><th>序号</th><th>项 目</th><th>内 容</th></tr>
<tr><td>1.</td><td>JEAC 3717—1974 发电用蒸汽透平机以及发电机振动的有关标准</td><td>
1. 测定位置
(1) 额定输出：
30000kW 以上
在透平机、发电机以及直接励磁机的各一根轴承上或在其附近的轴上或轴承上进行测定
(2) 额定输出：
30000kW 以下
能代表发生的振动的地方，但也可以按情况在每根轴承的旁边进行测定
2. 测定项目
轴上或轴承上的振动位移
3. 测定方法
对除了发电厂的透平机，发电机的旋转之外所有的转速进行测定
4. 判定方法
(1) 读出仪表显示的方法
读取检测设备上所显示的振幅 P—P(mm)
(2) 整理方法
分为停止值、注意值、调整值 3 类，按以下方法处理
①停止值
在试运转时或运转过程中，凡达到停止值时必须能做到异常停止
②注意值
在试运转时或运转过程中凡达到注意值时，应当减小负荷或采取临时决定的适当的措施
③调整值
制造工厂中旋转体单体调整时的上限值
(3) 判定基准
依据下表中的停止值确定注意值调整值
①停止值
<table>
<tr><th colspan="2" rowspan="2">额定转速/(r/min)</th><th colspan="2">振动的振幅 P—P/mm</th></tr>
<tr><th>轴</th><th>轴 承</th></tr>
<tr><td></td><td>2500 以下</td><td>0.35</td><td>0.175</td></tr>
<tr><td>2500 以上</td><td>4000 以下</td><td>0.25</td><td>0.125</td></tr>
<tr><td>4000 以上</td><td>6000 以下</td><td>0.20</td><td>0.100</td></tr>
<tr><td>6000 以上</td><td>10000 以下</td><td>0.15</td><td>0.075</td></tr>
<tr><td>10000 以上</td><td></td><td>0.125</td><td>0.062</td></tr>
</table>
② 注意值
a 当转速在额定速度以上的范围时，为表中的值的 50% 以下；
b 当转速在额定速度以下的范围时，为表中的值的 60% 以下
③调整值
a 当转速在额定速度以上的范围时，为表中的值的 30% 以下；
b 当转速在额定速度以下的范围时，为表中的值的 50% 以下
</td></tr>
</table>

续表

<table>
<tr><th>序号</th><th>项　　目</th><th>内　　容</th></tr>
<tr><td>1.</td><td>JEAC 3717—1974 发电用蒸汽透平机以及发电机振动的有关标准</td><td>5. 检查用的设备
(1) 检测装置
平时用来测定轴或轴承振动振幅的装置
(2) 报警装置
检测装置所显示的振动的振幅，当达到了注意值及停止值时，就会分别发出报警，通知操作人员的装置
(3) 保护装置
当振动的振幅达到停止值时，能自动地使透平机、发电机停止运行的装置
(4) 记录装置
记录检测装置所显示的振动的振幅的装置
6. 参考及有关标准
(1) 因转速不同，振动振幅的不同的限制值可参阅「ADI」「NEMA」;
(2) 因油膜弹性破坏，减衰率，基础的刚度系数以及质量等原因，不同的轴和轴承上测定所得值的比率取「IEC」「NEMA」的数值，比率为 2</td></tr>
</table>

表 12－7　发电用的大容量蒸汽透平机以及发电机的振动

<table>
<tr><th>序号</th><th>项　　目</th><th>内　　容</th></tr>
<tr><td>1.</td><td>发电用的大容量蒸汽透平机以及发电机的振动有关的规定值及报警装置</td><td>1. 测定位置
发电用的蒸汽透平机以及与它连接的发电机等主要轴承或它们旁边的轴
2. 测定项目
轴上以及轴承上的振动位移
3. 测定方法
用额定转速测定
4. 判定方法
(1) 仪表显示的读法
读取所产生振动的全振幅 P—P(μm) 的最大值
(2) 整理方法
①停止值
必须能承受住达到了注意值的 2 倍时，切断蒸汽流入时所发生的振动
②注意值
需要采取适当措施时的临界值，转速在额定值以上范围时为停止值的 50% 以下，在额定以下范围时为 60% 以下
③调整值
制造工厂旋转体单体调整时的上限值。转速在额定以上范围时为停止值的 30% 以下，在额定以下范围时为 50% 以下
(3) 判定基准
(P—P) μm
<table>
<tr><th rowspan="2">测定位置</th><th rowspan="2">额定转速/(r/min)</th><th rowspan="2">停止值</th><th colspan="2">注意值</th><th colspan="2">调整值</th></tr>
<tr><th>额定转速以上</th><th>额定转速以下</th><th>额定转速以上</th><th>额定转速以下</th></tr>
<tr><td rowspan="2">轴</td><td>3000 ~ 3600</td><td>250</td><td>125</td><td>150</td><td>75</td><td>125</td></tr>
<tr><td>1500 ~ 1800</td><td>350</td><td>175</td><td>210</td><td>105</td><td>175</td></tr>
<tr><td rowspan="2">轴承</td><td>3000 ~ 3600</td><td>125</td><td>62</td><td>75</td><td>37.5</td><td>62.5</td></tr>
<tr><td>1500 ~ 1800</td><td>175</td><td>87</td><td>105</td><td>52.5</td><td>87.5</td></tr>
</table>
5. 检查用的设备
6. 参考及有关标准
JEAC 3717—1974 发电用蒸汽透平机以及发电机振动有关的规定</td></tr>
</table>

表 12－8　蒸汽透平机的振动

<table>
<tr><th>序号</th><th>项　　目</th><th colspan="7">内　　容</th></tr>
<tr><td>1.</td><td>Publication 45—1970
蒸汽透平机的标准 Clause 14 振动(IEC 标准)</td><td colspan="7">1. 测定位置
轴承罩壳上或者主轴上
2. 测定项目
振动位移的 P—P 值
3. 测定方法
平衡良好的透平机，在规定速度下的常态下测定。转速为 1000r/min 以上
4. 测定方法
（1）仪表显示的读取方法
振动位移的 P—P 值，μm 或 in
（2）整理方法
①按轴承罩壳上的振动位移和主轴上的振动位移(轴振动)进行区分；
②转速按如下规定
1000、1500、1800、3600、6000 和以上(r/min)
(3)判定基准</td></tr>
<tr><td colspan="2">所规定的透平机速度</td><td>r/min</td><td>1000</td><td>1500</td><td>1800</td><td>3000</td><td>3600</td><td>6000 和以上</td></tr>
<tr><td colspan="2">在轴承外罩上所测量的振动的峰值到峰值</td><td>μm</td><td>75</td><td>50</td><td>42</td><td>25</td><td>21</td><td>12</td></tr>
<tr><td colspan="2">在轴上或者在邻近的轴承外所测量的振动的峰值到峰值</td><td>μm</td><td>150</td><td>100</td><td>84</td><td>50</td><td>42</td><td>25</td></tr>
<tr><td></td><td></td><td colspan="7">5. 检查用的设备
6. 参考及有关标准</td></tr>
</table>

表 12－9　送风机的振动

序号	项　　目	内　　容
1.	JIS B 8330—1976 送风机的试验及检查方法	1. 测定位置 2. 测定项目　振幅、速度 3. 测定方法　如果轴承安装部或其基础弱的话，容易产生振动，因此在试验时，应做成与实际情况相同的牢度来支承 4. 判定方法 振动的允许值(轴承箱上) 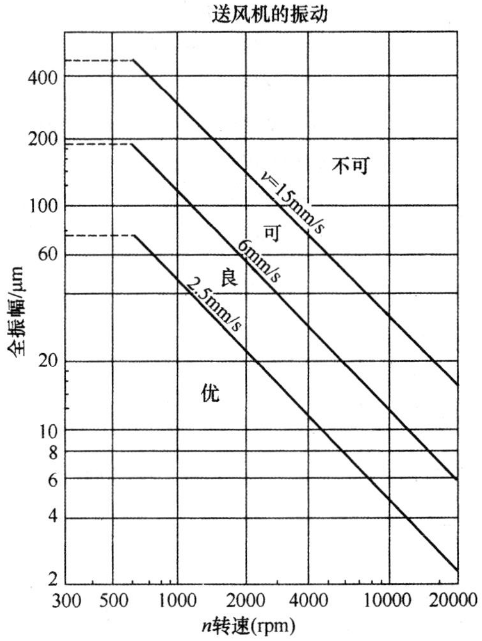 备注：驱动机侧的振动会对送风机产生影响，因此要十分留意轴的轴端联轴器 5. 检查用的设备 6. 参考 全振幅 a(μm)和振动速度 V(mm/s)的关系如下： $$V=\frac{\mu\omega}{2\times10^3}=\frac{a\pi n}{6\times10^4}$$ 在此，ω：角速度 $=\frac{2\pi n}{60}$(rad/s)

表 12－10　多级蒸汽透平机的振动

序号	项　　目	内　　容
1.	NEMA－SM21 用于机械驱动的多级蒸汽透平机	1. 测定位置 在轴承支承部附近的轴上。如果不行，在轴承罩壳的两根轴承上 2. 测定项目 振动(延伸差) 3. 测定方法 振动在轴承上读取 4. 测定方法 如果在轴承、罩壳的两根轴承上测定时，全振幅必须在图上所示值的 50% 以下 多级蒸汽透平机的振动 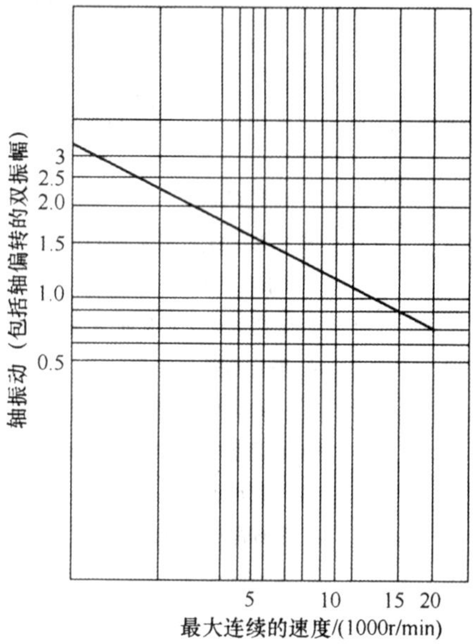 5. 检查用的设备 6. 参考 安装好以后的透平机的振动，反而会受各种因素如配管负荷、运转状态、支承结构、移送中的调整或安装时的调整和组装等一系列情况的影响

表 12－11　转动电气机械的振动

序号	项　　目	内　　容
1.	ISO 2373—1974 轴高为 80 ~ 400mm 的转动电气机械的振动标准的测定和评价(ISO 标准)	1. 测定位置 在下图的轴承部的各 3 个方向(① ~ ⑥) 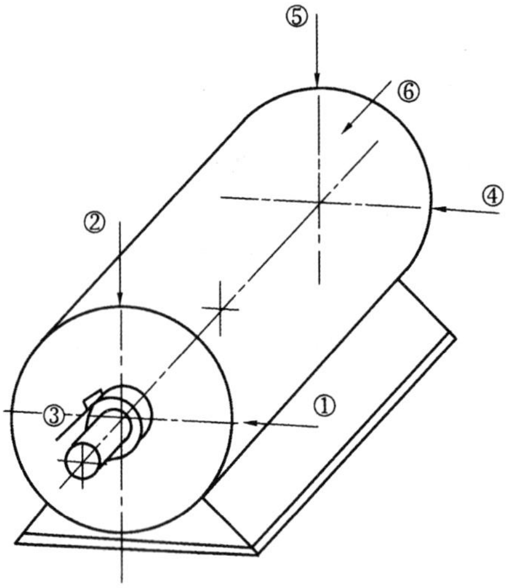 2. 测定项目 轴承部的振动速度 rms 值 3. 测定条件 在轴高为 80 ~ 400mm 的转动电气机械上转速在 600 ~ 3600r/min 范围之内 4. 判定方法 (1) 仪表显示的读法 振动速度的 rms 值、mm/s 或者 in/s (2) 整理方法 ①按轴高(H)分为 3 类 a　$80 \leqslant H \leqslant 132$ b　$132 < H \leqslant 225$ c　$225 < H \leqslant 400$ ② 按判定等级分为 3 等，还可按转速将判定等级细分 N(标准)　　600 ~ 3600r/min R(降低) < 600 ~ 1800r/min；1800 ~ 3600r/min S(特殊) < 600 ~ 1800r/min；1800 ~ 3600r/min

续表

<table>
<tr><th>序号</th><th>项　目</th><th>内　容</th></tr>
<tr><td>1.</td><td>ISO 2373—1974 轴高为 80 ~ 400mm 的转动电气机械的振动标准的测定和评价(ISO 标准)</td><td>
③判定基准
<table>
<tr><td rowspan="3">质量等级</td><td rowspan="2">速　度</td><td colspan="6">关于轴高的振动速度的最大转速值</td></tr>
<tr><td colspan="2">$80 < H < 132$</td><td colspan="2">$132 < H < 225$</td><td colspan="2">$225 < H < 400$</td></tr>
<tr><td>r/min</td><td>mm/s</td><td>in/s</td><td>mm/s</td><td>in/s</td><td>mm/s</td><td>in/s</td></tr>
<tr><td>N
(标准)</td><td>600 ~ 3600</td><td>1.8</td><td>0.071</td><td>2.8</td><td>0.110</td><td>4.5</td><td>0.177</td></tr>
<tr><td rowspan="2">R
(降低)</td><td>600 ~ 1800</td><td>0.71</td><td>0.028</td><td>1.12</td><td>0.044</td><td>1.8</td><td>0.071</td></tr>
<tr><td>>1800 ~ 3600</td><td>1.12</td><td>0.044</td><td>1.8</td><td>0.071</td><td>2.8</td><td>0.110</td></tr>
<tr><td rowspan="2">S
(特殊)</td><td>600 ~ 1800</td><td>0.45</td><td>0.018</td><td>0.71</td><td>0.028</td><td>1.12</td><td>0.044</td></tr>
<tr><td>>1800 ~ 3600</td><td>0.71</td><td>0.028</td><td>1.12</td><td>0.044</td><td>1.8</td><td>0.071</td></tr>
</table>
5. 检查用的设备
能满足 ISO 2954—1975《旋转式和往复式机器的振动对测量振动烈度仪器的要求》的。例如机器检查器(Machine Checker)等
6. 参考及有关标准:
ISO 2372—1974，ISO 2954—1975
ISO/DIS 3945
</td></tr>
</table>

表 12-12　转动电气机械的振动

<table>
<tr><th>序号</th><th>项　目</th><th>内　容</th></tr>
<tr><td>1.</td><td>NDS F81813 军舰船用的转动电气机械通则</td><td>
1. 测定位置
转动机械的轴承箱(罩壳)上的 3 轴方向
2. 测定项目
3 轴方向上的各个振动位移
3. 测定方法
将转动机单独放在试验台上，不予紧固，在无负荷状态下，以所有的运转范围内的速度转动，进行测定
4. 测定方法
(1) 仪表显示的读法
所发生的振动位移的全振幅(mm)
(2) 整理方法
振动的级别分为标准级、并级和精级 3 级。适用范围如下:
①标准级:
无特别规定。在潜水艇辅助机上用的电动机使用防振橡胶时的级别;
② 并级:
在转动机上有固有的防振橡胶时，不卸下该防振橡胶进行的测试;
③ 精级:
潜水艇辅助用的电动机，没有防振橡胶
(3) 判定基准
</td></tr>
</table>

续表

<table>
<tr><th>序号</th><th>项　目</th><th>内　容</th></tr>
<tr><td>1.</td><td>NDS F81813 军舰船用的转动电气机械通则</td><td>
mm(全振幅)
<table>
<tr><td></td><td></td><td></td><td></td></tr>
<tr><td>转动机质量/kg</td><td>并　级</td><td>标准级</td><td>精　级</td></tr>
<tr><td>160 以下</td><td>0.025</td><td>0.013</td><td>0.005</td></tr>
<tr><td>160 以上　365 以下</td><td>0.038</td><td>0.019</td><td>0.0076</td></tr>
<tr><td>365 以上　900 以下</td><td>0.05</td><td>0.025</td><td>0.01</td></tr>
<tr><td>900 以上</td><td>0.076</td><td>0.038</td><td>—</td></tr>
</table>
(4) 检查用的设备
能全振幅(mm)测定振动位移的设备
(5) 参考及有关标准：不明确
</td></tr>
</table>

第五节　推广点检工作应注意的问题

目前，点检管理设备的制度，已经成为日本工业界在企业管理中的一套成熟经验。点检定修制是一套制度化比较完善的、科学的设备管理方法，其目的是通过对设备按照“五定”的方法进行预防性检查，取得设备状态信息，制订有效的维修策略，把维修工作做在设备发生事故之前，使设备始终处于受控状态。其组织保证体系，是建立以作业长制为中心、以 TPM(全员生产维修制)为重点、以自主管理为基础、以工序服从为原则，推进企业全面发展的基层管理组织保证体系。

设备点检和设备管理与维修是密不可分的，现在我国很多企业都开始进行点检管理，除个别企业外大多落不到实处。问题出在哪里呢？既然涉及到管理，照搬日本的点检管理体系显然不适合中国国情，任何一套点检管理系统都做不到包打天下，一方治百病。不同国家，不同行业，甚至同行业不同企业间，国有与民营间，在管理机制上不尽相同，将电力行业通用的点检管理系统应用到石化行业就会有水土不服的现象，石化行业的点检管理系统移植到油田企业也存在很多差异。搞不好会出现轻则走过场，重则造成现场工作人员产生抵触情绪，消极怠工，损毁仪器的现象。点检走形式的现象还比较普遍。因此，点检管理工作必须针对不同行业，不同企业展开，量身定做。

产生点检管理工作走形式这种现象的另一个原因主要是点检工和操作工起不到应有的作用。首先，操作工对点检不重视，不认真，不按点检卡的要求每天点检、填表，而是几天填一次，甚至提前填，表面上看起来卡都填得很好，实际上并没有反应设备的实际情况。其次，在生产比较忙的情况下，有的点检项目明明出了问题该打“×”，可操作工人嫌麻烦，不想停机检修，就打个“✓”蒙混过关。另外，有些点检项目一般不会出问题，天天打“✓”，操作人员就不重视它的点检，甚至根本不去检查。所以，要想使设备点检工作取得应有的效果，就必须防止这些现象发生。至于怎么避免，除要加强管理，制定一系列制度，使设备点检工作规范化、标准化外，开发智能化和信息化的针对不同企业的点检管理系统也是必不可少的。

作者近年来开发的“机械设备智能点检管理系统”针对不同企业单独开发，设计专门的企业设备数据库，使点检工和操作工操作起来非常便捷，除设备异常情况需要说明外，一般不需要文字录入，点检周期智能化，设备信息高度共享，起到了很好的使用效果。

因此，开展好设备点检管理工作，需要企业制定出完善的设备点检管理机制，要选择和采纳适合企业具体情况的模式和方法，而且要积极总结和归纳自己的经验。不适合的部分也要果断地摒弃。点检仪器提供商积极配合开发出适合企业自身特点的产品。

第十三章　旋转机械综合故障诊断实例

对于一般的大型旋转机械，本书已经在上面将其可能发生的故障种类进行了一一详述。但在实际生产过程中，引起旋转设备发生故障的原因往往是这些典型故障类型的叠加和综合，因此，我们将通过实际的综合故障实例来进行介绍。

【例 13－1】 某发电厂 200MW 汽轮发电机组的轴系机构如图 13－1 所示。该机组为三缸三排汽轮机。轴系的 1#～7#轴承全部采用带有水平中分面的三油楔轴承，其中 2#轴承为推力、径向联合轴承，其余皆为径向轴承。6#和 7#为发电机端盖轴承，3#，4#和 5#轴承坐落在排气缸上，除发电机与励磁机转子为半挠性连接外，其余转子均采用刚性连接。

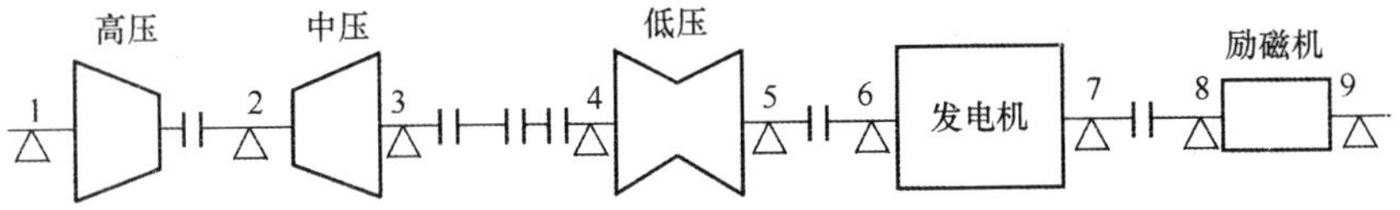

图 13－1　某发电厂 200MW 汽轮发电机组轴系示意图

该机组中，2 瓦前面是一个刚性连接，因此，1，2，3 瓦之间的转轴为三支承超静定联接。3 瓦和 4 瓦之间为长约 2m 的接长轴。7 瓦和 8 瓦之间为对轮连接。发电机质量约为 30t，远远大于励磁机的质量。

停车过程及测试方案：

1. 机组停车过程

该汽轮发电机组经过长期运行后，呈现出许多明显的故障征兆。对该机组停车过程的转子振动进行现场测试，根据各跨转子的振动数据进行机组的故障特征和故障机理分析。该机组停车全过程的操作步骤如下：从正常工作状态（近满负荷）开始，不断降低负荷，吹净煤粉，解列，直到负荷全部卸除。然后转速由 3000r/min 下降至 300r/min 为止。其中零负荷时开始打闸，2640r/min 时开始解列，降至 2180r/min 时开真空门。机组停车过程中负荷变化情况如图 13－2 所示。

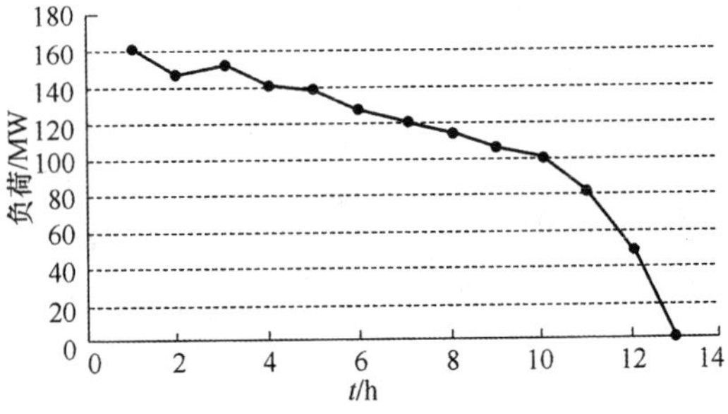

图 13－2　机组停车过程中负荷变化过程

2. 以下是各跨转子某些典型的振动现象，并简要分析其故障特征以及相应的故障产生机理：

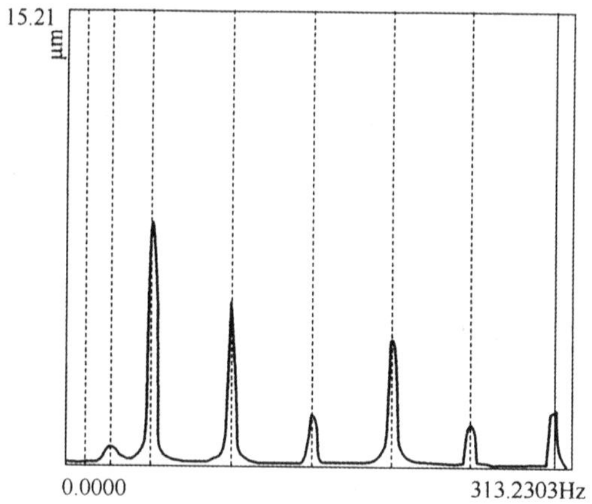

图 13－3　3 瓦处的轴振频谱图
（160MW，3000r/min）

（1）3 瓦轴振故障特征及机理：

在降负荷过程中，在 160MW 工况下保持运行 1～2h。这个阶段中，3 瓦处的轴振包含较大的 2 倍频成分，如图 13－3 所示。这主要是因为 3 瓦至 4 瓦之间为接长轴，接长轴的偏心造成转子系统不对中，对 3 瓦处的振动影响较大。

（2）5 瓦和 6 瓦的轴振故障特征及机理：

5 瓦和 6 瓦位于低压缸与发电机组之间。由于负荷变化和不均匀加热造成的电热变形，会引起热态中心的变化，造成低压缸和发电机转子不对中，振动发生耦合。因此，6 瓦处的工频轴振振幅较大，约大于 5 瓦处的 5 倍，如图 13－4 所示。

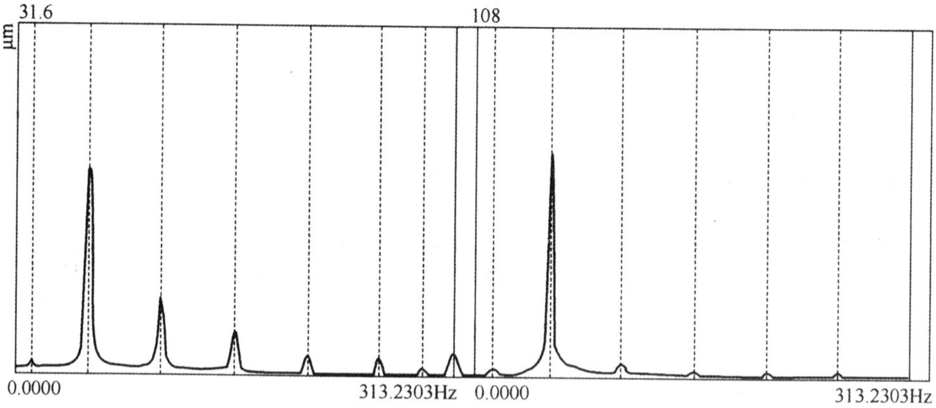

图 13－4　5 瓦和 6 瓦轴振频谱图（160MW，3000r/min）

（3）8 瓦和 9 瓦轴振的故障特征及机理：

8 瓦和 9 瓦的轴振都具有较大的 2 倍频和 3 倍频成分。由于 7 瓦、8 瓦之间由对轮连接，不存在严重不对中，因此所表现出的较大的 2 倍频和 3 倍频成分不应是不对中所引起。通过分析可以认为，这是由于励磁机组支承台板的支承刚度较弱所引发的耦合内共振所导致的，也就是励磁机组的径向振动、轴向振动发生模态耦合，造成了 8 瓦和 9 瓦处的振动较大，2 倍频、3 倍频成分显著，如图 13－5 所示。

在不同工况下，如负荷为 100MW 和 50MW，均具有同样类似的故障特征，只是振动幅值有所不同。

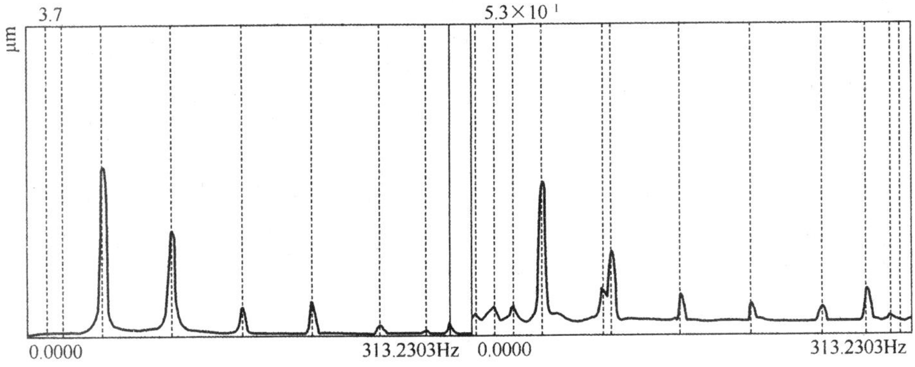

图 13－5　8 瓦和 9 瓦轴振频谱图(160MW，3000r/min)

(4) 油膜不稳定的故障特征：

在不同工况下，2 瓦和 8 瓦处的振动呈现 1/2 亚谐振动特征，如图 13－6 所示。

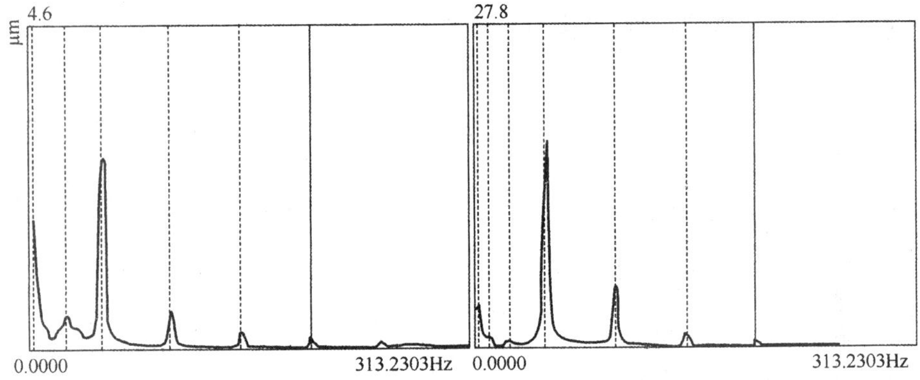

图 13－6　2 瓦和 8 瓦轴振频谱图(100MW，3000r/min)

这种 1/2 亚谐振动(半速问题)主要是由于滑动轴承的油膜不稳定造成的。2 瓦处更为明显。由油膜失稳所引起的 1/2 亚谐振动更易导致转子系统的剧烈振动，且不易监测与控制。另外，亚谐振动也可以由于发电机、励磁机重量比例差异较大所造成。

(5)打闸停机过程分析：

负荷降至零后，机组由 3000r/min 开始降速，在 2640r/min 时解列。过临界转速时，轴振没有明显的变化，瓦振变动明显。1200r/min 时 6 瓦、7 瓦振动明显，这时应为发电机通过共振阶段。图 13－7 所示为降速过程中 5 瓦和 8 瓦处的轴振 3 维谱阵图。

【例 13－2】 某厂新建 80 万吨/年重催装置备用主风机投入运行后，机组振动值逐渐上升，累计运行半年左右，发生振动值高报，联动停车。后来几次开车，均未成功，且振动情况更加恶化。

监测分析：

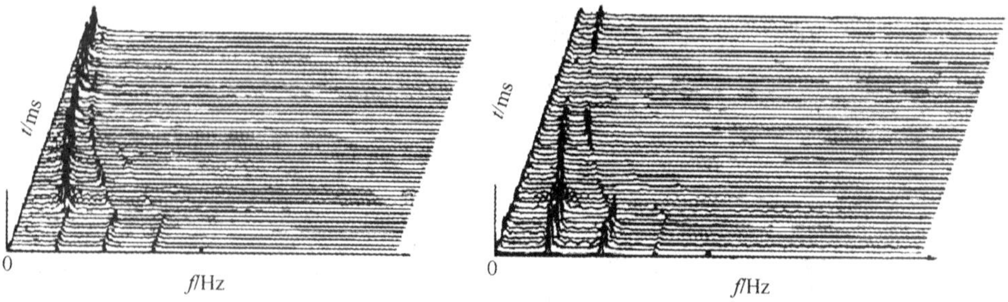

图 13－7　打闸停机过程中的轴振频谱

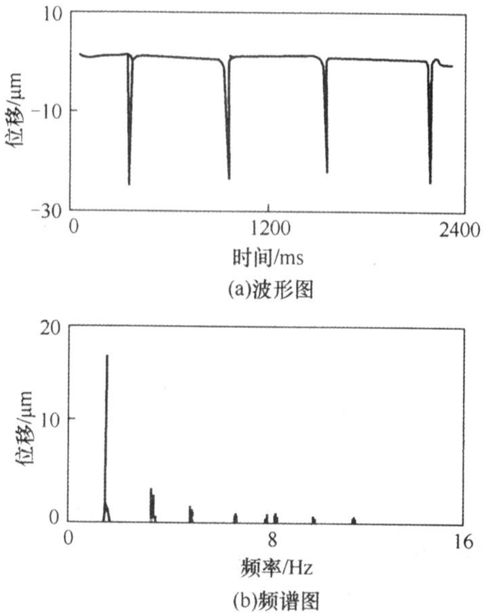

图 13－8　振动波形图和频谱图

1. 投用电动盘车

在油、水、电系统和仪表正常投用后，进行电动盘车，盘车速率为 99r/min。在该机联轴器端和自由端各设有两套相互垂直的磁感应位移探头，盘车时，本特利表显示联轴器端振动值为 2μm 和 0μm，自由端振动值为 20μm 和 25μm，这显然是不正常的，此时自由端振动波形图和频谱图如图 13－8 所示（25μm 测点）。

从振动波形图来看，波形上部平滑，位移几乎为零，向下则有一周期性的脉冲，形状短促而尖锐，位移值约为 25μm，等于本特利表的全读数，其周期约为 600ms，即盘车周期；从频谱图上看，振动位移以主频分量为主，并具有少量的倍频分量。以上现象具有测振轴径处带伤痕的典型特征，在压缩机自由端轴承外壳上几乎检测不到振动的存在，更加证实了这一推论。而且，脉冲周期与盘车周期相同，频谱以主频分量为主，说明该处轴径伤痕数量为 1。

在后继的试车过程中，此伤痕产生的脉冲将与振动波形相叠加，它对本特利表读数的影响，将视其与主频振动正弦波的相位差而定，如果脉冲出现在波峰位置附近，将削弱振动峰—峰值，使本特利表读数较实际为小，若出现在波谷位置附近，将使得波谷更深，从而增大了本特利表的读数。

2. 低负荷启动

系统具备试车条件后，压缩机出口全放空，进行低负荷试车，从开始启动至稳定到额定转速 5708r/min 的过程中，机组振动值都较大。过临界转速时，联轴器端振动为 70μm 和 60μm，自由端振动值为 70μm 和 72μm。额定转速下，靠联轴器端振动值为

65μm 和 63μm，而自由端振动值为 65μm 和 75μm，最大值距机组振动低报点（85μm）仅 10μm。该测点的波形图和频谱图如图 13－9 所示。

靠联轴器端振动值为 65μm，该测点处波形图和谱图如图 13－10 所示。

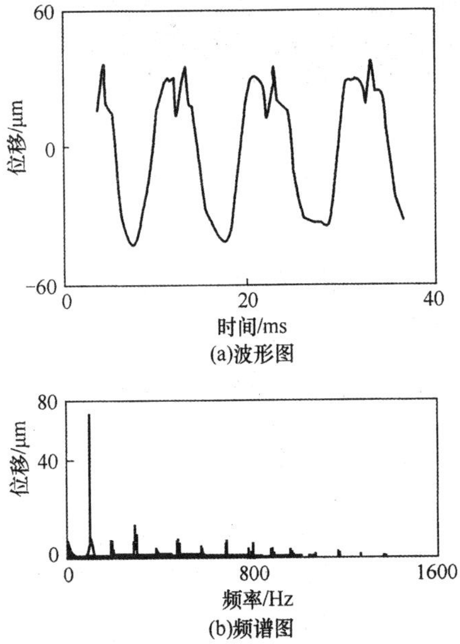

图 13－9　测点的波形图和频谱图

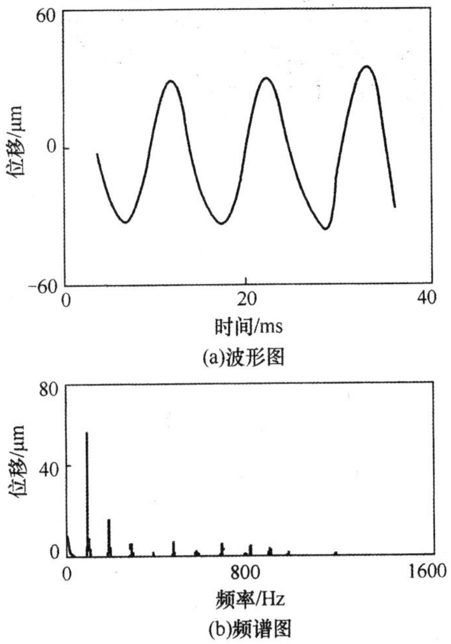

图 13－10　测点处波形图和谱图

从图 13－9、13－10 可以看出，不论是联轴器端还是自由端，振动频率都主要集中在 95Hz 左右，该频率是压缩机的回转频率，即主频，而其它频率的分量则很小；两测点的波形图基本上都是周期为 10ms 左右的正弦波，该周期为压缩机转子的回转周期 10.5ms。这些说明振动的主要原因是转子动不平衡。

图 13－9 显示，自由端振动的波峰呈双峰形，这是伤痕脉冲与振动波形叠加的结果，脉冲出现在波峰位置附近，削弱了振动峰—峰值。这表明转子动不平衡重量和伤痕之间的圆心角较小，即两者基本上是在转子的同一边。如图 13－11 所示。

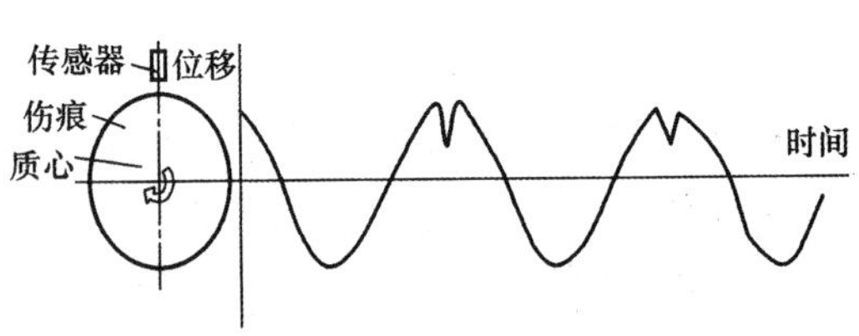

图 13－11　振动的波形图

3. 负荷试车

低负荷试车过程中，振动值稍有上升，待平稳一段时间后，逐渐关小压缩机出口阀，每提高 25% 负荷，平稳一段时间，呈阶梯状提高背压，进行带负荷试车。

在提高负荷的初始阶段，振动值无明显变化，但随着背压的继续升高，振动值也开始了增大。当达到 75% 负荷后，振动值再也稳定不住，径直向高报线 120μm 冲击。到紧急停车前，联轴器端振动值已达到 92μm 和 85μm，而自由端振动值为 95μm 和 112μm，112μm 测点的波形图和频谱图如图 13－12 所示。

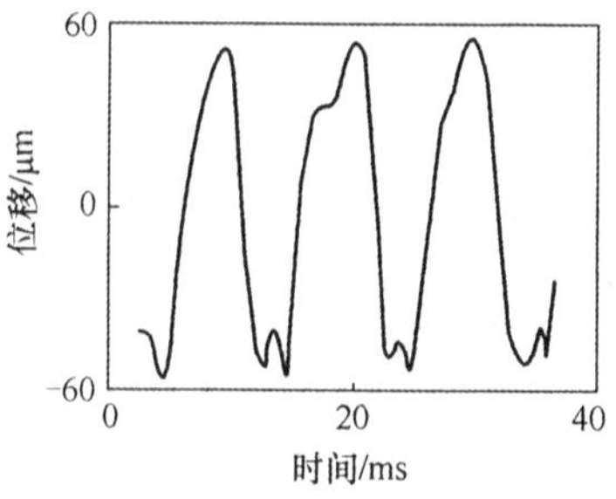

(a)波形图

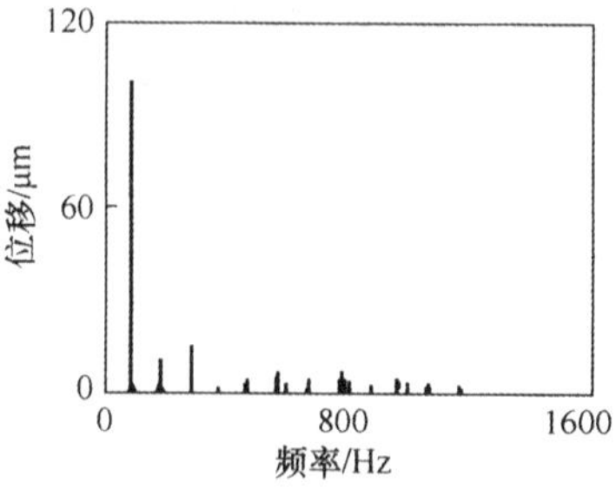

(b)频谱图

图 13－12　测点的波形图和频谱图

从图 13－12 可以看出，动不平衡仍然是导致振动大的主要因素，而且不平衡量增大了。

图 13－12 和图 13－9 是同一个测点不同时间的波形图和频谱图，它们除振幅不同外，振动波形也发生了明显的变化，伤痕引起的脉冲移动到了正弦波的波谷附近，相位差约 180°。显然，伤痕相对于轴的位置是不可能改变的，唯一合理的解释是：转子质心发生了变化，从而改变了正弦波的相位，如图 13－13 所示。

4. 停车

由于机组振动太大，而且振动值还在攀升，因此，未能达到满负荷就紧急停车了。值得一提的是，当机组减速过共振频率时，振动值超过本特利表全量程，振动值达到了 1000μm 以上，基础、管线和机组周围管沟盖板都发生了强烈的振动，可见转子的不平衡量已达到了相当严重的程度，这时与机组刚启动过临界区时的振动情况已是截然不同了。

诊断意见：在试车过程中，随着负荷逐渐增大，介质的压力和温度逐渐升高，随着试车时间的延长，转子质心发生了偏移。相对于转子轴线，压力分布近似于轴对称，它对转子质心的影响是微弱的。而能明显影响转子形变的可能因素是温度。停车时出口介质温度已达到 120℃左右。

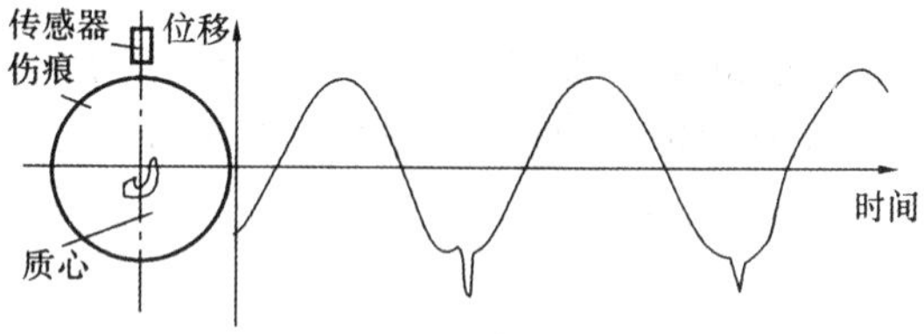

图 13－13　振动的波形图

根据试车现象和测试数据分析，该空压机转子可能有缺陷，该缺陷在常温下暴露不出来，而当介质温度升高，传热给转子后，使转子产生了形变，动平衡被破坏，表现为强烈的主频振动。

检修情况：在检修过程中，对转子进行了冷态动平衡实验，动不平衡量超过标准并不多。将套装件一一拆下，复查尺寸，发现转子上一轴套过盈量太小，而且轴套上仅有一单键防转，轴套的质心并不在轴线上，受热产生间隙后，轴套被甩向键槽的另一边，转子动平衡被破坏，如图 13－14 所示。

另外，在自由端测振轴径上，与轴套键槽同向，确实存在一处伤痕，据了解是上次调整轴瓦时碰伤的。

【例 13－3】 煤气鼓风机结构如图 13－15 所示，它是由同步电机驱动的。鼓风机与液力耦合器的输出端，液力耦合器的输入端与电机均用膜片联轴器连接。

鼓风机型号 D 2660－11，进口流量 160～180km³/h，升压 0.023157～0.024MPa，出口方向左旋 180°，总重 27680kg。电机转速 1500r/min，电机功率 1800kW。

监测结果和诊断：

某公司两座 100t 转炉所配套的三台 D 2660－11 转炉煤气鼓风机，输送介质为含煤气的烟气，介质最高温度 63℃。安装运行 3 个月后，其中两台煤气鼓风机水平振动速度有效值偏大。通过多通道数据采集故障诊断系统进行数据采集，其中一台止推轴承箱轴向振动速度有效值最大时为 12.8mm/s，如图 13－16 所示；垂直振动速度有效值最大时为 4.8mm/s，如图 13－17 所示；水平振动速度有效值最大时为 5.2mm/s，如图 13－18 所示。

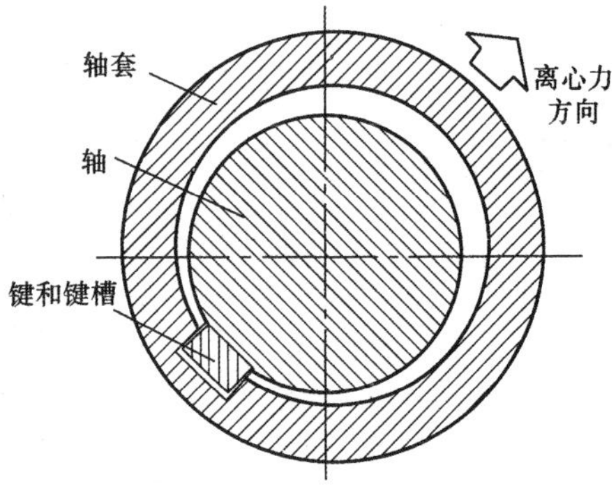

图 13－14 轴和轴套位置示意图

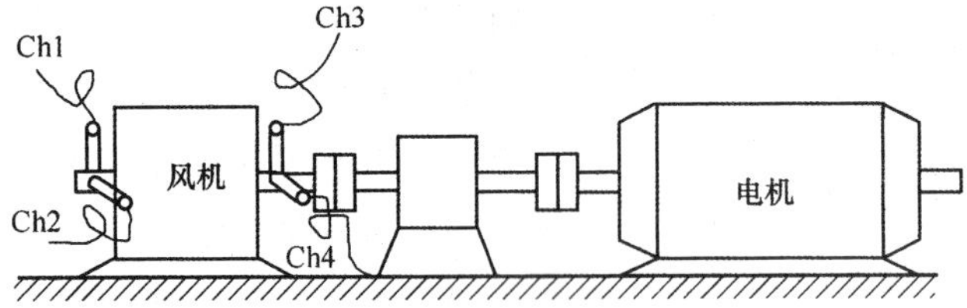

图 13－15 煤气鼓风机的结构及传感器位置

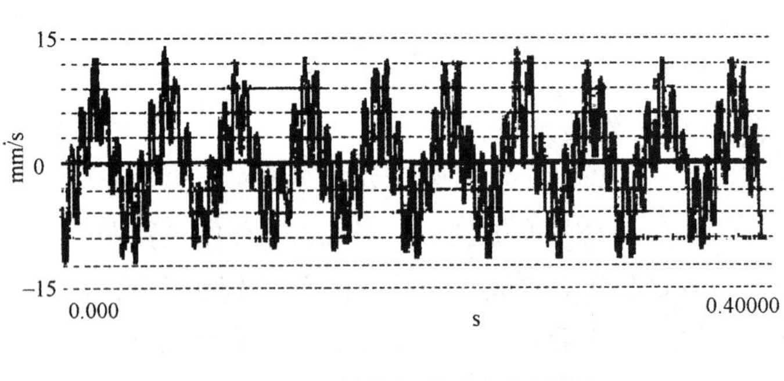

图 13－16 轴向振动速度有效值

虽经多次解体检查及检修，但运行后，止推轴承座处的轴向振动速度有效值为

6.6mm/s，仍偏大，接近停机值。垂直、水平振动速度有效值都控制在2.8mm/s以内。鼓风机转速在845r/min运行时，轴向、垂直振动速度分别为4.6mm/s和2.4mm/s。鼓风机转速在1425r/min运行时，轴向、垂直振动速度分别为6.6mm/s和2.8mm/s。但鼓风机每运行4~5天，其轴瓦振动速度就超标，给转炉生产带来了安全隐患。

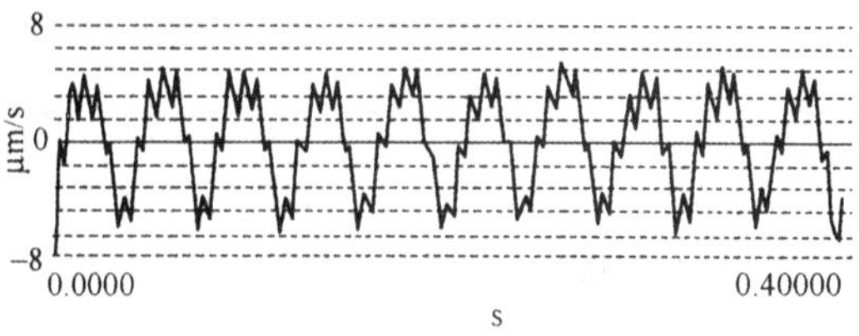

图13-17 垂直振动速度有效值

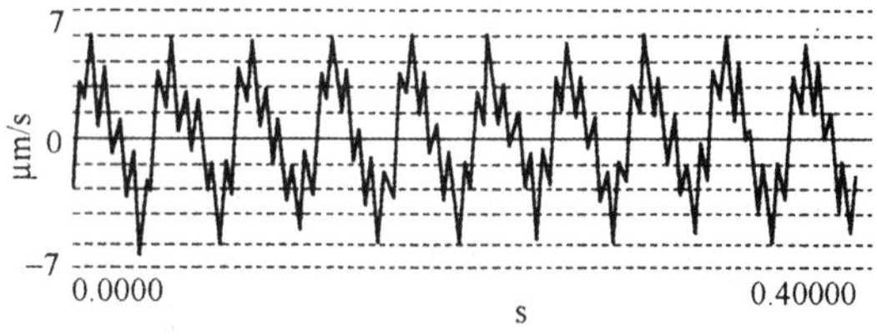

图13-18 水平振动速度有效值

诊断意见：

(1) 鼓风机本体基础，进口弯管基础过于单簿，刚度不足。诊断结论是轴系存在基础松动或摩擦故障，基础松动故障明显。

(2) 进出口气动涡流。鼓风机进口处的弯管，特别是90°弯管(鼓风机进口与弯管前无长度适当的风筒，弯管内又无导向叶片和整流栅)不会使空气均匀进入，因而鼓风机的叶轮处便产生涡流(旋流或紊流)和气流分布不均。烟气有质量，流动的烟气流会产生动量，对叶轮进口圆周角造成不均匀的冲击，而产生振动。同时，由于轴向烟气流旋涡(旋流)的影响，叶道里的速度很不均匀，造成烟气流的压力脉动，其烟气流量也跟着波动，因进口方式与进口角度的因素，便产生设备的水平振动超标。

(3) 转子不对中。如果鼓风机与耦合器不同心，联轴器接合面平行度达不到要求，则发生质量不平衡的周期性强迫振动。对其进行频谱分析，各谐波分量频谱振动幅值如表13-1所示，发现该点振动值很大，已经超过所应用的振动标准，并且二倍基频为主要特征。初步诊断该机组存在一定程度的转子不对中的故障。

表13-1 谐波分量频谱幅值

频率/Hz	25	50	75	100	125	150
振动幅值/(mm/s)	4.50	12.05	3.50	7.23	2.10	1.89

(4) 机件松动等。松动的振动有其方向性，在松动方向上，由于约束力的下降，引起振动增大，使转子系统在水平和垂直方向上具有不同的刚度，因此，松动的频谱特征可能只发生在水平方向上，或仅发生在垂直方向上。而机械部件松动在频谱图上显示的特征为：常常出现大量的高次谐频，松动严重时还会出现半频及谐频成分，振动具有方向性和局部性，振动幅值变化较大，相位有时也不稳定。

通过对鼓风机、耦合器进行全面的解体检查等，并没发现有磨损、裂纹、松动、损伤、变形等故障。

（5）转子质量不平衡及其他原因。振动原因中，属于转子质量不平衡的占多数，其特征是振幅不随机组负荷改变而变化，却与转速有关。其他原因有轴颈部位圆锥度、圆柱度、推力盘和联轴器的轴向及径向跳动不符合要求，转子轴弯曲。

根据测得的频谱图并未发现有此特征的频率分量。初步诊断该设备不存在转子质量不平衡故障。

处理措施：

（1）鼓风机机砼（混凝土）基础加固，加强刚度，改变其基础频率。处理方法：①将原基础表面去除，直至见主筋，底部下挖，加焊主筋，外围钢筋，进行重新浇灌混凝土，加粗基础。②把鼓风机所有的混凝土基础柱加粗，基础上部用圈梁相连，使之成为一个整体的刚性基础（这样可改变现有基础的频率）。

（2）在空间有限，不能使用最佳进口接管的情况下，进口弯管内可重新设计采用导向叶片或整流栅来消除进口涡流现象。鼓风机进口前对管网系统的烟气总量进行测定（转炉烟气→重力除尘→鼓风机进口前），可确定运行操作鼓风机中压力、流量相对于鼓风机转速的关系。鼓风机进口管网系统内烟气量不足（系统上游存在着影响烟气量的干扰因素）。这样会引起鼓风机吸入压力降低，烟气量供应不足，吸入烟气量间断性地减少，造成进气气流忽大忽小，产生气流脉冲，而引起振动。也会造成鼓风机出口的气流脉动，形成鼓风机出口气流的脉冲，又会造成出口管网的振动。

处理方法：①鼓风机前风管路系统烟气量少时，鼓风机进口弯管处加导流片或整流栅。②在鼓风机进出风管加装进出口调节挡板或进出口调节阀。③在鼓风机进出口风管处加装旁通管。

（3）检查、调校鼓风机，耦合器，电机等的纵向和横向水平度及轴同心度。处理方法：用激光对中仪校正轴的同心度。

生产验证：

采取上述措施后，轴承垂直、水平振动值恢复至正常值（≤2.8mm/s），鼓风机运行时轴向振动速度有效值最大为3.8mm/s，垂直振动速度有效值最大为2.2mm/s，水平振动速度有效值最大为2.6mm/s。停机次数从原来的4～5天停一次延长至1个月停一次（主要是停机清灰，消除因积灰造成的叶轮动不平衡），至此整个改进措施收到了良好的效果。

【例13－4】 某公司热电厂某风机，转速1450r/min，采用滚动轴承，设备结构简图及测点布置如图13－19所示。

某次例行巡检中，风机叶轮侧轴承座水平方向振幅达60μm，较相邻同类风机振动大得多，并伴有可辨听的低频冲击声。最初认为是风机叶轮积灰所至，清灰后试车并进行振动监测分析。

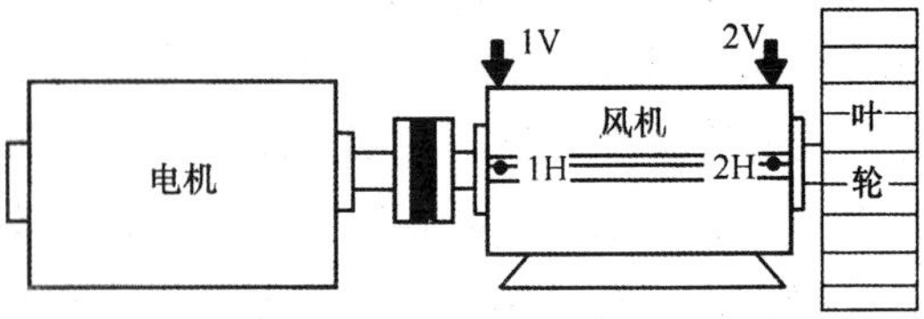

图13－19 风机结构简图及测点布置

故障特征及分析：

（1）风机振幅最大值为47μm，位于2H处，较清灰前小，说明叶轮确实存在因积灰而产生的不平衡。

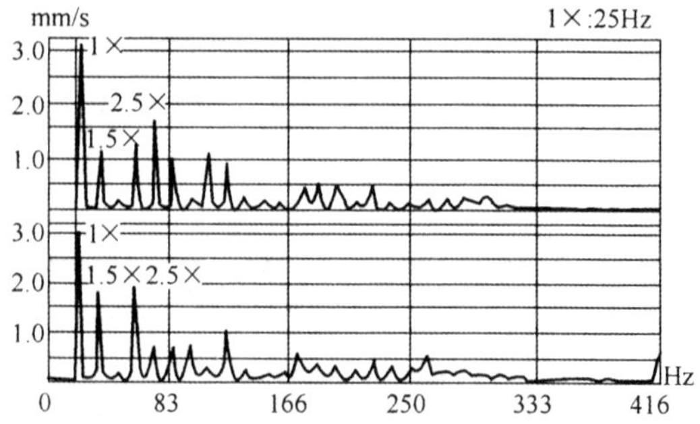

图13－20 不同时刻2H测点速度频谱

（2）图13－20频谱结构显示2H点以工频1倍频为主导，幅值较稳定；此外还有明显的1.5倍频、2.5倍频及中频宽带频谱，其幅值不稳定。该频谱结构呈现一种典型的非线性振动特性，与轴承紧力不足或轴承跑套等引起的转动部件机械松动现象吻合。相位测试显示2V、2H两测点的1倍频相差近90°，说明转子存在不平衡。

（3）空载运行开始时，2H处相位发生大约25°左右的漂移，短时间后相位趋于稳定。这一迹象进一步说明叶轮侧轴承部位存在机械松动，轴承紧力不足的可能性较大。产生这种现象的机理是，由于部件间结合处存在间隙，在旋转力作用下，其中一部件相对于另一部件产生不连续相对位移。这种相对位移引发的振动相位是渐变的，导致转子不平衡相位（该相位是稳定的）与该相位合成后的相位产生漂移。待风机运行到一定程度，系统刚度与阻尼得以调整，相对位移引发的振动终止，相位漂移随之消失。

处理措施及生产验证：根据监测诊断情况，决定对转子作现场动平衡后继续运行，并加强轴承温度及振动监测。平衡后，风机各测点振幅均在20μm以下，低频冲击声依然存在，但声强变小。图13－21频谱显示叶轮侧轴承依然存在由转动部件松动引起的非线性特性，但由于原始不平衡激振力减小了，非线性响应相应减弱。

待风机平稳运行至计划检修时进行检查，发现叶轮侧轴承外环处有明显的由部件相对运动产生的局部摩擦痕迹。图13－22为重新更换轴承，调整轴承紧力后的频谱，机械松动引起的非线性特性消失。

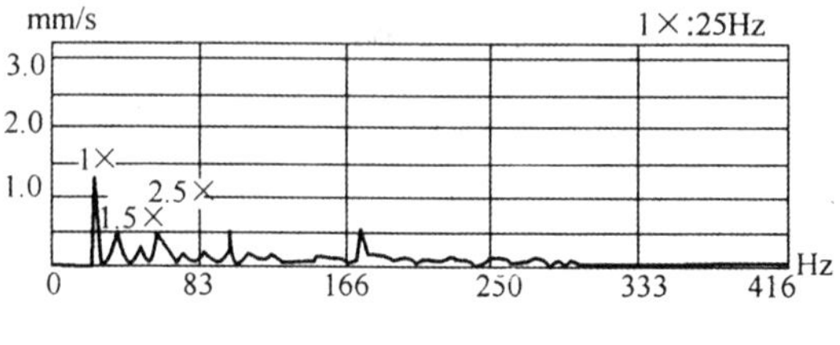

图13－21 平衡后2H测点速度频谱

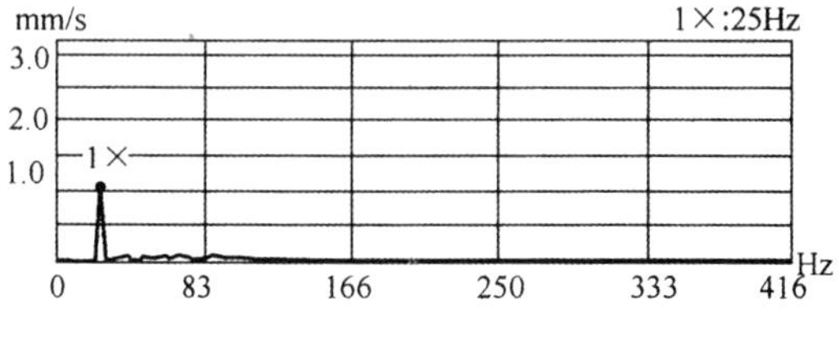

图13－22 检修后2H测点速度频谱

附　录

一、部分旋转机械常见故障处理

1. 离心泵

现　象	原　因	处理方法
泵输不出液体	(1) 注入液体不够 (2) 泵或吸入管内存气或漏气 (3) 吸入高度超过泵的允许范围 (4) 管路阻力太大 (5) 泵或管路内有杂物堵塞	(1) 重新注满液体 (2) 排除空气及消除漏气处，重新灌泵 (3) 降低吸入高度 (4) 清扫或修改管路 (5) 检查处理
流量不足或扬程太低	(1) 吸入阀或管路堵塞 (2) 叶轮堵塞或严重磨损腐蚀 (3) 叶轮密封环磨损严重，间隙过大 (4) 泵体或吸入管漏气	(1) 检查、清扫吸入阀及管路 (2) 清扫叶轮或更换 (3) 更换密封环 (4) 检查、消除漏气处
电流过大	(1) 填料压得太紧 (2) 转动部分与固定部分发生摩擦	(1) 拧松填料压盖 (2) 检查原因，消除机械摩擦
轴承过热	(1) 轴承缺油或油不净 (2) 轴承已损坏 (3) 电机轴与泵轴不在同一中心线上	(1) 加油或换油并清洗轴承 (2) 更换轴承 (3) 校正两轴的同轴度
泵振动大，有杂音	(1) 电机轴与泵轴不在同一中心线上 (2) 泵轴弯曲 (3) 叶轮腐蚀、磨损、转子不平衡 (4) 叶轮与泵体摩擦 (5) 基础螺旋松动 (6) 泵发生汽蚀	(1) 校正电机轴与泵轴的同轴度 (2) 校直泵轴 (3) 更换叶轮，进行静平衡 (4) 检查调整，消除摩擦 (5) 紧固基础螺栓 (6) 调节出口阀，使之在规定的性能范围内运转
密封处漏损过大	(1) 填料磨损 (2) 轴或轴套磨损 (3) 泵轴弯曲 (4) 动、静密封环端面腐蚀、磨损或划伤 (5) 静环装置歪斜 (6) 弹簧压力不足	(1) 更换填料 (2) 修复或更换磨损件 (3) 校直或更换泵轴 (4) 修复或更换坏的动环或静环 (5) 重装静环 (6) 调整弹簧压缩量或更换弹簧

2. 离心压缩机

现 象	可能的原因	处理措施
压缩机的异常振动和异常噪声	不对中或转子运转中心与汽缸中心不一致引起气流激振	卸下联轴器，使原动机单独转动，如果原动机转动时没有异常振动，则故障可能由不对中引起；检查对中情况并参照安装说明书；必要时进行热对中；调整转子与汽缸的同轴度
	压缩机转子不平衡或转子有裂纹或弯曲	检查转子，看是否由污垢或损坏引起；如有必要应对转子重新进行平衡、矫直或更换转子
	叶轮损坏，流道冲蚀	检查叶轮、流道，必要时进行修复或更换；消除流道的污垢等
	轴颈或轴承不正常	检查轴颈或轴承，调整间隙，必要时修复或更换；消除轴承油膜涡动或其他激振因素对轴承的影响
	联轴器故障或不平衡	检查联轴器平衡情况，检查联轴器螺栓、螺母
	吸气量不足	增大吸气量
	密封环不良	检查测定密封环间隙，必要时修复或更换
	油压、油温不正常	检查各注油点油压，油温及油系统工作情况，发现异常设法调整消除油膜涡动
	油中有污垢、水等，不清洁，使轴承磨损	查明污垢来源，检查油质，加强过滤，定期换油，检查轴承，调查间隙；检查油冷却器并排除漏水故障或更换新油
	喘振	检查压缩机运行是否远离喘振点，防喘裕度是否正确，防喘装置是否工作正常
	机内的固定部件松动与转子发生摩擦或碰撞；叶轮松动	紧急停机，检查并紧固松动部件；消除叶轮与轴的装配过盈小的缺陷
	有异物进入机内	紧急停机，并检查清理异物
	机械密封漏油或进气口气体带水	更换机械密封或排放积水
	气体管路的应力传递给机壳，由此引起不对中	气体管路应很好固定。防止有过大的应力作用在压缩机汽缸上；管路应有足够的弹性补偿，以应付热膨胀
	缸体或气封变形，缸体与气封磨损	消除变形，调整气封间隙，必要时更换气封或缸体
	压缩机附近有机器工作	将它们的基座基础互相分离，并增加连接管的弹性
	机组基础或地脚螺栓松动	修理基础或紧固地脚螺栓
	底座共振	上紧底座或增加底座的刚度

续表

现　象	可能的原因	处理措施
油压急剧下降	油泵出口回油箱阀损坏	联系修理
	油管破裂或联接法兰处有漏油	油管堵漏或拧紧连接法兰的螺栓
	油箱内油量不足	添加润滑油至规定位置
	油过滤器堵塞	切换清洗滤油器的过滤网
	油泵吸入管路漏气	检查排除
	压力表失灵或压力表导管有堵塞	检查排除
轴承故障	润滑不正常	确保使用合格的润滑油；定期检查，不应有水和污垢进入油中
	轴承的进油口节流圈孔径小，进油量不足	适当加大节流圈孔径
	长期低速盘车使轴承磨损	停车时，不要长期低速盘车，可进行定时间短盘车
	振动过大，引起轴承巴氏合金层的疲劳破坏	限制机器的振动，改善润滑状况
	隔离气漏到轴承腔	调整隔离氮压力
	轴承进油的油温过高或过低	调节油冷却器的冷却水的进水量或检查测温热电偶元件是否松动
	负荷急剧变化或进入喘振工况区工作	迅速调整节流阀的开启度或打开排气阀或旁通阀
	润滑油压力低	调节润滑油压力
	不对中	检查对中情况，必要时应进行调整
	轴承间隙不符合要求	检查间隙，必要时应进行调整或更换轴承
	压缩机或联轴器不平衡	检查压缩机转子组件和联轴器，看是否有污物附着或转子组件缺损，必要时转子应重新找平衡
止推轴承故障	轴向推力过大	检查止推轴承间隙，检查气体进出口压差，必要时检查内部密封环环间隙数据是否超标，检查段间平衡盘密封环间隙是否超标
	润滑不正常	检查油泵、油过滤器和油冷器，检查油温、油压和油量，检查油的品质
	止推轴承装反	正确安装止推轴承

续表

现 象	可能的原因	处理措施
密封环故障，密封不稳定	不对中和滚动	调整对中
	油中有污物	检查油过滤器，更换附有污物的滤芯；加强在线过滤
	密封环间隙有偏差	检查间隙，必要时应给予调整或更换
	油压不足	检查参考气压力，不得低于最小极限值
	密封环精度不够	检查密封环，必要时应修理或更换
	密封油品质或油温不符要求	检查密封油质，指标不符应更换；检查密封油温，并进行调整
	油、气压差系统工作不良	检查参考气压力及线路，并调整到规定值；检查压差系统各元件工作情况
	密封部分磨损或损坏	拆下密封后重新调整间隙，组装；按规定进行修理或更换
	浮环座的接触磨损不均匀	应研磨，修正接触面或更换备件
	浮环座的端面有缺口或密封面磨损	消除吸入损伤，减少磨损，必要时更换备件
	密封环断裂或破坏（组装损伤或空转时热应力破坏）	可能组装时造成损伤，组装应注意；尽量减少空负荷运转；不能修复时应更换
	密封面，密封件，O形环被腐蚀	分析气体性质，更换部件材质或更换备件
	因低温操作密封部分结冰	消除结冰，或用干燥氮气净化密封大气
	计量仪表工作误差	检查系统的测量仪表，发现失准时检修或更换
压缩机性能达不到要求	设计错误	审查原始设计，检查技术参数是否符合要求；如发现问题应与卖方和制造厂交涉，采取补救措施
	制造错误	检查原设计及制造工艺要求，检查材质及加工精度；发现问题应与卖方和制造厂交涉
	气体性质错误	检查气体的各种性质参数，如与原始设计的气体性质相差太大，必然影响压缩机性能指标；根据实际要求与可能设法解决
	运转条件变化	实际运转条件与设计条件相差太大，必然使压缩机运转性能与设计性能偏移。如发现异常应查明原因
	沉积夹杂物	检查气体流道和叶轮以及汽缸中是否有夹杂物，如有则应清除
	密封环间隙过大	检查各部间隙，不符合要求则必须调整或更换

续表

现　象	可能的原因	处理措施
压缩机喘振	运行点落入喘振区或距喘振边界太近	检查运行点在压缩机特性线上的位置，如距离喘振边界太近或落入喘振区，及时调整工况并消除喘振
	防喘裕度设定不够	预先测定好各种工况下的防喘裕度；防喘裕度线应调整到最佳
	吸入流量不足	可能进气阀门开度不够，滤芯太脏或结冰，进气通道阻塞，入口气源减少或切断等。打开回流阀或放空阀或降低转速运行，并应查出原因设法解决
	压缩机出口气体系统压力超高	压缩机减速或停机时气体未放空或回流；出口止逆阀失灵或不严，气体倒灌；应查明原因采取措施
	工况变化时放空阀或回流阀未及时打开	进口流量减少或转速下降，或转速急剧升高时应查明原因及时打开防喘振的放空或回流阀门
	防喘振装置未投自动	正常运行时防喘振装置应投自动
	防喘振装置或机构工作失准或失灵	定期检查防喘振装置的工作情况，如发现失灵，失准或卡涩，动作不灵等应及时解决
	防喘振整定值不准	严格整定防喘振数值，并定期试验，发现数值不准及时校正
	升速，升压过快	工况变化，升速。升压不可过猛，过快，要交替进行，缓慢，均匀
	压缩介质温度太高	调整工艺参数在设计值，检查段间换热器的换热效果
	气体性质改变或状态改变	调整工艺参数在设计要求范围内
	级间漏气量增大	更换级间密封
	降速未先降压	降速之前应先降压，以免发生喘振
	气体性质改变或状态改变，压缩机部件损坏脱落	当气体性质或状态改变之前，应换算特性曲线，根据改变后的特性曲线整定防喘振值； 级间密封，平衡盘密封和 O 形环破坏、脱落会诱发喘振；应经常检查，使之处于完好状态
	压缩机气体出口管线上止逆阀失灵	压缩机出口气体管线上的止逆阀应经常检查，保持动作灵活，可靠；以免转速降低或停机时气体倒灌

续表

现 象	可能的原因	处理措施
压缩机叶轮破损	材质不合格，强度不够	重新审查原设计，制造所用的材质，如材质不合格应更换叶轮
	工作条件不良(强度下降)	工作条件不符合要求，由于条件恶劣，造成强度降低，应该改善工作条件，符合设计
	负荷过大，强度降低	因转速过高或流量、压比太大，使叶轮强度降低，造成破坏；禁止严重超负荷或超速运行
	异常振动，动、静部分碰撞	振动过大，造成转动部分与静止部分接触、碰撞，形成破损；严禁振值过大强行运转；消除异常振动
	落入夹杂物	压缩机内进入夹杂物打坏叶轮或其它部件，因此严禁夹杂物进入压缩机；检查进口过滤器是否损坏
	沉积夹杂物	保持气体洁净，通流部分和汽缸内有沉积物时应尽早清除
	应力腐蚀和化学腐蚀密封系统工作不良	防止发生应力集中，防止有害成分进入压缩机，做好压缩机的防腐措施。检查密封系统各元件，查出原因及时解决
压缩机漏气	O 形密封环不良	检查各 O 形环，如发现不良和老化应更换
	汽缸或管接头漏气	检查汽缸接合面和各法兰接头，发现漏气及时采取措施
	密封胶失效	检查汽缸中分面和其他部位的密封胶及填料，发现失效应及时更换
	运转不正常	检查运转操作指标是否正确，检查压缩机运行状态，发现不正常及时解决
	密封环破损、断裂、腐蚀、磨损	检查各密封环；发现断裂、破损、磨损和腐蚀应查明原因，并及时修复或更换
压缩机流量和排出压力不足	通流量有问题	将排气压力与流量同特性曲线相比较，看是否符合，以发现问题
	压缩机反转	检查旋转方向，旋转方向应与压缩机壳上的箭头方向一致
	吸气压力低	检查入口过滤器
	相对分子质量不符	测定气体实际相对分子质量，和说明书的规定数值相比较；如果实际相对分子质量比规定小，排气压力就不足
	原动机转速比设计转速低	检查压缩机运行转速，与说明书对照；如果转速确实低，应提升原动机转速
	自排气侧向吸气侧的循环量增大	检查循环气量，检查外部配管；检查循环气阀开度，循环量大的应调整
	压力计或流量计故障	检查各计量仪表，发现问题应高校、修理或更换

续表

现　象	可能的原因	处理措施
原动机超负荷	相对分子质量比规定值大	检查气体实际相对分子质量，与设计说明书相比较
	原动电动机在电气方面有毛病	检查断路器的热容量和动作状况；检查电压是否降低；检查各相电流差是否在3%以内，发现问题及时解决
	与叶轮相邻的扩压器表面腐蚀，扩压度降低	拆开检查，检查扩压器各流道，如有腐蚀应改善材质或提高表面硬度；清扫表面，使表面光滑；如叶轮与扩压器相碰或扩压器变坏，应更换
	叶轮或扩压器变形	叶轮或扩压器变形应修复或更换
	转动部分与静止部分相撞	拆开原动机压缩机和齿轮箱；检查各部间隙并与说明书对照；发现问题及时解决
	吸入压力高	吸入压力高，则质量流量增大，功率消耗大；与设计数据对照，找出原因并解决
压缩机排气温度高	隔板密封间隙过大	调整密封间隙
	中分面串气	修理中分面
	中冷器冷却效果差	清扫，修理中冷器
	机组压缩比增大	降低压缩比
润滑油压力低	油泵安全阀失灵	检查安全阀，重新定压
	油过滤器堵塞	清洗过滤器
	油泵发生故障	修理油泵
	油冷却器管束漏油	修理油冷却器
	油位低，油泵抽空	加润滑油
	轴承间隙过大	更换轴承
	油管破裂或连接法兰有泄漏	更换油管并拧紧连接法兰螺栓
	压力表失灵	更换压力表
	辅助油泵出口单向阀内漏	修复或更换辅助油泵出口单向阀
	油压调节阀定值过低或卡涩	调整，修理油压调整器
润滑油耗油量大	润滑油带入系统	检查气封和油封
	润滑油漏入冷却水	检查润滑油冷却器
	润滑油系统管线有漏洞	消除漏点

3. 燃气轮机

故障现象	原　　因	处理方法
燃烧室爆燃	燃烧室有余气或机油	（1）消除燃料供应系统的泄露 （2）开车时冷吹时间过长
燃烧不良或点不着火	（1）燃料品质不好 （2）火焰筒变形严重 （3）配风或掺冷情况不好 （4）火花塞、联焰管损坏 （5）燃料喷嘴损坏，积炭	（1）改善燃料品质 （2）检修更换火焰筒 （3）改善配风、掺冷情况 （4）检修火花塞、联焰管 （5）检修燃料喷嘴
压气机打压不够	（1）压气机进口过滤器压差过高 （2）压气机通流部分积炭 （3）压气机可调静叶损坏	（1）清理、更换滤芯 （2）在线或离线清洗压气机 （3）修复或更换可调静叶
异常振动	（1）轴承间隙不合适或轴承损坏 （2）转子不平衡 （3）对中不好 （4）动静部分间隙不合适，动静部分产生摩擦 （5）转子叶片因过热、摩擦、疲劳等原因产生变形，碎裂 （6）联轴器损坏	（1）检查轴承 （2）重新平衡转子 （3）重新对中 （4）重新调整动静部分间隙 （5）修复，更换转子 （6）检修联轴器
轴承回温温度过高	（1）轴承安装不良 （2）燃气轮机超载 （3）供油情况不好，如供油温度过高，油差不足，油质不合格 （4）轴承冷却空气不足	（1）重新调整轴承 （2）降低负荷 （3）改善供油情况 （4）增加轴承冷却空气量

4. 电站汽轮机

现　　象	处　理　措　施
新蒸汽温度下降	新蒸汽温度低于额定 10 度时，应联系锅炉恢复，气温低于 20 度时，应降低负荷运行，汽温继续下降应按规程规定开启主蒸汽管及本体疏水门，若无效则打闸停机。
新蒸汽温度上升	（1）联系锅炉运行人员降低温度 （2）温度升至最高允许值时，应报告值班长，联系锅炉运行人员迅速采取措施，若无效应故障停机 （3）升到允许值以上，汇报值班长，要求立即打闸停机 （4）如主汽温 10min 内上升 50 度，应立即打闸停机
主蒸汽压力过高	当主蒸汽压力超过最大允许值时，应联系锅炉运行人员采取降压措施，对汽轮机也可采取电动主闸阀节流降压。如不能恢复，故障停机

续表

现　象	处 理 措 施
发电机与电网解列，调节系统能维持空负荷运行	（1）迅速判断事故原因，检查保护动作的具体项目 （2）确认汽轮机本身无故障，将汽轮机转速控制在3000r/min （3）关小凝结水至除氧器进水调整门，开启凝结水再循环门，保证凝汽水位，并根据排气温度的情况及时开启排气缸喷水装置 （4）油封气源不足时应立即切换为备用气源供给 （5）打开汽轮机本体与各级抽气管道的各疏水门，防止管道积水 （6）确认各级抽气逆止门已关闭，并手动关闭各高、低压加热器进气电动门 （7）注意检查机组轴向位移，高压缸胀差，推力瓦回油温度及主蒸汽参数等是否正常，并测量机组振动情况 （8）若机组各部正常，应联系电气迅速并列带负载 （9）机组甩负载后的恢复过程中，主蒸汽温度应尽量提高些，机组不宜在较低主蒸汽温度下运行，同时带负荷要快
发电机与电网解列，汽轮机调节系统不能维持空负荷运行，危急保安器拒绝动作，造成汽轮机严重超速	（1）迅速手按控制表盘上事故按钮或就地手打脱扣器，使自动主气门，调节气门，各抽气逆止门等迅速关闭 （2）如上述无效，应立即关闭电动主气门，并破坏真空紧急停机，使转速下降 （3）关闭各级抽气电动或手动隔离阀，防止汽水通过抽气止逆阀倒入汽轮机内 （4）启动润滑油泵 （5）完成故障停机的其他操作 （6）查明并消除造成严重超速的原因后，进行超速试验，等危急保安器动作转速调整合格后，机组才能重新并网
部分厂用电中断	（1）若备用设备自动投入成功，则调整各运行参数到正常值 （2）若未投人，应手动启动，若无效，则降负载至停机，同时应联系电气，尽快恢复用电，然后再进行启动 （3）若不能恢复，解除已跳闸机泵的连锁，并注意机组运行情况，各监视参数达停机极限值时，按相应规定进行处理 （4）若需打闸停机，应启动直流润滑油泵及直流密封油泵
造成真空下降需要增开射水泵	（1）真空系统漏空气，要增开射水泵并投用备用抽气器来维持机组真空 （2）备用射水泵逆止门关不严，射水门又关不紧，或射水泵出水母管泄露，射水泵有缺陷时 （3）射水抽气器喷嘴阻塞，需要提高射水母管压力来对喷嘴进行冲堵时
真空下降	（1）发现真空下降，应校对排气温度表及其他真空表，查明原因，采取对策，启动备用射水泵，投入射水抽气器，真空下降至87kPa时，及时汇报，设法恢复真空 （2）若处理无效仍继续下降，每下降1.33kPa降额定负荷10%，真空下降到停机值，若保护未动作，应进行故障停机

续表

现　　象	处 理 措 施
汽轮机发生水冲击	（1）锅炉满水或负荷突增，产生蒸汽带水 （2）锅炉燃烧不稳定或调整不当 （3）加热器满水，抽气逆止门不严 （4）轴封进水 （5）主蒸汽，再热蒸汽过热度低时，蒸汽温度来回波动
轴向位移增大	（1）发现轴向位移指示增大，应立即核对推力瓦块温度，并参考胀差值。检查机组负荷，汽温，气压，真空，振动等各参数。联系热工，检查轴向位移指示是否正确，同时联系电气运行人员减负荷，控制轴向位移不超过规定值 （2）检查监视段压力，一级抽气压力，高压缸排气压力不应高于规定值，超过时，联系电气运行人员降低负荷，并汇报有关人员 （3）若措施无效，应迅速破坏真空紧急停机 （4）若发生水冲击引起轴向位移增大或推动轴承损坏，应迅速破坏真空紧急停机 （5）若是主蒸汽参数不合格引起轴向位移增大，应立即要求锅炉调整，恢复正常参数 （6）轴向位移达停机极限值，轴向位移保护装置应动作，若不动作，应立即手动脱扣停机
油压和油箱油位同时下降	压力油管大量漏油
油压正常，油箱油位下降	（1）油箱事故放油门，放水门或由系统有关放油门误开或泄漏 （2）压力油回油管道，管道接头，阀门漏油 （3）轴承油挡严重漏油 （4）冷油器管束渗漏
油箱油位升高	（1）应加强油箱底部放水 （2）立即联系进行油箱油质化验 （3）调小轴封气量，提高轴封加热器真空 （4）在日常运行中，要严格控制冷油器水侧压力不得大于油侧压力 （5）停机后在停用润滑油泵前，应关闭冷油器进出水阀
通流部分发生摩擦	立即破坏真空紧急停机。停机后，如果胀差及汽缸各部温差达到正常值，方可重新启动
机组超速保护装置动作或打闸停机后，转速仍上升	应迅速关闭电动主气门，迅速关闭各抽气管道的抽气止逆阀，关闭各抽气管路的电动隔离阀及各回热加热器的进热阀，同时完成停机的其他操作
轴封供气带水对机组的危害	（1）轴封供气带水在机组运行时有可能使轴端气封损坏，重者将使机组发生水冲击，危害机组的安全运行 （2）若发现机组声音变沉，机组振动增大，轴向位移增大，胀差减小或出现负胀差，应立即破坏真空，打闸停机

续表

现　　象	处 理 措 施
叶片或围带脱落	（1）发现有可疑征兆时，应逐级汇报，研究处理，当征兆明显时，报告值班长，破坏真空紧急停机 （2）因汽轮机末级叶片折断，打坏凝汽器铜管，凝结水硬度、电导率均急剧升高，此时应降低汽轮机负载，对凝汽器逐台进行查漏确认，并注意监视凝汽器真空。当真空下降时，应开启备用射水抽气器以维持机组真空 （3）水质恶化到不能维持运行时，应报告班长，故障停机
高压高温汽水管道或阀门泄露	（1）注意人身安全，查明泄露部位，使用合适工具 （2）保持一定的安全距离 （3）做好防止他人误入危险区的安全措施 （4）按隔离原则及早进行故障点的隔绝，无法隔绝时，请示上级要求停机
汽水管道破裂，水击，振动	（1）尽快隔离故障点，并开启汽轮机房内的窗户放出蒸汽；采取必要的防火及防止电气设备受潮的临时安全措施；开启隔绝范围内的疏水门放空门，泄压放水 （2）蒸汽或抽气管道水冲击时，应开启有关疏水门，并检查原因 （3）管道振动大时，应检查管道疏水是否正常，支吊架是否完整良好，该管道通流量是否稳定。如有威胁适当减少负荷，以减少该管道通流量 （4）给水管道破裂时，迅速隔绝故障点，若无效则故障停机 （5）凝结水管道破裂时，设法消除或减少凝结水的泄漏，或隔绝故障点，维持机组运行，若无效则停机处理 （6）循环水母管道破裂时，应设法消除或减少循环水的泄漏，关闭循环水母管联通阀，尽量避免切换循环水泵，防止引起破裂处扩大 （7）主蒸汽，再热蒸汽，给水的主要管道或阀门爆破，紧急停机
发电机氢压降低	（1）立即补氢，维持正常氢压 （2）若上述无效，则应报告值班长降负荷，设法消除漏氢缺陷 （3）如因供氢中断不能维持氢压时，可向发电机内补充少量氮气，保持运行 （4）如系统阀门误操作，应恢复正常位置，并根据具体情况及时补氢 （5）及时调整密封油压至正常值
发电机氢压升高	（1）确认氢压高，应联系电气打开排气门，使氢压恢复正常 （2）如无效，应关闭隔离阀，用旁路门调节氢压，同时消除缺陷，若补氢旁路门误开，应立即关闭 （3）若氢冷却器冷却水中断应及时设法恢复

二、常见故障诊断图表

附表 2－1 振动原因及振动特征

	振动原因	主要频率											电的			主要振幅的方向和位置								
		0～40%工频	40%～50%工频	50%～100%工频	1倍工频	2倍工频	高阶工频	0.5倍工频	0.25倍工频	低阶工频	奇数频率	极高频率	线频	多倍线频	差频	垂直	水平	轴向	轴	轴承	箱体	基础	管道	联轴节
	1	2	3	4	5	6	7	8	9	10	11	12	13	14	15	16	17	18	19	20	21	22	23	24
1	初始不平衡				90	5	5									40	50	10	90	10				
2	转子永久弓形变形或转子上碎块飞出（叶片）				90	5	5									40	50	10	90	10				
3	转子临时呈弓形				90	5	5									40	50	10	90	10				
4	箱体随温度而变（箱体永久变形）	—	10	—	80	5	5									40	50	10	90	10				
5	基础变形		20		50	20					10					40	50	10	40	30	10	10	10	
6	密封碰磨	10	10	10	20	10	10			10	10	10				30	40	30	80	10	10			
7	转子轴向碰磨	—	20	—	30	10	10			10	10	10				30	40	30	70	10	20			
8	不对中				40	50	10									20	30	50	80	10	10			
9	管道力				40	50	10									20	30	50	80	10	10			
10	轴颈和轴承偏心				80	20										40	50	10	90	10				
11	轴承损坏	10	10	—	40	20										30	40	30	70	20	10			
12	轴承和支座的振动刺激（油膜等）	40	40	10	6											40	50	10	50	20	20	10		
13	不相等轴承刚度（水平—垂直）					90	10临界转速									40	50	10	40	30	30			

续表

振动原因		主要频率											电的			主要振幅的方向和位置								
		0～40%工频	40%～50%工频	50%～100%工频	1倍工频	2倍工频	高阶工频	0.5倍工频	0.25倍工频	低阶工频	奇数频率	极高频率	线频	多倍线频	差频	垂直	水平	轴向	轴	轴承	箱体	基础	管道	联轴节
	1	2	3	4	5	6	7	8	9	10	11	12	13	14	15	16	17	18	19	20	21	22	23	24
14	过盈不足	主要频率出现在低频或共振频率																						
	转子红套	40	40	10							10					40	50	10	60	20	20			
	轴承—衬瓦	90	—								10					40	50	10	80	10	10			
	轴承—箱体	90	—								10					40	50	10	70	20	10			
	箱体和支承	50	—								50					40	50	10	50	20	30			
15	齿轮不精确						20				20	60				30	50	20	80	10	10			
16	联轴器不精确或损坏		20		20	60	(10)									30	40	30	70	20				10
17	转子和轴承系统临界				100											40	50	10	70	30				
18	推力轴承损坏			90								10				20	30	50	60	20	20			
19	联轴器临界				100											20	40	40	10	10				80
20	悬臂部分临界				100											40	50	10	70	10				20
21	结构共振																							
	箱体		10		70	10		10					30	30	30	40	50	10		40	40	10	10	
	支座		10		70	10		10					30	30	30	40	50	10		20	50	20	10	
	基础		20		60	10		10					30	30	30	30	40	30		10	40	40	10	
	压力脉动	大多数故障与共振有关									100					30	40	30	可激起涡动和共振		30	30	40	
22	电刺激力振动													100		30	40	30			40	40	20	
23	传动设备刺激振动										90					30	40	30			40	40	20	
	阀门振动											100				30	40	30			80	10	10	
24	问题的名称	以下各项可用来区别基本原理																						

续表

振动原因		主要频率											电的			主要振幅的方向和位置								
		0～40%工频	40%～50%工频	50%～100%工频	1倍工频	2倍工频	高阶工频	0.5倍工频	0.25倍工频	低阶工频	奇数频率	极高频率	线频	多倍线频	差频	垂直	水平	轴向	轴	轴承	箱体	基础	管道	联轴节
	1	2	3	4	5	6	7	8	9	10	11	12	13	14	15	16	17	18	19	20	21	22	23	24
24	次谐波共振							—	100	—						30	30	40	20	20	20	20	20	
	谐波共振					—	100	—								40	40	20	10	10	10	30	30	
	摩擦引起涡动	80	10	10												40	50	10	80	20				
	临界速度				100											40	40	20	60	40				
	共振振动				100											40	50	10	20	10	20	30	20	
	油膜涡动		80					10	5	5						40	50	10	80	20				
	油膜共振		100													40	50	10	20	20	20	20	20	
	干摩擦涡动										100					30	40	30	40	20	20	10		10
	间隙引起振动	10	80	10												40	50	10	70	10	10			10
	扭振				40	20	20			20			—	100	—		扭转	扭转振幅 100	横向振幅 40	横向振幅 40				10
	瞬态扭振				50					50			—	100	—	100		100	40	40				10
25	旋转失速	30		30	30	10																		
26	喘振	35		10	35	20																		
27	气体涡动		30	60				10																
28	气动激励		20		20						10	10												

注：此表引自美国学者约翰·索赫(John sohre)题为“告诉涡轮机械运行问题(故障)的起因与治理”。

附表 2－2　振动时振幅与转速关系

	振动原因	振动时振幅与转速关系										
		不变的振幅	随转速增加	随转速下降	出现峰值	突然上升	突然下降	不变的振幅	随转速增加	随转速下降	突然上升	突然下降
		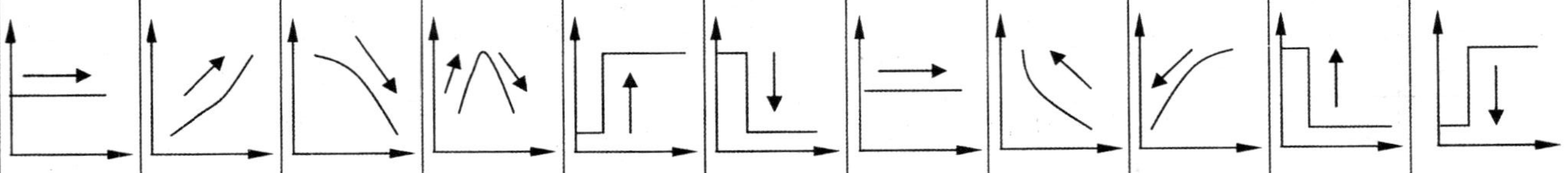										
		开车期间						停车期间				
		25	26	27	28	29	30	31	32	33	34	35
1	初始不平衡		100		峰值在临界转速					100		
2	转子永久弓形变形或转子上碎块飞出(叶片)		100							100		
3	转子临时呈弓形	30	60	5		5		30	5	50	5	10
4	箱体随温度而变(箱体永久变形)	30 40	50 60	5		5	10	30 40	5	50 60	5	10
5	基础变形	20	80					20		80		
6	密封碰磨	10	70			10	10	10		70	10	10
7	转子轴向碰磨	10	40			20	20	10		50	20	20
8	不对中	20	30			20	20	20		40	20	20
9	管道力	20	40			20	20	20		40	20	20
10	轴颈和轴承偏心	40	50	10				40	10	50		
11	轴承损坏	10	50	10		20	10	10	10	50	10	20
12	轴承和支座的振动刺激(油膜等)		10			90				40		10
13	不相等轴承刚度(水平—垂直)		40		50	10				40		10

续表

振动原因		振动时振幅与转速关系										
		不变的振幅	随转速增加	随转速下降	出现峰值	突然上升	突然下降	不变的振幅	随转速增加	随转速下降	突然上升	突然下降
		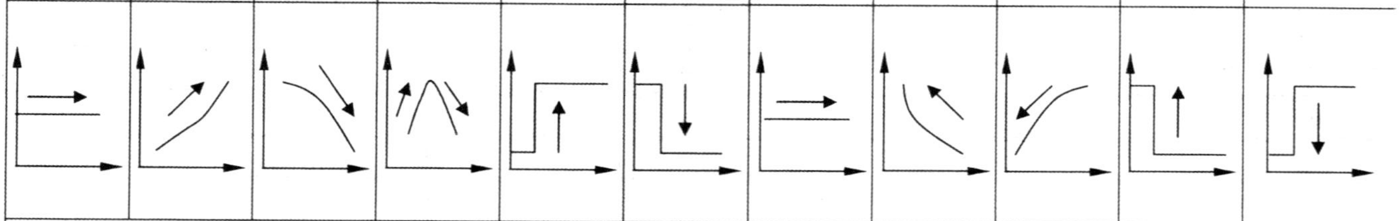										
		开 车 期 间						停 车 期 间				
		25	26	27	28	29	30	31	32	33	34	35
14	过盈不足											
	转子红套					90	10				10	90
	轴承—衬瓦					90	10				10	90
	轴承—箱体					90	10				10	90
	箱体和支承					90	10				10	90
15	齿轮不精确	20	20	20	20	10	10	20	20	20	10	10
16	联轴器不精确或损坏	10	20		20	40	10	10		20	10	40
17	转子和轴承系统临界		20		80					20		
18	推力轴承损坏	20	50	10		10	10	20	10	50	10	10
19	联轴器临界		20		80					20		
20	悬臂部分临界		30		70					30		
21	结构共振											
	箱体		20		80					20		
	支座		20		80					20		
	基础		20		80					20		
	压力脉动	90	10 ——————→					90	10 ——————→			

续表

	振动原因	振动时振幅与转速关系										
		不变的振幅	随转速增加	随转速下降	出现峰值	突然上升	突然下降	不变的振幅	随转速增加	随转速下降	突然上升	突然下降
		开车期间						停车期间				
		25	26	27	28	29	30	31	32	33	34	35
22	电刺激力振动	90			↓			90	↓			
23	传动设备刺激振动	90						90				
	阀门振动	80				10	10	80				
24	问题的名称											
	次谐波共振		20		20	30	30			20	30	30
	谐波共振	20	20		60					20		
	摩擦引起涡动					90	10					
	临界速度		20		80					20		
	共振振动		20		80					20		
	油膜涡动					100						100
	油膜共振					80	20				20	80
	干摩擦涡动					80	20	80				20
	间隙引起振动					80	20	20			20	60
	扭振		20		30	30	20	20			20	30
	瞬态扭振				50	30	20				30	20

附表 2-3 故障诊断图谱表

故障源		典型的图谱	相位关系	说明
		故障诊断图谱表		
质量不平衡	1 力不平衡	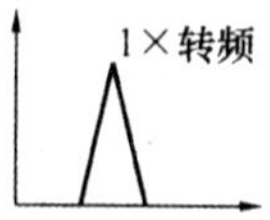	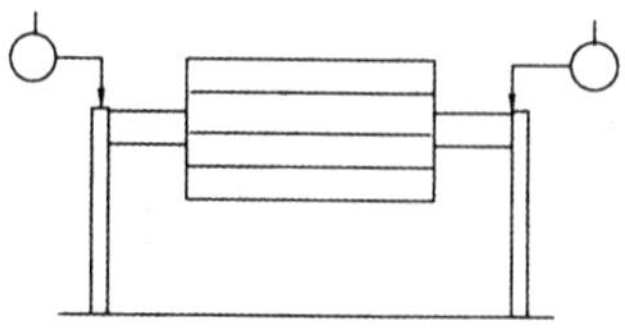	力不平衡特征为同相位且转速稳定，不平衡幅值按转速的平方增大（转速增加 3 倍，则振动增加 9 倍）总存在 1×转频分量，并在频谱中占优势。在转子重心平面稍加一个平衡重量，可修正此力不平衡
质量不平衡	2 力偶不平衡	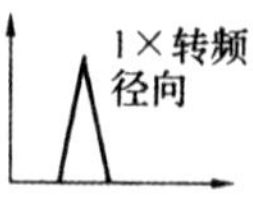	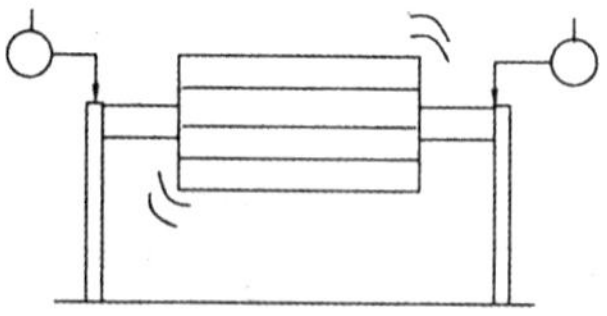	力偶不平衡在轴两端相位相反，总存在 1×转频分量且在频谱中占优势，幅值随增高转速的平方变化，可能会引起轴向和径向振动，至少在两个平面内加平衡重量修正力偶不平衡
质量不平衡	3 悬臂转子不平衡	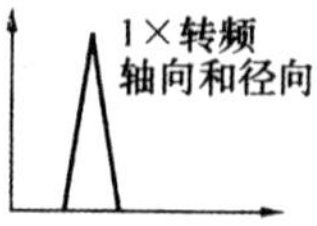	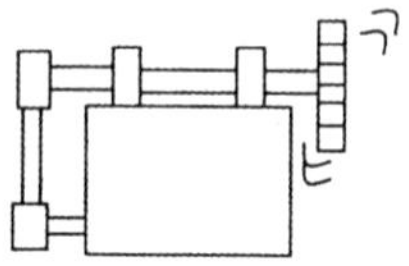	悬臂转子不平衡在轴向和径向引起高的 1×转频分量，轴向振动趋于同相位，而径向方向相位可能是不稳定的。悬臂转子往往有力不平衡和力偶不平衡，这两种不平衡都需要修正
偏心转子		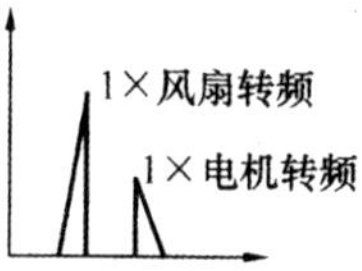	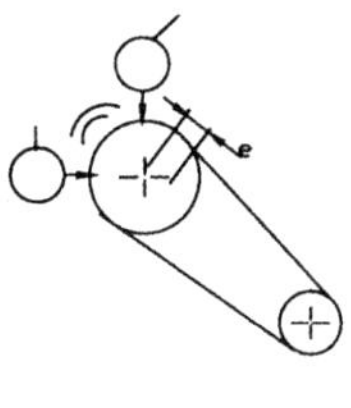	当旋转中心是齿轮，轴承，电动机绕组等的几何中心，偏离时出现偏心距，最大振动在两个转子中心连线方向，出现 1×转频分量。水平与垂直方向相位比较通常相差 0°或 180°（两者表明是直线运动），但是另一个方向振动会增大（与偏心量有关）

续表

故障诊断图谱表

故障源	典型的图谱	相位关系	说明
轴弯曲	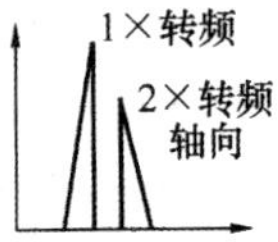	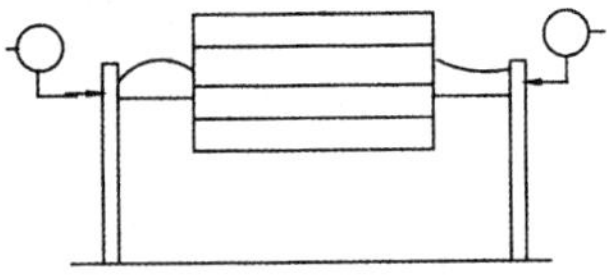	轴弯曲问题会引起很高的轴向振动，同时相位差在同一机器部件上趋向于180°。弯曲在中心附近占优势的振动分量通常为1×转频，弯曲在联轴器附近占优势的振动分量为2×转速（请注意，若改变传感器的方向，请考虑每次轴向测量的传感器的定位）
不对中 1 角不对中	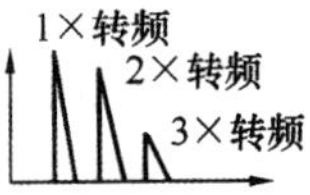	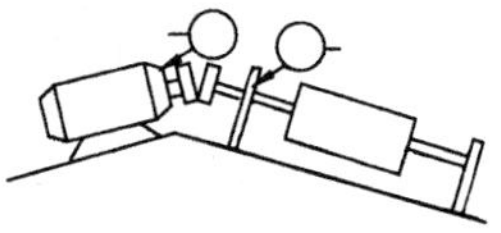	角不对中的特征是轴向振动大，联轴器两端相位差180°。典型的将有轴向振动，频率分量为1×转频分量和2×转频分量。然而，还常见1×，2×，3×转频分量占优势。这些特征也是联轴器有故障的指示
不对中 2 平行不对中力不平衡	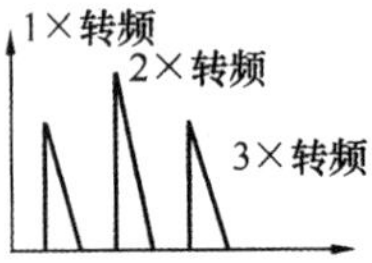	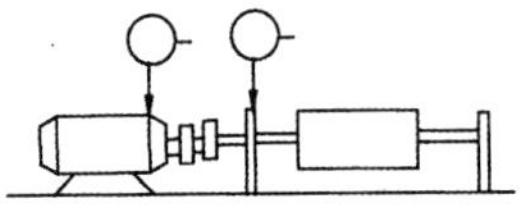	偏置不对中的特征是轴向振动大，联轴器两端的相位差约180°，2×转频分量大于1×转频分量。但是2×转频分量的高度与1×转频分量高度比的大小由联轴器类型和结构决定。角不对中和平行不对中严重时，在较多阶谐波出现很高幅值振动，甚至出现类似于机械松动中的高次谐波分量。不对中严重时，联轴器结构影响频率
不对中 3 不对中的轴承在轴上摇摆	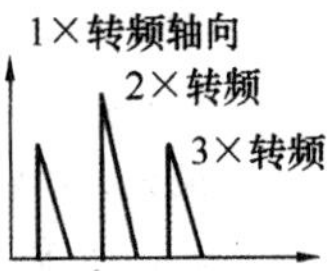	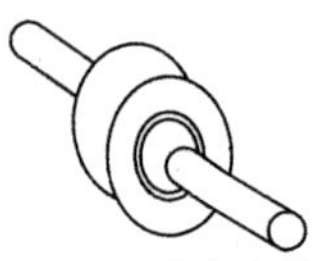 1，2，3，4 均匀分布在带轮上， 相位 1 2：00 2 5：00 3 8：00 4 11：00	摇摆的轴承将产生明显的轴向振动，将引起相位角度的扭转运动，对同一轴承座的轴向方向上下或左右两侧测量时，对中联轴器或松动平衡不能解决这种问题，只能卸下轴承并重新正确安装

续表

故障诊断图谱表

故障源	典型的图谱	相位关系	说　　明
共振	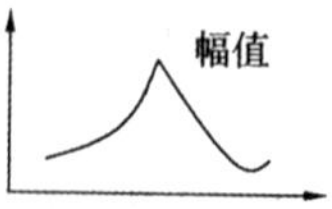	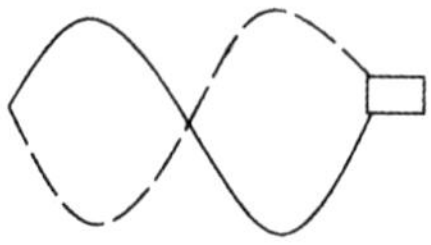	强迫激励频率与固有频率一致时会出现共振，引起振幅放大，可能会导致毁坏性故障。此图有可能是转子的固有频率，也可能是支承座结构，齿轮箱的固有频率
机械松动	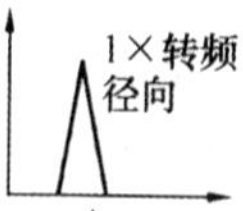 A 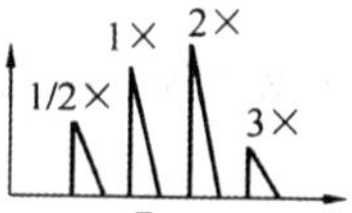 B 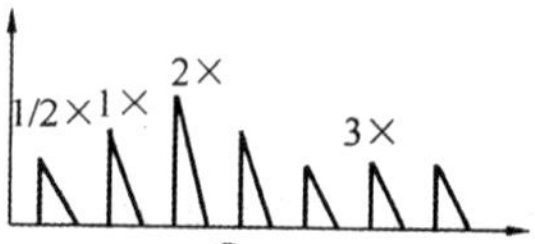 C	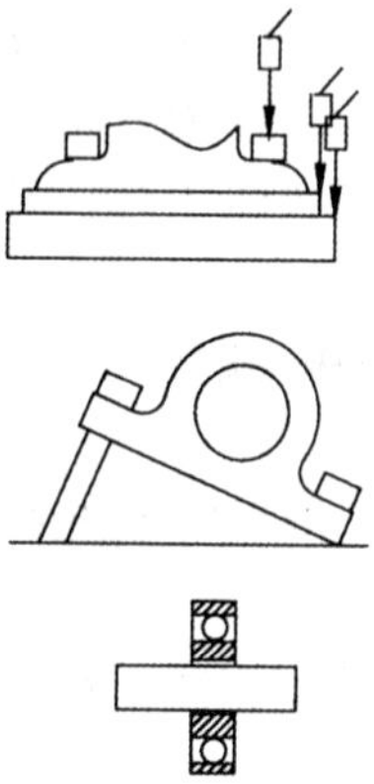	机械松动分三种：A 型，B 型，C 型频谱。机器的地脚平板结构松动，安装时灌浆不良，基座螺母松动，基础变形(即软地脚)等引起 A 型频谱，相位分析可能呈现为机械地脚、基座平板和基座本身的测量的垂直振动，相位差为 180°。地脚螺栓松动和基座结构或轴承座裂纹等可产生 B 型频谱。配合部件之间的配合不当可能产生轴间 C 型频谱，这种配合不当将由于松动部位对转子的振动力非线性响应，引起时域波形的截断。C 型频谱往往是由于轴承底套在其盖内松动引起的。一般滑动轴承或者滚动轴承中间间隙过大而引起 C 型频谱。其相位往往是不稳定的，一次测量与另一次测量变化可能很大，尤其是如果转子在轴上的位置从一个启动向另一个启动偏移时更是如此。机器松动方向往往是定向的。在整个轴承径向方向上变化 30°，其振动幅度的测量值变化非常大，还可发现，松动往往会引起许多精确的亚谐波频率分量，即 1/2，1/3 倍转速的谐波

参考文献

[1] 杨国安. 机械设备故障诊断实用技术[M]. 北京：中国石化出版社，2007.

[2] 吴冰. 基于频谱分析的锅炉引风机转子不平衡诊断[J]. 铁道机车车辆工人，2007，(6)：20－22.

[3] 黎才斌. 鼓风机受热不对中故障的诊断及防治[J]. 风机技术，2002，(6)：52－53.

[4] 梁继军. 频谱法解决风机不对中问题的探讨[J]. GM 通用机械，2006，(1)：67－68.

[5] 谷世群，阳建宏，杨德斌. 共振解调技术在风机旋转失速故障诊断中的应用[J]. 机电产品开发与创新，2008，21(1)：42－43.

[6] 项春，杨为. 离心式压缩机旋转失速的故障机理研究[J]. 振动、测试与诊断，2002，22(1)：54－60.

[7] 于长伟，任邦军. 机械松动导致风机振动的诊断[J]. 中国设备工程，2004，(2)：44－45.

[8] 刘朝山，尚元洲. 大型旋转设备轴缺陷故障诊断实例[J]. 风机技术，2000，(4)：57－59.

[9] 杨金福，房德明，杨昆，郑企仁，李振凯，于达任，迟威，刘占生，苏盛波. 国产 600MW 发电机转子裂纹振动过程分析与处理[J]. 电站自动化信息化学术技术交流会议论文集，2004，(10)：322－326.

[10] 韩清凯，俞建成，宫照民，闻邦椿，武新华，丁千，金宗武. 大型旋转机械振动现场测试与故障特征分析[J]. 振动、测试与诊断，2003，3(1)：10－13.

[11] 林立，王宾. 离心式空压机转子故障诊断实例[J]. 流体机械，2000，28(9)：34－36.

[12] 曾伟泉，曾志生. 煤气鼓风机故障诊断实例分析[J]. 中国设备工程，2008，(10)：45－46.

[13] 盛兆顺，尹琦岭. 设备状态监测与故障诊断技术及应用[M]. 北京：化学工业出版社，2003.

[14] 杨建刚. 旋转机械振动分析与工程应用[M]. 北京：中国电力出版社，2007.

[15] 熊慧英，张艳芝. 烟气轮机联轴器不对中故障的诊断[J]. 设备管理与维修，2008，(3)：40－43.

[16] 曲佳，兴成宏，李迎丽，李彝. 旋转机械松动故障分析[J]. 中国设备工程，2010，(9)：59－60.

[17] 王家国，李冬来，史振江等. 500MW 机组中压转子弯曲缺陷论证及处理[J]. 华北电力技术，2007(21)：140－143.

[18] 常新宇，兴成宏. 碰摩故障诊断实例研究[J]. 中国设备工程，2006，(5)：42－44.

[19] 何立东，闻雪友，李斐. 离心压缩机迷宫密封中的气流激振[J]. 热能动力工程，1996，11：3－6.

[20] 种亚奇，程向荥. 离心式压缩机旋转失速故障机理研究及诊断[J]. 化工设备与管道，2005，42(1)：37－39.

[21] 姚其峰，刘建民，王立江，崔忠善. 汽轮机转子不平衡的诊断及治理[J]. 中国修船，2001，4：37－39.